互联网 + 职业技能系列微课版创新教材

Redis 开发与运维

束开俊　田漫琨　编著

北京希望电子出版社
Beijing Hope Electronic Press
www.bhp.com.cn

内 容 简 介

本书全面介绍Redis的基础知识、基本配置和高级应用，深入浅出地讲述Redis的核心原理和实践应用技巧。全书共10章，内容包括Redis概述、Redis的安装与配置、Redis的核心命令、Redis的发布与订阅、Redis的事务和锁、Redis中数据的持久化、Redis的主从复制和哨兵模式、Redis的集群模式、使用程序语言操作Redis，以及Redis常见面试题汇编等。每章之后都配有练习题和实践题，以帮助读者巩固所学知识，达到学以致用的目的。

本书还提供了课程资源包，其中包含本书所有的案例、电子课件PPT、完整的教案和教学视频，以期能帮助读者轻松掌握本书的重点和难点内容。

本书适合作为职业院校、技工学校计算机类专业相关课程的教材，也可以作为程序开发人员的参考用书。

图书在版编目（CIP）数据

Redis开发与运维 / 束开俊，田漫琨编著. -- 北京 : 北京希望电子出版社, 2024. 7. -- ISBN 978-7-83002-870-1

Ⅰ. TP311

中国国家版本馆CIP数据核字第2024FG5608号

出版：北京希望电子出版社
地址：北京市海淀区中关村大街22号
中科大厦A座10层
邮编：100190
网址：www.bhp.com.cn
电话：010-82620818（总机）转发行部
010-82626237（邮购）
经销：各地新华书店

封面：汉字风
编辑：付寒冰
校对：祁　兵
开本：787 mm × 1092 mm　1/16
印张：15.5
字数：367千字
印刷：北京昌联印刷有限公司
版次：2024年9月1版1次印刷

定价：41.00元

编 委 会

总 顾 问 许绍兵

顾　　问 沙　旭　徐　虹　蒋红建

主　　编 束开俊　田漫琨　熊　伟

副 主 编 谭　鑫　蒋　江

编审委员（排名不分先后）

王　胜　吴凤霞　李宏海　俞南生　吴元红

陈伟红　郭　尚　江丽萍　王家贤　刘　雄

邓兴华　王　志　徐　磊　钱门富　陈德银

赵　华　汪建军　陶方龙　尹　峰　杜长田

费　群　芮贵锋　赵亚斌

专业委员（排名不分先后）

盛文兵　范树明　范晓燕　王明鑫　王　强

邹时桥　王丽萍　吴　锐　王天德　茂文涛

黄超男　贾　进　曹永军　华永红　何　健

王文杰　张冠儒　侯海涛　赵世浩　张婷婷

韩士权　罗靖宁　程全锋

参　　编 夏伦梅　孙立民　宋家言　胡德俊　范海涛

PREFACE 前言

在当今数字化、信息化的时代，数据已经成为企业最宝贵的资产之一，如何高效地存储、管理和利用这些数据，成为每个企业必须面对的问题。Redis作为开源的内存数据存储系统，以其卓越的性能、丰富的数据结构和灵活的使用方式迅速受到开发者的青睐。它不仅可以作为缓存系统加速应用程序的响应速度，还能作为消息代理、分布式锁等多种角色使用，为复杂的系统架构提供坚实的支撑。

然而，Redis的强大功能也带来了一定的学习和使用门槛。深入理解和掌握Redis的核心概念、数据结构、持久化策略、集群部署等关键技术，是每个Redis开发者和运维人员必须面对的挑战。随着企业业务规模的不断扩大，如何确保Redis集群的高可用性、可扩展性和安全性，已经成为运维人员需要重点关注的问题。

正是基于这样的背景和需求，我们组织编写了这本《Redis开发与运维》。本书旨在为广大Redis开发者和运维人员提供一本全面、系统、实用的参考书。书中不仅深入介绍了Redis的基本概念、数据结构、持久化策略等基础知识，还详细阐述了Redis集群的搭建、监控、优化等高级技术。同时，书中还提供了大量的实战案例，能够帮助读者更好地理解和掌握Redis在实际项目中的应用。

本书在编写过程中力求做到以下几点：

- **全面性**：本书覆盖了Redis的各个方面，从基本概念到高级技术，从开发到运维，对每个主题都进行了详细的介绍和阐述。
- **系统性**：本书按照Redis的学习和使用流程，从入门知识开始，系统地介绍了Redis的相关知识和技术。
- **实用性**：本书结合了大量的实战案例，通过具体的应用场景，帮助读者更好地理解和掌握Redis的使用方法和技巧。

- **易懂性：**本书采用通俗易懂的语言和图文并茂的方式，使读者能够轻松学习和掌握Redis的相关知识和技术。

相信通过对本书的学习，广大Redis开发者和运维人员一定能够深入理解和掌握Redis的核心技术，更好地应对实际工作中的需求与挑战。

全书共10章，内容涵盖了Redis的基本概览、跨平台安装、数据类型与命令、发布与订阅、事务与锁、数据持久化、主从复制与哨兵模式、集群模式、主流程序语言操作Redis数据库以及面试题解析等方面。每章都配有实践练习，帮助读者巩固所学知识，做到学以致用。

为了进一步丰富学习资源，本书还附带了课程资源包，其中包含了丰富的案例、精美的PPT、完整的教案和教学视频，以帮助读者轻松掌握重点和难点内容。

本书由束开俊、田漫琨、熊伟编写，作者从事Redis方面教学和研究多年，拥有丰富的Redis开发与维护的经验。编写本书时力求严谨细致，但疏漏之处在所难免，望广大读者批评指正。

编　者

2024年5月

CONTENTS 目录

第 1 章 Redis概述

第 2 章 Redis的安装与配置

第 3 章 Redis的核心命令

第 4 章 Redis的发布与订阅

第 5 章 Redis的事务和锁

第 6 章　Redis中数据的持久化

第 7 章　Redis的主从复制和哨兵模式

第 8 章　Redis的集群模式

第 9 章 使用程序语言操作Redis

第 10 章 Redis常见面试题汇编

第1章 Redis概述

本章导读

Redis是一种NoSQL数据库，本章主要介绍数据库的基本概念和分类，NoSQL数据库的发展历史、分类及Redis数据库的相关概念、分类与应用场景等。

学习目标

- 掌握数据库的概念和分类。
- 理解NoSQL数据库的概念。
- 掌握Redis数据库及其优缺点。
- 熟悉Redis数据库的应用场景。

1.1 数据库

本节将详细介绍数据库与数据库管理系统的概念和作用、数据库的分类。这些是学习数据库必须要了解的基本内容。

提示

Redis是一种数据库管理系统，因此了解和掌握数据库的基础知识，可以帮助读者更好地学习之后各章的知识。由于本书主要介绍的是Redis数据库，因此对数据库基础知识只做简要讲解。

1.1.1 为什么需要用数据库

在人类社会生产生活中会产生大量的数据，这些数据包括符号、文字、声音、图像等。那么人们是如何存储数据的呢？例如，怎样保存家人的生日？通常，人们可以依靠大脑记忆，或者写在纸上保存，计算机产生以后可以保存在计算机内存中，或者保存在磁盘文件上……无论采用何种方法，随着数据越来越多，可称之为海量数据或大数据，这些方法或多或少都存在一些问题。例如，写在纸上或记在脑袋里，容易丢失（或明天就忘记了）；存于计算机内存中，当关机后，数据也一样丢失了。虽然数据可以用文件的形式保存在硬盘中（硬盘基本上可以算是能够永久存储的），但又有一个新问题：如果数据以文件的形式保存在硬盘中，随着数据量的累积，文件会越来越多，如果要从大量的文件中找出某个需要的信息，逐个查找很不容易，耗时长，效率低下。因此，传统的文件存储方式已不能满足大数据量的需求，这便导致了数据库技术的产生。数据库技术能够有效地解决这些问题。

1.1.2 数据库与数据库管理系统

数据库（database）：简称DB，简言之，就是存储数据的“仓库”，它保存了一系列有组织的数据。

数据库管理系统（database management system）：简称DBMS，是一种操纵和管理数据库的大型软件，它可以建立、使用和维护数据库。

数据库技术是开发和运维人员必须掌握的，因为所有的软件系统都是基于数据的。例如，银行的用户信息、交易记录等，这些数据都是需要长期保存的，同时还要经常进行检索和修改。要达到这些要求，必须要用数据库。目前绝大多数软件系统都用到了数据库，数据库最终的目的是存储数据。因此，对数据库有如下一种基本认识：数据库就是用于长期保存数据的、并且可以对数据进行分类、检索、修改的软件系统。

数据库能够存储大量的数据，现在一般是以TB为单位衡量其存储容量的（1 TB=1 024 GB，1 GB=1 024 MB）。数据库有一个重要的功能，即通过数据库技术快速查找需要的内容。例如，登录电子邮箱时，输入用户名和密码，要在数据库中查找该用户并判断密码是否正确，数据库可以做到从十几亿条信息记录中查找并判断，仅需一两秒就完成，查询速度很快。数据库还具有检查约束功能。例如，注册电子邮箱账户时，账户名重复或者密码太短，都会提示错误。另外，数据库可以通过因特网实现数据的全球共享，并能保证数据的安全性，还可以通过备份机制保证数据不丢失。同时，数据库可以实现针对不同人员提供不同的数据视图。例如，企业总经理可以看到所有员工的信息，普通员工只能看到自己的信息，即两者的数据视图不同。

1.1.3 数据库如何分类

1. 传统的数据库分类

传统的数据库分类方法是按照数据库所使用的数据模型来划分，按此方法分类，数据库可分为层次、网状和关系3种类型。

（1）层次数据库

层次数据库是按记录来存取数据的。层次数据模型中最基本的数据关系是层次关系，它代表两个记录型之间一对多的关系，也叫双亲子女关系（PCR）。层次数据库中有且仅有一个记录型无双亲，称为根节点，其他记录型有且仅有一个双亲。在层次模型中，从一个节点到其双亲的映射是唯一的，所以对每一个记录型（除根节点外）只需要指出它的双亲，就可以表示出层次模型的整体结构。层次模型是树状的。著名的、典型的层次数据库系统是IBM公司的IMS（information management system），这是IBM公司研制的最早的大型数据库系统产品。

（2）网状数据库

网状数据库(network database)是采用网状模型的数据库。网状模型用网状结构表示各类实体及其间的联系。在网状结构中，允许一个以上的节点没有双亲；一个节点可以有多于一个的双亲。网状模型是一种比层次模型更具普遍性的结构，它没有层次模型的限制，允许多个节点没有双亲节点，也允许节点有多个双亲节点。此外，它还允许两个节点之间有多种联系（称之为复合联系）。因此，网状数据模型可以更直接地描述现实世界。实际上，层次结构是网状结构的一个特例。和层次数据库一样，网状数据库的操作语言也是过程性的，数据的逻辑独立性不高。

（3）关系数据库

关系数据库是指采用关系模型来组织数据的数据库，它使用表格形式存储数据，通过行和列的交叉关系来表示数据之间的联系。关系型数据库具有强大的查询能力，是当前最流行的数据库。

关系数据库是现今数据库应用的主流，许多数据库管理系统的数据模型都是基于关系数据模型开发的。关系数据库可分为两类：一类是桌面数据库，如Access、FoxPro和dBase等；另一类是客户/服务器数据库，如SQL Server、Oracle和Sybase等。一般而言，桌面数据库用于小型的、单机的应用程序，它不需要网络和服务器，实现起来比较容易，但它只提供较简单的数据存取功能。客户/服务器数据库主要适用于大型的、多用户的数据库管理系统，它的应用程序包括两部分：一部分驻留在客户机上，用于实现与用户的交互；另一部分驻留在服务器中，主要用来实现对数据库的操作和对数据的计算处理。

2. 现今常见的分类

如今的互联网时代，还有一种常见的数据库分类方式，就是将数据库分为关系型数据库和非关系型数据库两类。

关系型数据库是由行和列组成的二维表来管理数据的，就像Excel工作簿一样，简单易懂。关系型数据库的一大特征是利用SQL（structure query language，结构查询语言）对数据进行查询操作。

非关系型的数据库，即NoSQL，是一种不依赖于传统的关系模型的数据库，它通常不支持SQL，还提供了更灵活、可扩展的数据存储方式。非关系型数据库通常用于大规模数据集合、实时性能需求、高并发读写操作以及需要灵活模式的场景。NoSQL的优势在于能够处理大量多样化的数据，提供高可用性和水平扩展能力。然而，非关系型数据库通常不支持复杂的事务处理和一致性保证，这在需要强一致性和复杂查询的应用中可能是一个限制。

1.2 NoSQL简介

1.2.1 什么是NoSQL

NoSQL指的是非关系型的数据库，是对不同于传统的关系型数据库的数据库管理系统的统称。NoSQL是“Not Only SQL”的缩写，而不是“Not SQL”或“No SQL”的缩写。

非关系型数据库与关系型数据库相比，提供了不同的数据存储方式，在很多方面具有优势。描述非关系型数据库的一些重要信息如下：

- **数据存储方式：**关系型数据库采用二维表结构，以行和列的形式存储数据，适合结构化数据。非关系型数据库如MongoDB采用类似JSON的文档形式存储数据，可以灵活处理半结构化或无结构的数据。
- **扩展性：**非关系型数据库通常具有更好的水平扩展能力，能够通过添加更多服务器来处理更多的数据和用户请求，适合海量数据和可扩展性需求高的场景。
- **性能：**由于非关系型数据库可以实现数据的分布式处理，它们通常具有高并发、高稳定性的优势，尤其是在大数据量下仍能保持高性能，同时成本相对较低。
- **查询语言：**关系型数据库使用结构化查询语言（SQL），而非关系型数据库通常不支持SQL，这意味着学习和使用非关系型数据库需要适应新的查询语法和概念。
- **事务处理：**与关系型数据库强调ACID（原子性、一致性、隔离性、持久性）属性以保证事务处理和数据完整性不同，非关系型数据库在这方面的能力较弱，虽然一些现代NoSQL系统开始支持一定程度的事务处理，但在这方面的能力通常远不如关系型数据库强大。
- **成本：**非关系型数据库多为开源软件，部署简单，成本较低；而关系型数据库可能需要购买商业许可，长期维护成本较高。
- **适用场景：**非关系型数据库适用于处理大数据量、追求低延迟、高并发以及需要灵活数据模型的现代互联网应用的场景。关系型数据库则在数据一致性、事务处理和复杂查询方面表现更为出色。
- **分布式特性：**许多非关系型数据库本身就具备分布式特性，这使得它们在构建大规模的分布式系统中扮演了重要角色。
- **分类：**非关系型数据库根据其数据模型可以分为多种类型，包括键值存储、文档存储、列式存储、图形数据库等，每种类型都有其特定的用例和优势。
- **发展趋势：**随着数据量的爆炸性增长和对数据的处理速度要求的提高，非关系型数据库正变得越来越流行。它们在某些领域已经开始替代传统的关系型数据库，或与之并存以满足不同类型的数据需求。

总之，非关系型数据库提供了与传统关系型数据库不同的解决方案，特别是针对处理大数据和实现高性能方面的应用场景。选择哪种类型的数据库最终取决于应用的需求、数据的性质和预期的扩展策略。

1.2.2 为什么使用NoSQL

随着互联网的不断发展，各种类型的应用层出不穷，如今进入云计算时代，对技术提出了更多的要求，主要体现在以下四个方面：

- **低延迟的读写速度：**应用程序的反应速度快，能极大地提升用户的满意度。
- **海量的数据和流量：**需要处理海量的数据，数据量可达PB（1 PB=1 024 TB）级别，还需要能应对百万级的数据流量。
- **大规模集群的管理：**系统管理员希望分布式应用能更简单地部署和管理。
- **庞大运营成本的考量：**经营管理者，尤其是IT经理们，总是希望能够大幅降低硬件成本、软件成本和人力成本。

虽然关系型数据库凭借其稳固的行业地位，在数据管理领域扮演着核心角色，但其内在的若干局限性使之很难满足上述的几项要求。关系型数据自身的局限性主要有：

- **扩展困难**：关系型数据库的设计内核，如多表连接操作，使得数据库在扩展方面很困难，尤其随着数据规模的增长和查询复杂度的提升，这种结构特性使得数据库架构的扩展变得尤为棘手。
- **性能瓶颈与并发问题**：当数据量达到一定规模，关系型数据库复杂的系统逻辑往往会引发严重的性能制约，尤其在高并发场景下，容易发生死锁等并发问题，导致读写性能显著下降，无法满足对实时性和响应速度的要求。
- **成本高**：企业级数据库的许可证（License）费用通常很昂贵，并且随着系统规模的扩大，相关成本呈指数级增长，给企业的IT预算带来沉重负担。
- **有限的支撑容量**：现有的关系型数据库解决方案在面对像Google这样海量的数据存储和处理需求时，其容量上限及处理能力显得捉襟见肘，无法有效支持超大规模数据的高效管理和分析。

综上所述，尽管关系型数据库在数据存储领域仍占据着核心地位，但其内在局限性却使之难以适应现代互联网应用所要求的低延迟响应、大规模数据处理、灵活的分布式集群部署以及严格的成本控制等需求。鉴于此，寻求新型存储系统和技术方案，以克服上述障碍并满足新兴的应用需求，已成为一项非常必要的任务。

1.2.3 RDBMS 与 NoSQL的对比

关系型数据库管理系统（RDBMS）和NoSQL数据库在数据存储和管理方面有各自的特点。

（1）RDBMS的特点

- 数据高度组织化、结构化。
- 采用结构化查询语言（SQL）。
- 数据和关系都存储在单独的表中。
- 定义了数据操纵语言、数据定义语言。
- 支持严格的一致性基础事务，满足ACID属性。

（2）NoSQL的特点

- 代表着不仅仅是SQL。
- 没有声明性查询语言。
- 没有预定义的模式。
- 有键值对存储、列存储、文档存储、图形存储等多种类型存储方式。
- 支持最终一致性，而非ACID属性。
- 支持非结构化和不可预知的数据。
- 满足CAP定理。
- 具有高性能、高可用性和可伸缩性的特性。

（3）RDBMS和NoSQL的区别

对比二者的特点，RDBMS和NoSQL数据库在数据存储和管理方面有一些重要的区别，体现在以下几方面：

- **数据模型**：RDBMS使用结构化数据模型，数据以二维表格形式存储，遵循预定义的模式（模式由表的结构、键、数据类型等定义）。NoSQL数据库使用灵活的数据模型，通常包括文档、键值对、列族或图形等形式，允许更自由的数据结构。
- **扩展性**：RDBMS在水平方向上（增加服务器）的扩展性受限，通常依赖于垂直扩展（增加服务器的处理能力）。NoSQL数据库通常更容易实现水平扩展，允许在需要时添加更多的节点以处理更多的数据和负载。
- **一致性和可用性**：RDBMS通常支持满足ACID属性的事务，这意味着它们更倾向于强调数据的完整性和一致性。NoSQL数据库往往采用最终一致性模型，这意味着在更新操作后，数据在所有副本中达到一致的状态可能需要一些时间。某些情况下可能会牺牲一定的数据一致性保证，以获得更好的写入性能和可扩展性，即NoSQL数据库的一致性和可用性之间有更大的灵活性，可以根据需要进行调整。
- **数据查询**：RDBMS通常使用结构查询语言（SQL）进行数据查询，支持复杂的关联查询和聚合操作。NoSQL数据库的查询语言和功能因数据库类型而异，但通常更专注于数据检索而不是复杂的查询。
- **适用场景**：RDBMS通常适用于需要严格的数据一致性、复杂查询和事务支持的场景，如金融系统、企业资源计划（ERP）系统等。NoSQL数据库更适合需要处理大量非结构化或半结构化数据，以及对数据模式有灵活要求的场景，例如，Web应用程序、社交媒体平台等。

总的来说，RDBMS和NoSQL各有优势，选择哪种数据库取决于应用程序的需求，具体包括数据结构、扩展性、一致性需求，以及数据处理和查询需求等。

1.2.4 NoSQL简史

NoSQL一词最早出现于1998年，是Carlo Strozzi提出的，当时是指他开发的一个轻量、开源、不提供SQL功能的关系数据库。

2009年，Last.fm的Johan Oskarsson发起了一次关于分布式开源数据库的讨论，来自Rackspace的Eric Evans再次提出了NoSQL的概念，这时的NoSQL主要指非关系型、分布式、不提供ACID的数据库设计模式。

2009年在亚特兰大举行的“no:sql(east)”讨论会是NoSQL数据库发展的一个里程碑。自此，对NoSQL最普遍的解释是“非关系型的”，而不是单纯的反对RDBMS。

NoSQL数据库的发展历程可以分为以下几个阶段：

初期阶段（2000年代初至2008年）：NoSQL数据库的出现是为了解决传统关系型数据库在处理大规模、高并发、高可用性等方面的不足。在这个阶段，Google开发的Bigtable和Amazon开发的Dynamo等分布式数据库系统被认为是NoSQL数据库的先驱。

兴起阶段（2009年至2012年）：这个阶段，NoSQL数据库兴起并逐渐普及，其中，Apache Hadoop、Cassandra、MongoDB等开源项目在这一时期得到了广泛的应用和认可。

成熟阶段（2013年至今）：这个阶段，NoSQL数据库已经成为主流的数据库技术之一，被广泛应用于各种场景。同时，NoSQL数据库的技术也在不断发展和完善，新的数据库系统和算法也在不断涌现。

1.2.5 NoSQL数据库分类及产品

根据数据库中数据的存储方式，NoSQL数据库可分为键值数据库、列族数据库、文档数据库和图数据库等几种类型。

1. 键值数据库

键值对的存储方式在NoSQL数据库中是最简单的一种，其结构是一个key-value的集合。这种方式在NoSQL数据库类型中是最方便扩展的一种类型，并且可以存储大量的数据。键值对中存储的数据的类型是不受限制的，可以是一个字符串，也可以是一个数字，甚至是由一系列的键值对封装成的对象等。

相关产品：Redis、Riak、SimpleDB、Chordless、Scalaris、Memcached。

应用：内容缓存。

优点：扩展性好、灵活性好、大量写操作时性能高。

缺点：无法存储结构化信息，条件查询效率较低。

使用者：百度云（Redis）、GitHub（Riak）、BestBuy（Riak）、Twitter（Redis和Memcached）等。

2. 列族数据库

列族数据库也称列簇式数据库，是一类使用表、行和列进行数据存储的NoSQL数据库。与传统的关系数据库不同的是，列的名称和格式在同一表中的行与行之间可能不同，列族数据库将数据按列而不是按行来组织和存储。在这种数据库中，同一列的数据被分组存储在一起，这意味着同一属性的所有值都被存储在磁盘上的同一区域。这种存储方式特别适合于分析型查询，尤其是当需要对特定列进行聚合、过滤或计算时，因为这样可以大幅减少I/O操作，提高查询效率。因此，列簇式数据库通常用于联机分析处理（online analytical processing，OLAP）。按列存储数据的另一大特点是方便存储结构化和半结构化数据，方便做数据压缩。与其他NoSQL数据库一样，列族数据库旨在利用低成本硬件的分布式集群进行横向扩展，进而提高吞吐量，从而使其适用于数据仓库和大数据处理。

相关产品：BigTable、HBase、Cassandra、HadoopDB、GreenPlum、PNUTS。

应用：分布式数据存储与管理。

优点：查找速度快，可扩展性强，容易进行分布式扩展且复杂性低。

使用者：Ebay（Cassandra）、Instagram（Cassandra）、NASA（Cassandra）、Facebook（HBase）等。

3. 文档数据库

文档数据库是一种非关系型数据库类型，其核心理念是以“文档”为基本单位来存储、管理和检索数据。这种数据库模式摒弃了传统关系型数据库严格的表格结构和复杂的SQL查询语言，转而采用灵活的、类似JSON或XML的半结构化数据格式，并提供了一套简洁明了的API接口来操作数据。

文档数据库允许每个文档具有不同的结构和属性，无需遵循严格的表结构约束，易于适应复杂、多变的数据形态，特别适合处理半结构化和非结构化数据。文档和文档数据库的灵活、半结构化和层级性质允许它们随应用程序的需求而变化；文档模型可以很好地与目录、用户配置文件和内容管理系统等配合使用，且可以通过增加节点数量来分散数据和负载，轻松应对大规模数据存储和高并发访问需求。文档数据库还具有支持灵活的索引、强大的临时查询和文档集合分析的特性。

相关产品：MongoDB、DynamoDB、CouchDB、Cosmos DB、ThruDB、CloudKit。

应用：存储、索引并管理面向文档的数据或者类似的半结构化数据。

优点：性能好，灵活性高，复杂性低，数据结构灵活。

缺点：缺乏统一的查询语言。

使用者：百度云数据库（MongoDB）、SAP（MongoDB）、Amazon（DynamoDB）等。

4. 图数据库

图数据库是以点、边为基础存储单元，以高效存储、查询图数据为设计原理的数据管理系统。图数据库属于非关系型数据库（NoSQL）。图数据库对数据的存储、查询及数据结构都和关系型数据库有很大的不同。图数据结构直接存储了节点之间的依赖关系，而关系型数据库和其他类型的非关系型数据库则以非直接的方式来表示数据之间的关系。图数据库把数据间的关联作为数据的一部分进行存储，关联上可添加标签、方向以及属性，而其他数据库针对关系的查询必须在运行时进行具体化操作，这也是图数据库在关系查询上相比其他类型数据库有巨大性能优势的原因。

相关产品：Neo4J、OrientDB、Neptune、GraphDB、ArangoDB。

应用：大量复杂、互连接、低结构化的图结构场合，如社交网络、推荐系统等。

优点：灵活性高，支持复杂的图形算法，可用于构建复杂的关系图谱。

缺点：复杂性高，只能支持一定的数据规模。

使用者：Adobe（Neo4J）、Cisco（Neo4J）、T-Mobile（Neo4J）。

NoSQL产品的显著特点：

（1）NoSQL产品一般不使用严格的表关系。

（2）NoSQL产品的数据查询一般不用SQL。

更多NoSQL产品请关注以下站点：

[https://hostingdata.co.uk/nosql-database/]。

1.3 Redis数据库

Redis数据库是什么？它有什么特点，有何优缺点，以及它有哪些常用的应用场景？这些是学习Redis必须要了解的内容。

1. Redis数据库是什么

Redis是一个主要由Salvatore Sanfilippo（网名为Antirez）开发的开源内存数据结构存储器，经常被用作数据库、缓存以及消息代理等。

Redis因其丰富的数据结构、极快的速度、齐全的功能而为人所知，它是目前内存数据库方面的事实标准，在互联网上有非常广泛的应用，微博、Twitter、GitHub、Stack Overflow、知乎等国内外平台或企业都大量地使用了Redis。

2. Redis数据库的特点

Redis之所以广受欢迎，与它自身拥有强大的功能及简洁的设计不无关系。

Redis最重要的特点有以下几点：

- **结构丰富**：Redis为用户提供了字符串、散列、列表、集合、有序集合、HyperLogLog、位图、流、地理坐标等一系列丰富的数据结构，每种数据结构都适用于解决特定的问题。在有需要的时候，用户还可以通过事务、Lua脚本、模块等特性，扩展已有数据结构的功能，甚至从零实现自己专属的数据结构。通过这些数据结构和特性，Redis能够确保用户可以使用适合的工具去解决问题。
- **功能完备**：除了丰富的数据结构，Redis还提供了很多非常实用的附加功能，如自动过期、流水线、事务、数据持久化等，这些功能能够帮助用户将Redis应用在更多不同的场景中，或者为用户带来便利。更重要的是，Redis不仅可以单机使用，还可以多机使用，通过Redis自带的复制、Sentinel和集群功能，用户可以将自己的数据库扩展至任意大小。无论是小型的个人网站，还是为上千万消费者服务的热门站点，都可以在Redis中找到想要的功能，并将其部署到服务器中。
- **速度快**：Redis是一款内存数据库，它将所有数据存储在内存中。因为计算机访问内存的速度要远远高于访问硬盘的速度，所以与基于硬盘设计的传统数据库相比，Redis在数据的存取速度方面具有天然的优势。但Redis并没有因此放弃在效率方面的追求，相反，Redis的开发者在实现各项数据结构和特性的时候经过了反复考量，在底层选用了很多非常高效的数据结构和算法，以此来确保每个操作都可以在尽可能短的时间内完成，并且尽可能地节省内存。
- **用户友好**：Redis API遵循UNIX“一次只做一件事，并把它做好”的设计哲学，它的API虽然丰富，但大部分都非常简短，并且只需接收几个参数就可以完成用户指定的操作。更为出色的是，Redis在官方网站（redis.io）上为每个API及其相关特性都提供了详尽的帮助文档，并且客户端本身也可以在线查询这些文档。如果遇到在帮助文档中找不到解决方法的问题，还可以在Redis项目的GitHub页面（github.com/antirez/redis）、Google Group（groups.google.com/forum/#! forum/redis-db）甚至作者的Twitter（twitter.com/antirez）上提问以寻求帮助。
- **支持广泛**：Redis已经在互联网公司得到广泛应用。因为Redis是开源软件，许多开发者为不同的编程语言开发了相应的客户端（redis.io/clients），大多数编程语言的使用者都可以轻而易举地找到所需的客户端，然后开始使用Redis。此外，包括亚马逊、谷歌、RedisLabs、阿里云和腾讯云在内的多个云服务提供商都提供了基于Redis或兼容Redis

的服务，如果不打算自己搭建Redis服务器，那么上述提供商可能是不错的选择。

3. Redis数据库的优缺点

Redis数据库的优点如下：

- **速度快**。因为数据存在内存中，类似于HashMap，HashMap的优势就是查找和操作的时间复杂度都是$O(1)$，Redis能读的速度是110 000次/s，写的速度是81 000次/s。
- **支持丰富的数据类型**。支持string、list、set、sorted set、hash等多种数据类型。
- **支持原子性的事务**。所谓原子性就是对数据的更改要么全部执行，要么全部不执行。
- **丰富的特性**。可用于缓存、消息、按key设置过期时间、过期后将会自动删除，Redis还支持 publish/subscribe、通知、key过期等特性。

Redis数据库的缺点如下：

- **持久化数据代价高**。Redis数据库是直接将数据存储到内存中的，而要将数据保存到磁盘上，实现数据的持久化保存，Redis一般可以使用两种方式实现这一过程：一是定时快照（snapshot），即每隔一段时间将整个数据库写到磁盘上，每次均是写全部数据，代价非常高；二是基于语句追加（append only file，AOF），即只追踪变化的数据，但是追加操作的日志（log）可能过大，同时所有的操作均要重新执行一遍，回复速度慢。无论哪种方式实现数据的持久化，代价都很高。
- **耗内存，占用内存过高**。

4. Redis数据库的应用场景

Redis数据库在现代软件开发中扮演着至关重要的角色，它以高性能和灵活的数据结构被广泛应用于各种场景。以下是Redis的一些典型应用场景。

（1）缓存

Redis作为一个内存数据库，经常被用作缓存系统的核心组件。它可以将频繁访问但改动较少的热点数据存储在内存中，如频繁访问的网页、数据库查询结果或计算密集型操作的结果。通过将数据存储在Redis中，可以显著减少对原始数据源（如关系数据库）的访问次数，降低延迟，提高应用程序的响应速度和吞吐量。

（2）队列

在需要处理大量任务或消息时，Redis提供了强大的队列功能。Redis支持多种队列模式，包括简单列表（list）、发布/订阅（pub/sub）、流（stream）等。它的简单列表结构可以用作先进先出（FIFO）队列，而发布/订阅模式则允许构建复杂的消息传递系统。这些特性使得Redis成为构建实时消息传递和任务分发系统的优选解决方案。

（3）数据存储

虽然Redis主要用于缓存，但它也可以作为持久化存储使用。对于那些需要快速读写操作的应用，如会话存储、计数器或实时分析等，Redis可以作为主要的数据存储。此外，利用Redis的持久化机制，可以定期将内存中的数据保存到磁盘，以防数据丢失。

（4）Redis锁实现防刷机制

在分布式系统中，为了防止重复执行某个操作或限制资源的访问频率，通常会使用锁机制。Redis的SET命令支持原子操作，可以用来实现分布式锁。这种锁可以防止多个客户端同时执行相同的操作，从而避免资源的竞争条件或滥用。例如，在电子商务平台中，可以使用Redis锁来限制用户对某个商品的购买次数，或者在API服务中限制接口的调用频率，以防止恶意刷请求。

总而言之，Redis数据库因其高性能、易用性和多样化的数据结构，成为了解决各种数据处理问题的有力工具。无论是作为缓存层提升性能，还是作为数据存储和消息队列的解决方案，或者是实现复杂的同步机制，Redis都能提供可靠和高效的服务。

本章总结

本章介绍了数据库的概念和分类，NoSQL数据库的概念与分类，NoSQL数据库与关系型数据库的比较，Redis数据库的特点、优缺点，以及Redis数据库的典型应用场景。

拓展阅读

国产数据库系统

国产数据库系统是指由中国企业自主研发、具有自主知识产权的数据库管理系统。近年来，随着信息技术的快速发展和国家对信息安全的重视，国产数据库系统得到了广泛的关注和应用。这些系统不仅在性能上与传统的国际品牌数据库相媲美，而且在安全性、稳定性和支持本土化需求方面表现出独特的优势。

目前，市场上比较知名的国产数据库系统有：

人大金仓数据库：人大金仓数据库是由中国人民大学开发的数据库管理系统，是一种能够满足中小型企业需要的成套数据库管理解决方案。

神通数据库：神通数据库是由中国电子科技集团公司研发的大型关系型数据库管理系统，具有高并发、高可用、高性能和高扩展性等特点。

海量数据管理系统（DTStack）：DTStack是由字节跳动公司自主研发的海量数据管理系统，提供了数据管理与分析的一站式解决方案。

南大通用数据库（NanDB）：NanDB是由南京大学计算机科学与技术系与江苏省高科技产业化中心联合研发的一种高性能、分布式、关系型数据库管理系统。

达梦数据库：达梦数据库是由哈尔滨达梦软件股份有限公司研制的支持分布式部署和异构数据库互访的中型关系型数据库管理系统，是中国产业软件的代表之一。

中国数据库（ChinaDB）：ChinaDB是由中国科学院计算技术研究所开发的关系型数据库系统。

华为高斯数据库（GaussDB）：由华为公司开发，是一款面向云计算和人工智能时代的分布式数据库系统。GaussDB不仅实现了核心代码100%自主研发，还做到了从芯片、操作系统、存储、网络，到数据库软件全栈自主的软硬件协同优化。在国内能够做到如此程度的，目前只有GaussDB。

阿里云数据库（ApsaraDB）：由阿里巴巴集团开发的云数据库系统。

腾讯云数据库（TencentDB）：由腾讯公司开发的云数据库系统。

这些数据库都在不同程度上满足了各自领域内的需求，其中一些已经被广泛使用，如人大金仓数据库和达梦数据库等。

数据库的国产化意味着数据库软件的研发、生产和销售等环节都在国内完成，不再依赖于国外厂商的技术和产品。这样可以降低对国外技术的依赖，提高国内技术的自主创新能力，同时也可以提高国内数据库软件的安全性和可控性。

关键行业数据库产品必须国产化的原因主要有以下几点：

数据安全：关键行业的数据涉及国家安全和经济安全，如果使用国外数据库软件，可能会存在数据泄露和被窃取的风险。

数据可控：使用国产数据库软件可以保证数据的可控性，避免因为技术原因无法对数据进行有效管理和控制。

技术创新：国产数据库软件的研发和生产可以促进国内技术的创新和发展，提高国内企业的竞争力。

国家战略：数据库是信息化建设的基础设施之一，国家需要加强对数据库软件的自主研发和掌控，以保障国家信息化建设的安全和可持续发展。

练习与实践

【单选题】

1.（　　）是长期存储在计算机内的有组织、可共享的数据集合。

A. 数据库管理系统　B. 数据库系统　C. 数据库　D. 文件组织

2. 数据库系统与文件系统的主要区别是（　　）。

A. 数据库系统复杂，而文件系统简单

B. 文件系统不能解决数据冗余和数据独立问题，而数据库系统可以解决

C. 文件系统只能管理程序文件，而数据库系统能够管理各种类型的文件

D. 文本系统管理的数据量较少，而数据库系统可以管理庞大的数据量

【多选题】

1. 传统数据库分类包括（　　）。

A. 层次数据库　B. 网状数据库　C. 关系数据库　D. 文本文件

2. 以下属于NoSQL数据库的是（　　）。

A. MySQL　B. Redis　C. HBase　D. Neo4J

【判断题】

1. Redis是文档数据库。

A. 对　　B. 错

2. Redis数据存储于内存，所以Redis不适合做数据持久化。

A. 对　　B. 错

3. NoSQL表示不支持SQL语句。

A. 对　　B. 错

第2章

Redis的安装与配置

本章导读

Redis可以在多种操作系统平台上安装。Redis的生产环境建议部署到Linux平台上，而在开发时可以连接Windows平台。Redis数据库拥有丰富的配置项，了解常用的配置项，并对Redis进行合理的配置，能更好地发挥Redis的效能。

本章最后安排了一个实战案例——在Ubuntu环境下安装Redis。

学习目标

- 能够在官网上获取最新版本的Redis。
- 能够在Linux（Ubuntu）平台离线安装Redis并配置Redis服务，如自动启动等。
- 能够在Linux（Ubuntu）平台在线安装Redis。
- 了解在Windows系统中Redis的安装（仅供开发和学习使用）。
- 了解Redis数据库的常用配置项。

技能要点

- Linux系统中Redis数据库的安装与配置。
- Windows系统中Redis数据库的安装与配置。
- Redis数据库的常用配置项。

实训任务

- 在Linux（Ubuntu）系统中安装Redis并进行配置。

2.1 Redis的下载

本节将详细介绍Redis软件的下载。Redis软件可以通过Redis官网（https://redis.io）或者Redis中文网（http://www.redis.cn）下载。

2.1.1 Redis官网

在浏览器中输入Redis官网地址https://redis.io，进入网站，如图2-1所示。

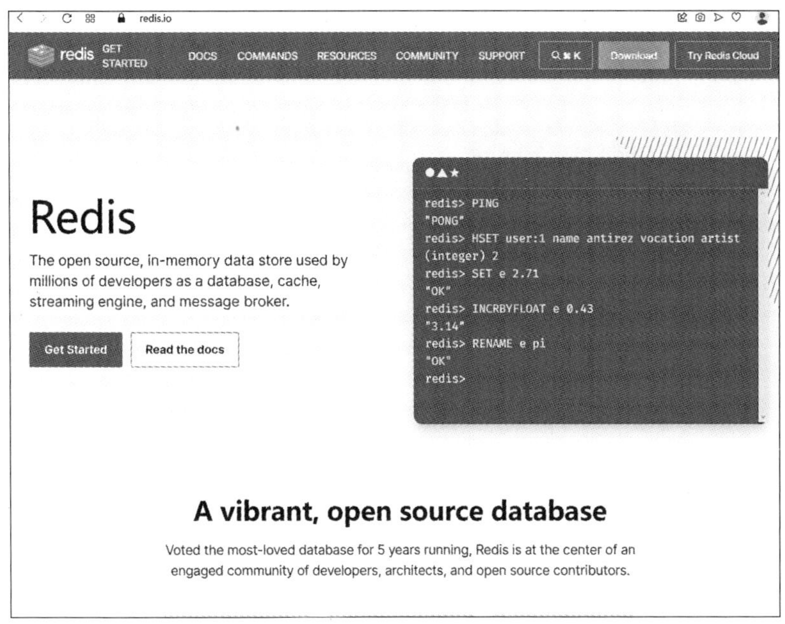

图2-1　Redis官网

按图2-2所示的操作步骤下载最新版的Redis程序 redis-7.0.8.tar.gz。

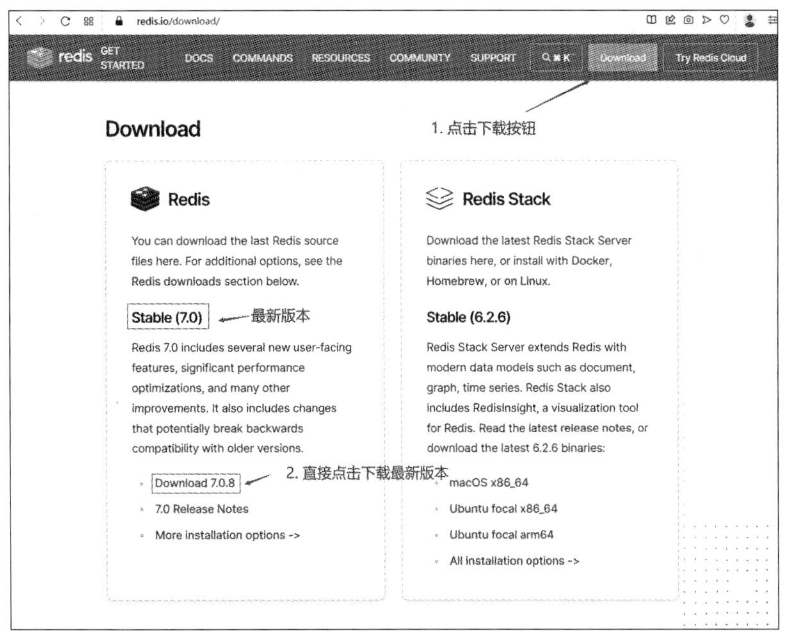

图2-2　Redis官网下载

2.1.2　Redis中文网

在浏览器中输入Redis中文网地址http://www.redis.cn，进入网站，如图2-3所示。

图2-3　Redis 中文网

提示　Redis 中文网的版本更新较慢，找到下载的地方很容易，这里就不演示下载步骤了。

2.2 Redis在Ubuntu环境中的离线安装与配置

Redis的生产环境主要部署在Linux操作系统中。Ubuntu是一种完整的桌面Linux操作系统，基于Debian系统；Ubuntu发行版是一款界面美观且非常实用的操作系统，也是目前使用最广泛的Linux桌面发行版。

提示　本书中Ubuntu环境使用的版本为Ubuntu 22.04.2 LTS，选择的是最小化（mini）安装。安装过程使用的是命令行。

2.2.1 离线安装软件的存放目录约定

在Ubuntu系统中，离线安装软件的存放目录应遵循以下约定，如图2-4所示。

- /usr/local/software：压缩包和安装包存放位置。
- /usr/local/redis：软件的安装目录。

```
test@ubuntu-svr:~$ sudo mkdir /usr/local/software
[sudo] password for test:
test@ubuntu-svr:~$ sudo mkdir /usr/local/redis
test@ubuntu-svr:~$ ll /usr/local/
total 48
drwxr-xr-x 12 root root 4096  4月 25 14:40 ./
drwxr-xr-x 14 root root 4096  2月 21 03:22 ../
drwxr-xr-x  2 root root 4096  2月 21 03:22 bin/
drwxr-xr-x  2 root root 4096  2月 21 03:22 etc/
drwxr-xr-x  2 root root 4096  2月 21 03:22 games/
drwxr-xr-x  2 root root 4096  2月 21 03:22 include/
drwxr-xr-x  3 root root 4096  2月 21 03:22 lib/
lrwxrwxrwx  1 root root    9  4月 11 16:47 man -> share/man/
drwxr-xr-x  2 root root 4096  4月 25 14:40 redis/
drwxr-xr-x  2 root root 4096  2月 21 03:22 sbin/
drwxr-xr-x  7 root root 4096  2月 21 03:24 share/
drwxr-xr-x  2 root root 4096  4月 25 14:39 software/
drwxr-xr-x  2 root root 4096  2月 21 03:22 src/
test@ubuntu-svr:~$
```

图2-4　目录约定

接下来，按约定创建目录并授权。

1. 创建目录

在命令提示符后输入命令sudo mkdir /usr/local/software，根据提示输入当前用户的密码，创建software目录。

在命令提示符后输入命令sudo mkdir /usr/local/redis，根据提示输入当前用户的密码，创建redis目录。

2. 修改目录的所有者和所属组

在命令提示符后输入命令sudo chown test.test software，修改software目录的所有者为test，所属组为test。

在命令提示符后输入命令sudo chown test.test redis，修改redis目录的所有者为test，所属组为test。

命令执行完之后，输入命令ll查看目录结构和属性，如图2-5所示，可以看到已创建好software和redis目录，且已为这两个目录分配了相应权限。至此，准备工作就绪。

```
test@ubuntu-svr:/usr/local$ sudo chown test:test software
test@ubuntu-svr:/usr/local$ sudo chown test:test redis
test@ubuntu-svr:/usr/local$ ll
total 48
drwxr-xr-x 12 root root 4096  4月 25 14:40 ./
drwxr-xr-x 14 root root 4096  2月 21 03:22 ../
drwxr-xr-x  2 root root 4096  2月 21 03:22 bin/
drwxr-xr-x  2 root root 4096  2月 21 03:22 etc/
drwxr-xr-x  2 root root 4096  2月 21 03:22 games/
drwxr-xr-x  2 root root 4096  2月 21 03:22 include/
drwxr-xr-x  3 root root 4096  2月 21 03:22 lib/
lrwxrwxrwx  1 root root    9  4月 11 16:47 man -> share/man/
drwxr-xr-x  2 test test 4096  4月 25 14:40 redis/
drwxr-xr-x  2 root root 4096  2月 21 03:22 sbin/
drwxr-xr-x  7 root root 4096  2月 21 03:24 share/
drwxr-xr-x  2 test test 4096  4月 25 14:39 software/
drwxr-xr-x  2 root root 4096  2月 21 03:22 src/
test@ubuntu-svr:/usr/local$
```

图2-5　修改和查看目录结构和属性

2.2.2　安装相关工具软件

为了便于操作Ubuntu系统，可以先安装如下工具软件：

- openssh-server：让远程主机可以通过网络访问sshd服务，开始一个安全的shell。
- vim：vim是一个类似于vi的著名的功能强大、高度可定制的文本编辑器，在vi的基础上改进和增加了很多特性。
- net-tools：net-tools起源于BSD的TCP/IP工具箱，是Linux内核中配置网络功能的工具。

1. 安装openssh–server

在命令提示符后输入命令sudo apt install openssh-server，按【Enter】键便进入安装向导，如图2-6所示，完成后即正确安装了openssh-server。

```
test@ubuntu-svr:~/Desktop$ sudo apt install openssh-server
[sudo] password for test:
Reading package lists... Done
Building dependency tree... Done
Reading state information... Done
The following additional packages will be installed:
  ncurses-term openssh-client openssh-sftp-server ssh-import-id
Suggested packages:
  keychain libpam-ssh monkeysphere ssh-askpass molly-guard
The following NEW packages will be installed:
  ncurses-term openssh-server openssh-sftp-server ssh-import-id
The following packages will be upgraded:
  openssh-client
1 upgraded, 4 newly installed, 0 to remove and 105 not upgraded.
Need to get 1,658 kB of archives.
After this operation, 6,050 kB of additional disk space will be used.
Do you want to continue? [Y/n] y
```

图2-6　安装openssh-server

2. 安装vim

在命令提示符后输入命令sudo apt install vim，按【Enter】键便进入安装向导，如图2-7所示，完成后即正确安装了vim。

```
test@ubuntu-svr:~/Desktop$ sudo apt install vim
Reading package lists... Done
Building dependency tree... Done
Reading state information... Done
The following additional packages will be installed:
  vim-common vim-runtime vim-tiny
Suggested packages:
  ctags vim-doc vim-scripts indent
The following NEW packages will be installed:
  vim vim-runtime
The following packages will be upgraded:
  vim-common vim-tiny
2 upgraded, 2 newly installed, 0 to remove and 103 not upgraded.
Need to get 9,362 kB of archives.
After this operation, 37.6 MB of additional disk space will be used.
Do you want to continue? [Y/n] y
```

图2-7　安装vim

3. 安装net–tools

在命令提示符后输入命令sudo apt install net-tools，按【Enter】键便进入安装向导，如图2-8所示，完成后即正确安装了net-tools。

```
test@ubuntu-svr:~/Desktop$ sudo apt install net-tools
Reading package lists... Done
Building dependency tree... Done
Reading state information... Done
The following NEW packages will be installed:
  net-tools
0 upgraded, 1 newly installed, 0 to remove and 103 not upgraded.
Need to get 204 kB of archives.
After this operation, 819 kB of additional disk space will be used.
Get:1 http://cn.archive.ubuntu.com/ubuntu jammy/main amd64 net-tools amd64 1.60+
git20181103.0eebece-1ubuntu5 [204 kB]
Fetched 204 kB in 3s (70.2 kB/s)
Selecting previously unselected package net-tools.
(Reading database ... 145946 files and directories currently installed.)
Preparing to unpack .../net-tools_1.60+git20181103.0eebece-1ubuntu5_amd64.deb ..
.
Unpacking net-tools (1.60+git20181103.0eebece-1ubuntu5) ...
Setting up net-tools (1.60+git20181103.0eebece-1ubuntu5) ...
Processing triggers for man-db (2.10.2-1) ...
```

图2-8　安装net-tools

2.2.3 编译安装

下载的redis安装包包含redis的源文件，不能直接安装，需要编译，具体步骤如下所述。

1. 解压下载的安装包

首先，输入命令cd/usr/local/software，按【Enter】键便转入software目录，在该目录下使用命令tar解压redis软件包，即输入命令tar-zxvf redis-7.0.8.tar.gz解压redis软件包，如图2-9所示。

```
test@ubuntu-svr:~$ cd /usr/local/software/
test@ubuntu-svr:/usr/local/software$ ll
total 2920
drwxr-xr-x  2 test test    4096  4月 26 09:46 ./
drwxr-xr-x 12 root root    4096  4月 25 15:25 ../
-rw-rw-r--  1 test test 2981212  4月 23 14:37 redis-7.0.8.tar.gz
test@ubuntu-svr:/usr/local/software$ tar -zxvf redis-7.0.8.tar.gz
```

图2-9　解压redis软件包

2. 安装make、gcc命令程序

如果在命令提示符后输入make命令，出现如图2-10所示的提示信息，则说明需要安装make命令程序。

安装make命令程序的命令：sudo apt install make，如图2-10所示。

```
test@ubuntu-svr:/usr/local/software/redis-7.0.8$ make
Command 'make' not found, but can be installed with:   ← 需要安装make命令程序
sudo apt install make        # version 4.3-4.1build1, or
sudo apt install make-guile  # version 4.3-4.1build1
test@ubuntu-svr:/usr/local/software/redis-7.0.8$ sudo apt install make
[sudo] password for test:                                 ↖ 安装命令
Reading package lists... Done
Building dependency tree... Done
Reading state information... Done
Suggested packages:
  make-doc
The following NEW packages will be installed:
  make
0 upgraded, 1 newly installed, 0 to remove and 3 not upgraded.
Need to get 180 kB of archives.
After this operation, 426 kB of additional disk space will be used.
0% [Working]
```

图2-10　安装make命令程序

成功安装make命令程序之后，再次输入make命令之后，若出现如图2-11所示的提示信息，则说明需要安装gcc命令程序。

安装gcc命令程序的命令：sudo apt install gcc，如图2-11所示。

```
make[3]: *** [Makefile:257: alloc.o] Error 127
make[3]: Leaving directory '/usr/local/software/redis-7.0.8/deps/hiredis'
make[2]: *** [Makefile:53: hiredis] Error 2
make[2]: Leaving directory '/usr/local/software/redis-7.0.8/deps'
make[1]: [Makefile:355: persist-settings] Error 2 (ignored)
    CC adlist.o
/bin/sh: 1: cc: not found          ← 需要安装gcc命令程序
make[1]: *** [Makefile:403: adlist.o] Error 127
make[1]: Leaving directory '/usr/local/software/redis-7.0.8/src'
make: *** [Makefile:6: all] Error 2
test@ubuntu-svr:/usr/local/software/redis-7.0.8$ sudo apt install gcc
Reading package lists... Done                              安装命令 ↙
Building dependency tree... Done
Reading state information... Done
The following additional packages will be installed:
  binutils binutils-common binutils-x86-64-linux-gnu gcc-11 libasan6
  libbinutils libc-dev-bin libc-devtools libc6-dev libcc1-0 libcrypt-dev
  libctf-nobfd0 libctf0 libgcc-11-dev libitm1 liblsan0 libnsl-dev libquadmath0
  libtirpc-dev libtsan0 libubsan1 linux-libc-dev manpages-dev rpcsvc-proto
Suggested packages:
  binutils-doc gcc-multilib autoconf automake libtool flex bison gcc-doc
  gcc-11-multilib gcc-11-doc gcc-11-locales glibc-doc
```

图2-11　安装gcc命令程序

3. Redis的编译与安装

在命令提示符后输入命令make MALLOC=gcc，以编译Redis源码，如图2-12所示。

```
test@ubuntu-svr:/usr/local/software/redis-7.0.8$ make MALLOC=gcc
cd src && make all
make[1]: Entering directory '/usr/local/software/redis-7.0.8/src'
/bin/sh: 1: pkg-config: not found
    CC Makefile.dep
```

图2-12　编译Redis

当出现如图2-13所示信息时，表示编译成功完成。

```
    CC script.o
    CC functions.o
    CC function_lua.o
    CC commands.o
    LINK redis-server
    INSTALL redis-sentinel
    CC redis-cli.o
    CC redisassert.o
    CC cli_common.o
    LINK redis-cli
    CC redis-benchmark.o
    LINK redis-benchmark
    INSTALL redis-check-rdb
    INSTALL redis-check-aof

Hint: It's a good idea to run 'make test' ;)

make[1]: Leaving directory '/usr/local/software/redis-7.0.8/src'
test@ubuntu-svr:/usr/local/software/redis-7.0.8$
```

图2-13　成功编译Redis

编译成功后开始执行安装命令，因为不是安装到默认目录，所以命令中需要使用PREFIX参数项指定自定义的目录，执行命令make PREFIX=/usr/local/redis install，如图2-14所示。

```
test@ubuntu-svr:/usr/local/software/redis-7.0.8$ make PREFIX=/usr/local/redis in
stall
cd src && make install
make[1]: Entering directory '/usr/local/software/redis-7.0.8/src'
/bin/sh: 1: pkg-config: not found
    CC Makefile.dep
```

图2-14　安装Redis

若出现如图2-15所示的提示信息，则表示Redis安装成功。

```
test@ubuntu-svr:/usr/local/software/redis-7.0.8$ make PREFIX=/usr/local/redis in
stall
cd src && make install
make[1]: Entering directory '/usr/local/software/redis-7.0.8/src'
/bin/sh: 1: pkg-config: not found
    CC Makefile.dep
/bin/sh: 1: pkg-config: not found

Hint: It's a good idea to run 'make test' ;)

    INSTALL redis-server
    INSTALL redis-benchmark
    INSTALL redis-cli
make[1]: Leaving directory '/usr/local/software/redis-7.0.8/src'
test@ubuntu-svr:/usr/local/software/redis-7.0.8$
```

图2-15　Redis安装成功

Redis安装成功后，可以输入命令cd /usr/local/redis进入安装目录，再输入命令ll查看安装目录下的内容；还可以进一步执行ll ./bin命令查看安装目录下bin目录中的内容，如图2-16所示。

```
test@ubuntu-svr:/usr/local/software/redis-7.0.8$ cd /usr/local/redis
test@ubuntu-svr:/usr/local/redis$ ll
total 12
drwxr-xr-x  3 test test 4096  4月 26 10:06 ./
drwxr-xr-x 12 root root 4096  4月 25 15:25 ../
drwxrwxr-x  2 test test 4096  4月 26 10:06 bin/
test@ubuntu-svr:/usr/local/redis$ ll ./bin/
total 9500
drwxrwxr-x 2 test test    4096  4月 26 10:06 ./
drwxr-xr-x 3 test test    4096  4月 26 10:06 ../
-rwxr-xr-x 1 test test 1247488  4月 26 10:06 redis-benchmark*
lrwxrwxrwx 1 test test      12  4月 26 10:06 redis-check-aof -> redis-server*
lrwxrwxrwx 1 test test      12  4月 26 10:06 redis-check-rdb -> redis-server*
-rwxr-xr-x 1 test test 1130184  4月 26 10:06 redis-cli*
lrwxrwxrwx 1 test test      12  4月 26 10:06 redis-sentinel -> redis-server*
-rwxr-xr-x 1 test test 7339608  4月 26 10:06 redis-server*
test@ubuntu-svr:/usr/local/redis$
```


图2-16　查看redis安装目录

bin目录下自动生成了6个文件，各文件的说明如下：

- redis-benchmark：性能测试工具。
- redis-check-aof：修复有问题的AOF文件。
- redis-check-rdb：修复有问题的dump.rdb文件。
- redis-cli：客户端工具。
- redis-sentinel：Redis哨兵模式启动命令，供集群时使用。
- redis-server：Redis服务器启动命令。

4. 修改基础配置

Redis安装成功后，需要做一些简单的配置。

首先，创建以下目录，用于存放Redis的相关数据。

- /etc/redis：用于存放新的自启动配置文件。创建命令为：sudo mkdir /etc/redis。
- /var/log/redis：用于设置日志（log）文件的路径。创建命令为：sudo mkdir /var/log/redis。
- /var/lib/redis：用于设置持久化文件的存放路径。创建命令为：sudo mkdir /var/lib/redis。

然后，修改目录的所有者和所属组，执行以下命令：

```
sudo chown test.test /etc/redis
sudo chown test.test /var/log/redis
sudo chown test.test /var/lib/redis
```

各命令的执行如图2-17所示。

```
test@ubuntu-svr:/usr/local/redis$ sudo mkdir /etc/redis
test@ubuntu-svr:/usr/local/redis$ sudo chown test:test /etc/redis
test@ubuntu-svr:/usr/local/redis$ sudo mkdir /var/log/redis
test@ubuntu-svr:/usr/local/redis$ sudo mkdir /var/lib/redis
test@ubuntu-svr:/usr/local/redis$ sudo chown test:test /var/log/redis
test@ubuntu-svr:/usr/local/redis$ sudo chown test:test /var/lib/redis
test@ubuntu-svr:/usr/local/redis$
```

图2-17　创建目录并设置目录权限

最后进行Redis项的配置。由于Redis的配置项相当复杂，建议根据官方提供的配置文件进行修改，过程如下：

首先，复制Redis中的redis.conf文件到配置文件目录（/etc/redis）中。执行Linux文件复制命令cp /usr/local/software/redis-7.0.8/redis.conf /etc/redis/6379.conf。

其次，通过vim命令编辑该配置文件。执行vim文件编辑命令vim /etc/redis/6379.conf，进入配置文件编辑界面，可以根据需要对配置文件中的选项进行修改。例如：

① 使Redis可以通过IP地址访问。

通过注释bind 127.0.0.1实现，如图2-18所示。

```
# COMMENT OUT THE FOLLOWING LINE.
#
# You will also need to set a password unless you explicitly disable protected
# mode.
# ~~~~~~~~~~~~~~~~~~~~~~~~~~~~~~~~~~~~~~~~~~~~~~~~~~~~~~~~~~~~~~~~~~~~~~~~~~~~~
#bind 127.0.0.1 -::1  ←—— bind前输入#注释该行

# By default, outgoing connections (from replica to master, from Sentinel to
# instances, cluster bus, etc.) are not bound to a specific local address. In
# most cases, this means the operating system will handle that based on routing
# and the interface through which the connection goes out.
#
-- INSERT --                                                87,2          3%
```

图2-18　注释IP地址绑定

② 关闭保护模式，如图2-19所示。

```
# By default protected mode is enabled. You should disable it only if
# you are sure you want clients from other hosts to connect to Redis
# even if no authentication is configured.
protected-mode no  ←—— 取消保护模式

# Redis uses default hardened security configuration directives to reduce the
# attack surface on innocent users. Therefore, several sensitive configuration
# directives are immutable, and some potentially-dangerous commands are blocked.
#
-- INSERT --                                                111,18        4%
```

图2-19　关闭保护模式

③ 开启后台运行模式，如图2-20所示。

```
################################# GENERAL #####################################

# By default Redis does not run as a daemon. Use 'yes' if you need it.
# Note that Redis will write a pid file in /var/run/redis.pid when daemonized.
# When Redis is supervised by upstart or systemd, this parameter has no impact.
daemonize yes  ←—— 开启后台运行模式

# If you run Redis from upstart or systemd, Redis can interact with your
# supervision tree. Options:
#   supervised no      - no supervision interaction
#   supervised upstart - signal upstart by putting Redis into SIGSTOP mode
-- INSERT --                                                309,14        12%
```

图2-20　开启后台运行模式

④ 修改日志文件、持久化文件位置。

➢ 修改日志文件位置，如图2-21所示。

```
# Specify the log file name. Also the empty string can be used to force
# Redis to log on the standard output. Note that if you use standard
# output for logging but daemonize, logs will be sent to /dev/null
logfile "/var/log/redis/redis-6379.log"  ←—— 修改日志文件位置

# To enable logging to the system logger, just set 'syslog-enabled' to yes,
# and optionally update the other syslog parameters to suit your needs.
# syslog-enabled no

-- INSERT --                                                354,39        14%
```

图2-21　修改日志文件位置

➢ 修改持久化文件位置，如图2-22所示。

```
# The Append Only File will also be created inside this directory.
#
# Note that you must specify a directory here, not a file name.
dir /var/lib/redis/  ←—— 修改rdb文件位置

################################# REPLICATION #################################

# Master-Replica replication. Use replicaof to make a Redis instance a copy of
# another Redis server. A few things to understand ASAP about Redis replication.
-- INSERT --                                                504,21        21%
```

图2-22　修改持久化文件位置

配置文件修改完毕，在vim末行模式键入wq，保存配置文件并退出编辑，如图2-23所示。

```
#
# The Append Only File will also be created inside this directory.
#
# Note that you must specify a directory here, not a file name.
dir /var/lib/redis/

################################# REPLICATION #################################

# Master-Replica replication. Use replicaof to make a Redis instance a copy of
# another Redis server. A few things to understand ASAP about Redis replication.
:wq
```

图2-23　保存配置文件并退出编辑

5. 启动/停止服务

① 用指定配置文件启动redis-server。

启动Redis服务的命令为：/usr/local/redis/bin/redis-server /etc/redis/6379.conf。

其中，/usr/local/redis/bin/redis-server是Redis的服务程序，/etc/redis/6379.conf是自定义的配置文件。

然后使用命令ps -aux|grep redis查看是否有redis进程，以判断Redis服务是否成功启动，如图2-24所示。

```
test@ubuntu-svr:/usr/local/redis$ ./bin/redis-server /etc/redis/6379.conf
test@ubuntu-svr:/usr/local/redis$ ps -aux | grep redis          启动redis
test      4992  0.0  0.1  45972  4600 ?        Ssl  10:37   0:00 ./bin/redis-s
erver *:6379
test      5041  0.0  0.0  17868  2816 pts/0    S+   10:38   0:00 grep --color=
auto redis
test@ubuntu-svr:/usr/local/redis$                 验证redis启动成功
```

图2-24　启动Redis服务并验证是否成功启动

② 不指定配置文件启动redis-server，此时使用的是默认配置（即在bin目录下的redis.conf）。

启动Redis服务的命令为：/usr/local/redis/bin/redis-server。

③ 客户端访问Redis服务的命令：redis-cli -h 127.0.0.1 -p 6379。

其中，redis-cli是客户端命令程序，参数-h用于指定Redis服务器的主机地址，参数-p用于指定Reids服务的端口号。

需要注意的是，Redis默认不转义中文，如果需要转义中文，需要在redis-cli命令后面追加参数-raw。

④ 单实例关闭，使用redis–cli shutdown命令，或者在服务器端杀死redis进程。

⑤ 多实例关闭，即指定端口关闭，命令为：redis-cli -p 6379 shutdown。

6. 配置Redis服务自启动

在安装完Redis之后，Redis不能像MySQL一样，在服务器启动时就自动启动，而是需要进入到Redis目录下的bin目录中才能启动，在其他目录下是不能启动Redis服务的。下面介绍一种在任何目录下面都可以启动（停止或重启）Redis的方法，这种方法也会在服务器启动时自动启动Redis服务器。

① 配置服务脚本。

首先，找到Redis目录下的redis_init_script文件，将其复制到/etc/init.d/目录中并命名为redisd（以d结尾表示是自启动服务，这是一种约定俗成的规则）。

➢ 进入redis_init_script文件所在目录的命令：cd /usr/local/software/redis-7.0.8/utils/。

➢ 复制文件命令：cp redis_init_script /etc/init.d/redisd，如图2-25所示。

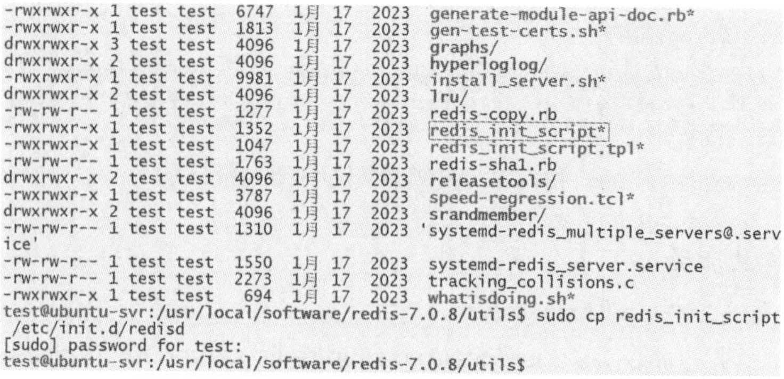

```
-rwxrwxr-x 1 test test  6747  1月 17  2023  generate-module-api-doc.rb*
-rwxrwxr-x 1 test test  1813  1月 17  2023  gen-test-certs.sh*
drwxrwxr-x 3 test test  4096  1月 17  2023  graphs/
drwxrwxr-x 2 test test  4096  1月 17  2023  hyperloglog/
-rwxrwxr-x 1 test test  9981  1月 17  2023  install_server.sh*
drwxrwxr-x 2 test test  4096  1月 17  2023  lru/
-rw-rw-r-- 1 test test  1277  1月 17  2023  redis-copy.rb
-rwxrwxr-x 1 test test  1352  1月 17  2023  redis_init_script*
-rwxrwxr-x 1 test test  1047  1月 17  2023  redis_init_script.tpl*
-rw-rw-r-- 1 test test  1763  1月 17  2023  redis-sha1.rb
drwxrwxr-x 2 test test  4096  1月 17  2023  releasetools/
-rwxrwxr-x 1 test test  3787  1月 17  2023  speed-regression.tcl*
drwxrwxr-x 2 test test  4096  1月 17  2023  srandmember/
-rw-rw-r-- 1 test test  1310  1月 17  2023  'systemd-redis_multiple_servers@.serv
ice'
-rw-rw-r-- 1 test test  1550  1月 17  2023  systemd-redis_server.service
-rw-rw-r-- 1 test test  2273  1月 17  2023  tracking_collisions.c
-rwxrwxr-x 1 test test   694  1月 17  2023  whatisdoing.sh*
test@ubuntu-svr:/usr/local/software/redis-7.0.8/utils$ sudo cp redis_init_script
 /etc/init.d/redisd
[sudo] password for test:
test@ubuntu-svr:/usr/local/software/redis-7.0.8/utils$
```

图2-25　复制文件

其次，进入/etc/init.d/目录，修改文件启动配置，分步命令如下：

➢ 进入/etc/init.d/目录的命令：cd /etc/init.d/。

➢ 修改redisd文件所有者和所属组的命令：sudo chown test.test redisd，如图2-26所示。

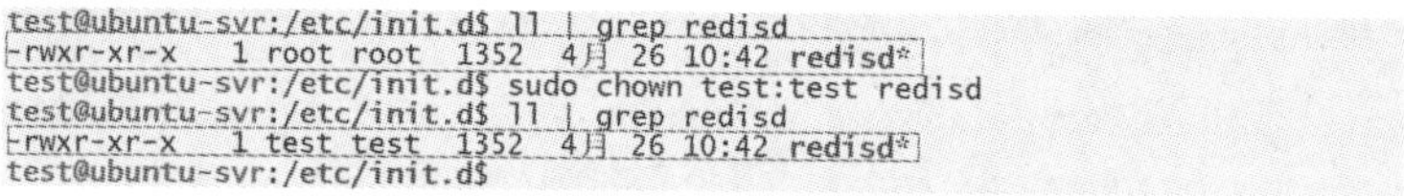

```
test@ubuntu-svr:/etc/init.d$ ll | grep redisd
-rwxr-xr-x   1 root root  1352  4月 26 10:42 redisd*
test@ubuntu-svr:/etc/init.d$ sudo chown test:test redisd
test@ubuntu-svr:/etc/init.d$ ll | grep redisd
-rwxr-xr-x   1 test test  1352  4月 26 10:42 redisd*
test@ubuntu-svr:/etc/init.d$
```

图2-26　修改redisd文件所有者和所属组

➢ 修改redisd文件的命令：vim redisd。

修改的配置信息如下（见图2-27），要确保配置信息与Redis安装信息相符。

```
REDISPORT=6379
EXEC=/usr/local/redis/bin/redis-server
CLIEXEC=/usr/local/redis/bin/redis-cli
PIDFILE=/var/run/redis_${REDISPORT}.pid
CONF="/etc/redis/${REDISPORT}.conf "
```

```
#!/bin/sh
#
# Simple Redis init.d script conceived to work on Linux systems
# as it does use of the /proc filesystem.

### BEGIN INIT INFO
# Provides:          redis_6379
# Default-Start:        2 3 4 5
# Default-Stop:         0 1 6
# Short-Description:    Redis data structure server
# Description:          Redis data structure server. See https://redis.io
### END INIT INFO

REDISPORT=6379
EXEC=/usr/local/redis/bin/redis-server
CLIEXEC=/usr/local/redis/bin/redis-cli        ← 配置信息要与安装信息一致

PIDFILE=/var/run/redis_${REDISPORT}.pid
CONF="/etc/redis/${REDISPORT}.conf"

case "$1" in
                                                        16,24         Top
```

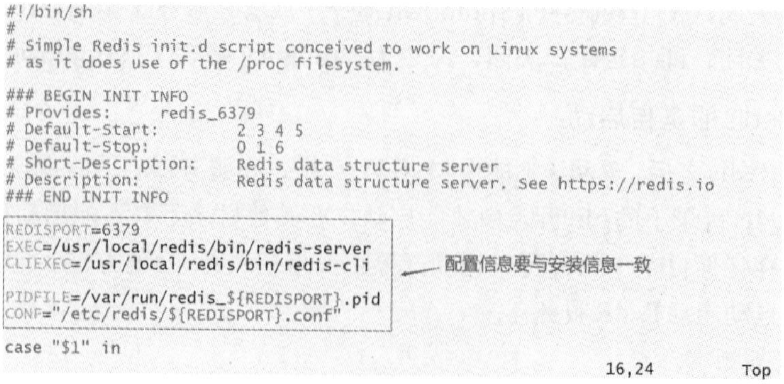

图2-27　redisd配置信息

② 设置权限并注册服务。

先设置服务脚本的执行权限，需要执行命令chmod +x /etc/init.d/redisd；再进入文件所在目录（执行命令cd /etc/init.d/），要注册服务，需要执行命令update-rc.d redisd defaults，如图2-28所示。

```
test@ubuntu-svr:/etc/init.d$ update-rc.d redisd defaults
==== AUTHENTICATING FOR org.freedesktop.systemd1.reload-daemon ===
Authentication is required to reload the systemd state.
Authenticating as: Test User,,, (test)
Password:
==== AUTHENTICATION COMPLETE ===
test@ubuntu-svr:/etc/init.d$
```

图2-28 注册redisd服务

之后可以对redisd服务进行操作，如启动、关闭、重启等，再查看redisd服务的状态，如图2-29所示。

- 查看redisd状态的命令：netstat -tunpl|grep 6379。
- 启动redisd服务的命令：service redisd start。
- 关闭redisd服务的命令：service redisd stop。
- 重启redisd服务的命令：service redisd restart。

```
test@ubuntu-svr:/etc/init.d$ netstat -tunpl | grep 6379
(Not all processes could be identified, non-owned process info
 will not be shown, you would have to be root to see it all.)
test@ubuntu-svr:/etc/init.d$ service redisd start ←启动服务
==== AUTHENTICATING FOR org.freedesktop.systemd1.manage-units ===
Authentication is required to start 'redisd.service'.
Authenticating as: Test User,,, (test)
Password:                                     查看服务状态
==== AUTHENTICATION COMPLETE ===
test@ubuntu-svr:/etc/init.d$ netstat -tunpl | grep 6379
(Not all processes could be identified, non-owned process info
 will not be shown, you would have to be root to see it all.)
tcp        0      0 0.0.0.0:6379          0.0.0.0:*             LISTEN
-
tcp6       0      0 :::6379               :::*                  LISTEN
-
test@ubuntu-svr:/etc/init.d$
```

图2-29 启动redisd服务与查看redisd服务的状态

配置完Redis服务自启动之后，重启Ubuntu服务器，无须执行redis-server命令便自动启动了redis数据库。

③ 客户端程序建立软链接。

可以通过建立软链接的方式实现对客户端程序redis-cli的便捷访问。客户端建立软链接的命令：

sudo ln -s /usr/local/redis/bin/redis-cli /usr/local/bin/redis-cli，如图2-30所示。

```
test@ubuntu-svr:~$ sudo ln -s /usr/local/redis/bin/redis-cli /usr/local/bin/redi
s-cli
test@ubuntu-svr:~$ redis-cli
127.0.0.1:6379>
```

图2-30 创建redis-cli软链接

配置完redis-cli的软链接之后，就可以在命令行直接输入redis-cli命令启动Redis客户端程序。

2.3 在Ubuntu系统中Redis的在线安装与配置

Ubuntu系统设置好软件源之后，可以通过命令直接从软件源中下载安装。Redis在Ubuntu系统中可以直接从软件源中下载安装，非常简便。

提示

Ubuntu系统的软件源是指Ubuntu系统的软件更新管理器下载更新软件的来源，它是一个软件仓库。

Ubuntu系统的软件管理方式与Windows系统不太一样，Windows系统中的软件一般不依赖于第三方（大多数时候只对操作系统的库有依赖），所以Windows系统中的软件一般以安装包的方式提供，通常安装比较顺利。而Ubuntu系统是基于Linux的系统，软件也大多是开源软件，开源软件之间的依赖会比较严重，因此，安装会比较烦琐。若以安装包的方式单独提供给新用户或者初级用户，这些新手在安装时，往往会碰壁。因此才发展到以仓库的方式来提供软件，由操作系统方管理这个仓库，也会管理这些软件的依赖，并提供相应的工具来从远程仓库下载安装更新软件。只用一个命令，便自动把软件安装好，有依赖时会自动分析依赖并把依赖的软件一并安装或者更新，这样大大方便了用户，提高了软件安装的简易度。

1. 打开终端，更新服务器软件列表

更新服务器软件列表的命令：sudo apt-get update，执行此命令，结果如图2-31所示。

```
test@ubuntu-svr:~$ sudo apt-get update
[sudo] password for test:
Hit:4 http://archive.ubuntu.com/ubuntu jammy InRelease
Hit:1 http://mirrors.tuna.tsinghua.edu.cn/ubuntu jammy InRelease
Get:2 http://mirrors.tuna.tsinghua.edu.cn/ubuntu jammy-updates InRelease [119 kB
]
Get:5 http://security.ubuntu.com/ubuntu jammy-security InRelease [110 kB]
Get:3 http://mirrors.tuna.tsinghua.edu.cn/ubuntu jammy-backports InRelease [109
kB]
Get:6 http://mirrors.tuna.tsinghua.edu.cn/ubuntu jammy-updates/main Sources [485
 kB]
Get:7 http://security.ubuntu.com/ubuntu jammy-security/main Sources [260 kB]
Get:8 http://security.ubuntu.com/ubuntu jammy-security/universe Sources [181 kB]
Get:9 http://security.ubuntu.com/ubuntu jammy-security/restricted Sources [61.3
kB]
Get:10 http://security.ubuntu.com/ubuntu jammy-security/main amd64 Packages [1,3
94 kB]
Get:11 http://mirrors.tuna.tsinghua.edu.cn/ubuntu jammy-updates/multiverse Sourc
es [19.0 kB]
Get:12 http://mirrors.tuna.tsinghua.edu.cn/ubuntu jammy-updates/universe Sources
 [321 kB]
25% [12 Sources 13.9 kB/321 kB 4%] [10 Packages 20.3 kB/1,394 kB 1%]
```

图2-31　更新服务器软件列表

2. 在线安装最新的redis-server

在线安装最新redis-server的命令：sudo apt-get install redis-server，执行此命令，结果如图2-32所示。

```
test@ubuntu-svr:~$ sudo apt-get install redis-server
Reading package lists... Done
Building dependency tree... Done
Reading state information... Done
The following additional packages will be installed:
  libjemalloc2 liblua5.1-0 liblzf1 lua-bitop lua-cjson redis-tools
Suggested packages:
  ruby-redis
The following NEW packages will be installed:
  libjemalloc2 liblua5.1-0 liblzf1 lua-bitop lua-cjson redis-server
  redis-tools
0 upgraded, 7 newly installed, 0 to remove and 31 not upgraded.
Need to get 1,273 kB of archives.
After this operation, 5,725 kB of additional disk space will be used.
Do you want to continue? [Y/n] y
```

图2-32　在线安装redis-server

3. 启动redis-server，验证安装

启动redis-server的命令：redis-server，执行此命令，结果如图2-33所示。

```
test@ubuntu-svr:~$ redis-server
2211:C 26 Apr 2024 11:04:23.237 # oO0OoO0OoO0Oo Redis is starting oO0OoO0OoO0Oo
2211:C 26 Apr 2024 11:04:23.238 # Redis version=6.0.16, bits=64, commit=00000000
, modified=0, pid=2211, just started
2211:C 26 Apr 2024 11:04:23.239 # Warning: no config file specified, using the d
efault config. In order to specify a config file use redis-server /path/to/redis
.conf
2211:M 26 Apr 2024 11:04:23.239 * Increased maximum number of open files to 1003
2 (it was originally set to 1024).
2211:M 26 Apr 2024 11:04:23.240 # Could not create server TCP listening socket *
:6379: bind: Address already in use
test@ubuntu-svr:~$ ps -aux|grep redis
redis       2158  0.4  0.2  78468 11008 ?        Ssl  11:04   0:00 /usr/bin/redi
s-server 127.0.0.1:6379
test        2213  0.0  0.0  17868  2816 pts/0    S+   11:04   0:00 grep --color=
auto redis
test@ubuntu-svr:~$
```

图2-33　启动redis-server

4. 使用客户端连接Redis数据库

启动客户端的命令：redis-cli，执行此命令，结果如图2-34所示。

```
test@ubuntu-svr:~$ redis-cli
127.0.0.1:6379> keys *
(empty array)
127.0.0.1:6379> quit
test@ubuntu-svr:~$
```

图2-34　使用redis-cli连接Redis

提示

redis-cli默认连接的服务器IP地址为127.0.0.1，默认端口是6379。

5. 修改Redis配置

安装完成后，默认只能本地访问Redis服务，可以修改Redis的配置文件，使其能联网访问。

修改配置文件的命令为sudo gedit /etc/redis/redis.conf，执行此命令，编辑配置文件redis.conf的界面如图2-35所示。

```
Open ∨   *redis.conf /etc/redis   Save

#bind 127.0.0.1 ::1

# Protected mode is a layer of security protection, in order to avoid that
# Redis instances left open on the internet are accessed and exploited.
#
# When protected mode is on and if:
#
# 1) The server is not binding explicitly to a set of addresses using the
#    "bind" directive.
# 2) No password is configured.
#
# The server only accepts connections from clients connecting from the
# IPv4 and IPv6 loopback addresses 127.0.0.1 and ::1, and from Unix domain
# sockets.
#
# By default protected mode is enabled. You should disable it only if
# you are sure you want clients from other hosts to connect to Redis
# even if no authentication is configured, nor a specific set of interfaces
# are explicitly listed using the "bind" directive.
protected-mode no

# Accept connections on the specified port, default is 6379 (IANA #815344).
# If port 0 is specified Redis will not listen on a TCP socket.
port 6379

# TCP listen() backlog.
#

Plain Text ∨   Tab Width: 8 ∨   Ln 87, Col 18 ∨   INS
```

图2-35　使用gedit修改Redis的配置文件

配置文件修改完成之后保存，再重启redis-server服务，使新的配置生效。重启redis-server的命令为：/etc/init.d/redis-server restart。

提示

gedit是Ubuntu系统中的文本编辑工具，类似于Windows系统中的记事本。在gedit中可以修改Redis配置文件中的各项。

2.4 Windows系统中Redis的安装和配置

Redis官方网站没有提供Windows版的安装包，但可以通过GitHub来下载Windows版的Redis安装包。Windows版的Redis版本更新较慢，并且Redis运行在Windows系统中的性能不是很理想，因此一般只作为学习和开发阶段使用。

1. 下载Windows版的Redis

Windows版的Redis数据库可以在GitHub上找到，下载网址为https://github.com/tporadowski/redis/releases。下载最新的压缩包Redis-x64-5.0.14.1.zip，如图2-36所示。

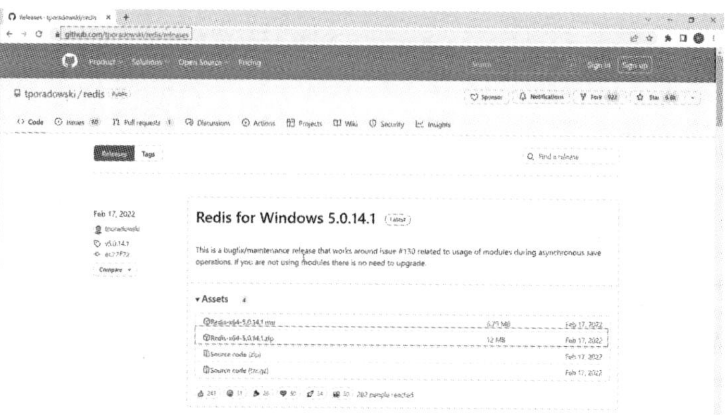

图2-36　在GitHub上下载最新的Windows版的Redis

2. 将下载的压缩包解压到文件夹

将下载的压缩包解压到指定的文件夹中，如D:\Redis，解压后内容显示如图2-37所示。

图2-37　解压后的Redis

3. 启动Redis

在Redis的安装目录下打开cmd窗口，然后执行命令来启动服务。启动redis服务的命令为：redis-server.exe redis.windows.conf。

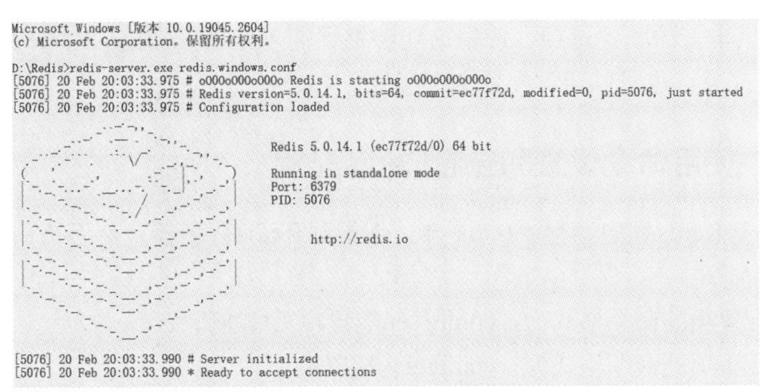

图2-38　启动Windows版的Redis

执行命令后，若出现如图2-38所示的界面，说明Redis服务启动成功。需要说明的是，命令中的redis.windows.conf可以省略，省略后，执行redis-server.exe命令会使用默认的配置。

为了方便，建议将Redis路径添加到系统环境变量Path中，这样在使用时就不用再输入路径了。

4. 打开Redis客户端进行连接

使用redis-cli.exe命令打开Redis客户端。客户端连接的命令为：redis-cli.exe -h 127.0.0.1 -p 6379。执行命令redis-cli.exe后，结果如图2-39所示，这表明客户端连接成功。至此，Redis的安装和部署就全部完成了。

图2-39　使用redis-cli.exe连接Redis

在Windows系统中修改Redis的配置，可以通过修改目录中的redis.windows.conf文件来实现，其配置项与Linux系统相同。

在开启Redis服务后，应到Redis所在目录下新开一个cmd窗口以执行命令，同时，不应关闭原来的Redis启动窗口，否则将无法访问服务端。

2.5 Redis配置详解

Redis提供丰富的配置选项，使用户能够根据需求定制其功能。对Redis的配置既可以通过命令行完成，也可以通过配置文件实现。

2.5.1 使用命令设置和查看Redis配置

首先，启动Redis客户端程序redis-cli，连接到Redis服务器，然后执行对应的设置与查看配置项的命令。

➢ 设置配置项的命令格式为：config set 配置项 配置值。

➢ 查看配置项的命令格式为：config get 配置项。

（1）设置Redis访问密码并查看

设置命令：config set requirepass 123456。

查看命令：config get requirepass。

命令执行结果如图2-40所示。

```
test@ubuntu-svr:~$ redis-cli
127.0.0.1:6379> config set requirepass 123456
OK
127.0.0.1:6379> config get requirepass
1) "requirepass"
2) "123456"
127.0.0.1:6379>
```

图2-40 使用命令设置和查看Redis密码

（2）查看Redis的所有配置项信息

查看Redis的所有配置项信息的命令为config get *，该命令的执行结果如图2-41所示。

```
test@ubuntu-svr:~$ redis-cli
127.0.0.1:6379> auth 123456
OK
127.0.0.1:6379> config get *
  1) "rdbchecksum"
  2) "yes"
  3) "daemonize"
  4) "no"
  5) "io-threads-do-reads"
  6) "no"
  7) "lua-replicate-commands"
  8) "yes"
  9) "always-show-logo"
 10) "yes"
 11) "protected-mode"
 12) "yes"
 13) "rdbcompression"
 14) "yes"
 15) "rdb-del-sync-files"
 16) "no"
 17) "activerehashing"
 18) "yes"
```

图2-41 查看Redis的所有配置项

通过命令修改的配置，Redis重启后即失效。

 2.5.2 查看并修改Redis的配置文件

在终端使用vim打开Redis的配置文件/etc/redis/6379.conf，打开后可对该文件进行编辑。

打开并编辑Redis配置文件的命令为：sudo vim /etc/redis/6379.conf。

Redis配置文件中的配置项有很多，下面介绍其中一些常用的配置项。

1. units

设置存储单位的选项，用于定义配置文件中内存大小的单位。配置文件开头部分定义了一些基本的度量单位，只支持bytes，不支持bit，且度量单位对大小写不敏感，如图2-42所示。

```
# Redis configuration file example.
#
# Note that in order to read the configuration file, Redis must be
# started with the file path as first argument:
#
# ./redis-server /path/to/redis.conf

# Note on units: when memory size is needed, it is possible to specify
# it in the usual form of 1k 5GB 4M and so forth:
#
# 1k => 1000 bytes
# 1kb => 1024 bytes
# 1m => 1000000 bytes
# 1mb => 1024*1024 bytes
# 1g => 1000000000 bytes
# 1gb => 1024*1024*1024 bytes
#
# units are case insensitive so 1GB 1Gb 1gB are all the same.

################################## INCLUDES ###################################

"/etc/redis/6379.conf" 2276L, 106545B                          1,1           Top
```

图2-42 units配置

2. includes

包含配置项，用于在多实例的情况下将公用的配置文件提取出来，如图2-43所示。

```
# Note that option "include" won't be rewritten by command "CONFIG REWRITE"
# from admin or Redis Sentinel. Since Redis always uses the last processed
# line as value of a configuration directive, you'd better put includes
# at the beginning of this file to avoid overwriting config change at runtime.
#
# If instead you are interested in using includes to override configuration
# options, it is better to use include as the last line.
#
# Included paths may contain wildcards. All files matching the wildcards will
# be included in alphabetical order.
# Note that if an include path contains a wildcards but no files match it when
# the server is started, the include statement will be ignored and no error will
# be emitted.  It is safe, therefore, to include wildcard files from empty
# directories.
#
# include /path/to/local.conf
# include /path/to/other.conf
# include /path/to/fragments/*.conf
#

################################## MODULES #####################################
                                                              42,1          1%
```

图2-43 includes配置

3. NETWORK

与网络相关的配置项，该配置项中还包含若干子项。

(1) bind

默认情况为bind=127.0.0.1，即只能接受本机的访问请求。若bind项省略，则对网络没有限制，即可接受任何IP地址的访问。如果是生产环境，就需要写应用服务器的地址，而服务器是需要远程访问的，因此需要将bind默认设置删去（最简便的方法是将该设置项语句变为注释语句），如图2-44所示。

```
#
# ~~~ WARNING ~~~ If the computer running Redis is directly exposed to the
# internet, binding to all the interfaces is dangerous and will expose the
# instance to everybody on the internet. So by default we uncomment the
# following bind directive, that will force Redis to listen only on the
# IPv4 and IPv6 (if available) loopback interface addresses (this means Redis
# will only be able to accept client connections from the same host that it is
# running on).
#
# IF YOU ARE SURE YOU WANT YOUR INSTANCE TO LISTEN TO ALL THE INTERFACES
# COMMENT OUT THE FOLLOWING LINE.
#
# You will also need to set a password unless you explicitly disable protected
# mode.
# ~~~~~~~~~~~~~~~~~~~~~~~~~~~~~~~~~~~~~~~~~~~~~~~~~~~~~~~~~~~~~~~~~~~~~~~~
bind 127.0.0.1 -::1

# By default, outgoing connections (from replica to master, from Sentinel to
# instances, cluster bus, etc.) are not bound to a specific local address. In
# most cases, this means the operating system will handle that based on routing
# and the interface through which the connection goes out.
                                                        87,1          3%
```

图2-44 NETWORK之bind配置

（2）protected-mode

访问保护模式配置项。如果开启了protected-mode，那么在没有设定bind ip且没有设定密码的情况下，Redis只允许接受本机的访问。如果是学习环境，可以将本机访问保护模式设置为no，如图2-45所示。

```
#
# Example:
#
# bind-source-addr 10.0.0.1

# Protected mode is a layer of security protection, in order to avoid that
# Redis instances left open on the internet are accessed and exploited.
#
# When protected mode is on and the default user has no password, the server
# only accepts local connections from the IPv4 address (127.0.0.1), IPv6 address
# (::1) or Unix domain sockets.
#
# By default protected mode is enabled. You should disable it only if
# you are sure you want clients from other hosts to connect to Redis
# even if no authentication is configured.
protected-mode no

# Redis uses default hardened security configuration directives to reduce the
# attack surface on innocent users. Therefore, several sensitive configuration
# directives are immutable, and some potentially-dangerous commands are blocked.
#
-- INSERT --                                            111,18        4%
```

图2-45 NETWORK之protected-mode配置

（3）port

端口号配置项，默认为6379，如图2-46所示。

```
#         IPv4 address (127.0.0.1), IPv6 address (::1) or Unix domain sockets.
#
# enable-protected-configs no
# enable-debug-command no
# enable-module-command no

# Accept connections on the specified port, default is 6379 (IANA #815344).
# If port 0 is specified Redis will not listen on a TCP socket.
port 6379

# TCP listen() backlog.
#
# In high requests-per-second environments you need a high backlog in order
# to avoid slow clients connection issues. Note that the Linux kernel
# will silently truncate it to the value of /proc/sys/net/core/somaxconn so
# make sure to raise both the value of somaxconn and tcp_max_syn_backlog
# in order to get the desired effect.
tcp-backlog 511

# Unix socket.
#
                                                        145,17        5%
```

图2-46 NETWORK之port、tcp-backlog配置

（4）tcp-backlog

设置tcp连接的backlog值，backlog是一个连接队列。backlog队列的值 = 未完成三次握手队列的值+ 已经完成三次握手队列的值。在高并发环境下，backlog需要一个大的值

来避免慢客户端的连接问题，其配置如图2-46所示。

（5）timeout

设置一个空闲的客户端维持不关闭的时间，0 表示关闭此功能，即客户端永不关闭，其配置如图2-47所示。

（6）tcp-keepalive

该配置项用于客户端的保活检测。设置此配置项就是允许Redis服务器定期向空闲的客户端发送TCP心跳包，以检测网络的连通性。如果客户端在一定时间内没有响应，服务器会关闭这个连接，这样可以确保连接保持活跃，并能及时检测和清理无效的连接。如果tcp-keepalive未设置或设置为0，则不会进行保活检测。设置为n表示每隔n秒检测一次，单位为秒。一般建议设置成60，Redis默认此项设置为300，如图2-47所示。

```
# Close the connection after a client is idle for N seconds (0 to disable)
timeout 0

# TCP keepalive.
#
# If non-zero, use SO_KEEPALIVE to send TCP ACKs to clients in absence
# of communication. This is useful for two reasons:
#
# 1) Detect dead peers.
# 2) Force network equipment in the middle to consider the connection to be
#    alive.
#
# On Linux, the specified value (in seconds) is the period used to send ACKs.
# Note that to close the connection the double of the time is needed.
# On other kernels the period depends on the kernel configuration.
#
# A reasonable value for this option is 300 seconds, which is the new
# Redis default starting with Redis 3.2.1.
tcp-keepalive 300

# Apply OS-specific mechanism to mark the listening socket with the specified
                                                              173,1         6%
```

图2-47　NETWORK之timeout、tcp-keepalive配置

4. GENERAL

通用配置选项，该配置项中还包含若干子项。

（1）daemonize

该选项用于设置Redis服务端程序是否为后台进程（守护进程）。如果该选项设置为yes，则表示是后台启动，如图2-48所示。

```
#
# tls-session-cache-timeout 60

################################# GENERAL #####################################

# By default Redis does not run as a daemon. Use 'yes' if you need it.
# Note that Redis will write a pid file in /var/run/redis.pid when daemonized.
# When Redis is supervised by upstart or systemd, this parameter has no impact.
daemonize yes

# If you run Redis from upstart or systemd, Redis can interact with your
# supervision tree. Options:
#   supervised no      - no supervision interaction
#   supervised upstart - signal upstart by putting Redis into SIGSTOP mode
#                        requires "expect stop" in your upstart job config
#   supervised systemd - signal systemd by writing READY=1 to $NOTIFY_SOCKET
#                        on startup, and updating Redis status on a regular
#                        basis.
#   supervised auto    - detect upstart or systemd method based on
#                        UPSTART_JOB or NOTIFY_SOCKET environment variables
# Note: these supervision methods only signal "process is ready."
-- INSERT --                                                  309,14        13%
```

图2-48　GENERAL之daemonize配置

（2）pidfile

该选项用于设置存放pid文件的位置。每个实例都会产生一个不同的pid文件，如图2-49所示。

```
# supervised auto

# If a pid file is specified, Redis writes it where specified at startup
# and removes it at exit.
#
# When the server runs non daemonized, no pid file is created if none is
# specified in the configuration. When the server is daemonized, the pid file
# is used even if not specified, defaulting to "/var/run/redis.pid".
#
# Creating a pid file is best effort: if Redis is not able to create it
# nothing bad happens, the server will start and run normally.
#
# Note that on modern Linux systems "/run/redis.pid" is more conforming
# and should be used instead.
pidfile /var/run/redis_6379.pid

# Specify the server verbosity level.
# This can be one of:
# debug (a lot of information, useful for development/testing)
# verbose (many rarely useful info, but not a mess like the debug level)
# notice (moderately verbose, what you want in production probably)
                                                        332,13          14%
```

图2-49　GENERAL之pidfile配置

（3）loglevel

该选项用于指定日志记录级别。Redis共支持4个级别，分别为debug、verbose、notice和warning，默认级别为notice，如图2-50所示。

（4）logfile

该选项用于设置日志文件名称与存储路径，如图2-50所示。

```
# Note that on modern Linux systems "/run/redis.pid" is more conforming
# and should be used instead.
pidfile /var/run/redis_6379.pid

# Specify the server verbosity level.
# This can be one of:
# debug (a lot of information, useful for development/testing)
# verbose (many rarely useful info, but not a mess like the debug level)
# notice (moderately verbose, what you want in production probably)
# warning (only very important / critical messages are logged)
loglevel notice

# Specify the log file name. Also the empty string can be used to force
# Redis to log on the standard output. Note that if you use standard
# output for logging but daemonize, logs will be sent to /dev/null
logfile "/var/log/redis/redis_6379.log"

# To enable logging to the system logger, just set 'syslog-enabled' to yes,
# and optionally update the other syslog parameters to suit your needs.
# syslog-enabled no

-- INSERT --                                              354,39          14%
```

图2-50　GENERAL之loglevel、logfile配置

（5）database

该选项用于设定库的数量，默认值为16，如图2-51所示。如果设定数据库数量为0，则可以通过SELECT dbid命令在连接时指定数据库的id。

```
# syslog-facility local0

# To disable the built in crash log, which will possibly produce cleaner core
# dumps when they are needed, uncomment the following:
#
# crash-log-enabled no

# To disable the fast memory check that's run as part of the crash log, which
# will possibly let redis terminate sooner, uncomment the following:
#
# crash-memcheck-enabled no

# Set the number of databases. The default database is DB 0, you can select
# a different one on a per-connection basis using SELECT <dbid> where
# dbid is a number between 0 and 'databases'-1
databases 16

# By default Redis shows an ASCII art logo only when started to log to the
# standard output and if the standard output is a TTY and syslog logging is
# disabled. Basically this means that normally a logo is displayed only in
# interactive sessions.
                                                        379,12          16%
```

图2-51　GENERAL之database配置

5. SECURITY

安全配置选项，该配置项中也包含若干子项。例如，在命令中设置密码，只是临时的，重启Redis服务器后，密码就还原了。如果要使设置的密码成为永久设置，就需要在配置文件中进行设置，如图2-52所示。

```
# layer on top of the new ACL system. The option effect will be just setting
# the password for the default user. Clients will still authenticate using
# AUTH <password> as usually, or more explicitly with AUTH default <password>
# if they follow the new protocol: both will work.
#
# The requirepass is not compatible with aclfile option and the ACL LOAD
# command, these will cause requirepass to be ignored.
#
# requirepass foobared
requirepass 123456
# New users are initialized with restrictive permissions by default, via the
# equivalent of this ACL rule 'off resetkeys -@all'. Starting with Redis 6.2, it
# is possible to manage access to Pub/Sub channels with ACL rules as well. The
# default Pub/Sub channels permission if new users is controlled by the
# acl-pubsub-default configuration directive, which accepts one of these values:
#
# allchannels: grants access to all Pub/Sub channels
# resetchannels: revokes access to all Pub/Sub channels
#
# From Redis 7.0, acl-pubsub-default defaults to 'resetchannels' permission.
#
-- INSERT --                                              1037,19        45%
```

图2-52　SECURITY之访问密码配置

6. LIMIT

限制配置项，该配置项中还包含若干子项。

（1）maxclients

该选项用于设置Redis同时可以与多少个客户端进行连接，默认值为10 000，如图2-53所示。如果客户端的数量达到了此限制，Redis就会拒绝新的连接请求，并且向这些连接请求方发出“max number of clients reached”提示信息作为回应。

```
# minus 32 (as Redis reserves a few file descriptors for internal uses).
#
# Once the limit is reached Redis will close all the new connections sending
# an error 'max number of clients reached'.
#
# IMPORTANT: When Redis Cluster is used, the max number of connections is also
# shared with the cluster bus: every node in the cluster will use two
# connections, one incoming and another outgoing. It is important to size the
# limit accordingly in case of very large clusters.
#
# maxclients 10000

############################## MEMORY MANAGEMENT ################################
#

# Set a memory usage limit to the specified amount of bytes.
# When the memory limit is reached Redis will try to remove keys
# according to the eviction policy selected (see maxmemory-policy).
#
# If Redis can't remove keys according to the policy, or if the policy is
# set to 'noeviction', Redis will start to reply with errors to commands
                                                          1092,1         47%
```

图2-53　LIMIT之maxclients配置

（2）maxmemory

该选项用于设置Redis可以使用的内存量，如图2-54所示。一旦达到内存使用上限，Redis将会试图移除内部数据，移除规则可以通过maxmemory-policy来指定。建议必须设置maxmemory选项，否则，内存占满将造成服务器宕机。

如果Redis无法根据移除规则来移除内存中的数据，或者设置了不允许移除，那么Redis会针对那些需要申请内存的指令返回错误信息，如SET、LPUSH等命令。但是对于无内存申请的指令，仍然会正常响应，如 GET命令等。如果所用的Redis是主节点（拥有从节点），那么在设置内存使用上限时，需要在系统中留出一些内存空间给同步队列缓存。只有设置的是“不移除”的情况下，才无须考虑这个因素。

```
#
# In short... if you have replicas attached it is suggested that you set a lower
# limit for maxmemory so that there is some free RAM on the system for replica
# output buffers (but this is not needed if the policy is 'noeviction').
#
# maxmemory <bytes>

# MAXMEMORY POLICY: how Redis will select what to remove when maxmemory
# is reached. You can select one from the following behaviors:
#
# volatile-lru -> Evict using approximated LRU, only keys with an expire set.
# allkeys-lru -> Evict any key using approximated LRU.
# volatile-lfu -> Evict using approximated LFU, only keys with an expire set.
# allkeys-lfu -> Evict any key using approximated LFU.
# volatile-random -> Remove a random key having an expire set.
# allkeys-random -> Remove a random key, any key.
# volatile-ttl -> Remove the key with the nearest expire time (minor TTL)
# noeviction -> Don't evict anything, just return an error on write operations.
#
# LRU means Least Recently Used
# LFU means Least Frequently Used
                                                          1119,1        49%
```

图2-54　LIMIT之maxmemory配置

（3）maxmemory-policy

该选项用于设置Redis在内存不足时，移除内部数据的规则，可以采用的规则有以下几种：

- volatile-lru：使用LRU（最近最少使用）算法移除key，此策略只针对那些设置了过期时间的键。
- allkeys-lru：在所有集合的key中，使用LRU算法移除key。
- volatile-random：在设置了过期时间的键集合中，随机移除key。
- allkeys-random：在所有集合的key中，随机移除key。
- volatile-ttl：移除那些TTL值最小的key，也就是最近要过期的key。
- noeviction：不进行任何移除操作。当写操作尝试执行时，若内存不足，只是返回错误信息，如图2-55所示。

```
# volatile-random -> Remove a random key having an expire set.
# allkeys-random -> Remove a random key, any key.
# volatile-ttl -> Remove the key with the nearest expire time (minor TTL)
# noeviction -> Don't evict anything, just return an error on write operations.
#
# LRU means Least Recently Used
# LFU means Least Frequently Used
#
# Both LRU, LFU and volatile-ttl are implemented using approximated
# randomized algorithms.
#
# Note: with any of the above policies, when there are no suitable keys for
# eviction, Redis will return an error on write operations that require
# more memory. These are usually commands that create new keys, add data or
# modify existing keys. A few examples are: SET, INCR, HSET, LPUSH, SUNIONSTORE,
# SORT (due to the STORE argument), and EXEC (if the transaction includes any
# command that requires memory).
#
# The default is:
#
# maxmemory-policy noeviction
                                                          1133,1        49%
```

图2-55　LIMIT之maxmemory-policy配置

（4）maxmemory-samples

该选项用于设置样本数量。因为LRU算法与最小TTL算法并不提供精确的结果，而是基于估算值，所以可以设置样本的大小。Redis将默认会检查这么多个key，并从中选择符合LRU条件的key。一般推荐设置3到7之间的数值作为样本大小，数值越小，样本的准确度越低，但性能消耗也会越小。样本数量的配置如图2-56所示。

```
# algorithms (in order to save memory), so you can tune it for speed or
# accuracy. By default Redis will check five keys and pick the one that was
# used least recently, you can change the sample size using the following
# configuration directive.
#
# The default of 5 produces good enough results. 10 Approximates very closely
# true LRU but costs more CPU. 3 is faster but not very accurate.
#
# maxmemory-samples 5

# Eviction processing is designed to function well with the default setting.
# If there is an unusually large amount of write traffic, this value may need to
# be increased.  Decreasing this value may reduce latency at the risk of
# eviction processing effectiveness
#   0 = minimum latency, 10 = default, 100 = process without regard to latency
#
# maxmemory-eviction-tenacity 10

# Starting from Redis 5, by default a replica will ignore its maxmemory setting
# (unless it is promoted to master after a failover or manually). It means
# that the eviction of keys will be just handled by the master, sending the
                                                            1165,1        50%
```

图2-56　LIMIT之maxmemory-samples配置

本章总结

通过本章的学习，学习者应能够熟练地在Ubuntu系统或Windows系统下安装Redis数据库，并按需求对安装的Redis数据库进行合理的配置。

拓展阅读

国产操作系统

由于种种原因，我国在操作系统方面长期依赖国外技术。国产操作系统起步较晚，但已经在多个方面取得了积极的进展。尤其在进入21世纪之后，随着国家对自主创新和信息安全的要求日益提高，国产操作系统开始得到政策和资本的大力支持。目前，国内已经涌现出多款具有一定影响力的操作系统。

鸿蒙操作系统

鸿蒙操作系统（HarmonyOS）是一款由华为公司主导开发的操作系统，适用于智能手机，还可以应用于平板电脑、智能穿戴、智能家居、车载系统等多个领域。目前已经应用在手机、平板电脑、汽车、家电等终端设备上，累计装机量超过3亿台。最新发布的鸿蒙4接入了AI大模型，搭载全新的方舟引擎，在技术上实现了多项突破。

欧拉操作系统

欧拉操作系统（openEuler），简称“欧拉”或“开源欧拉”，是开放原子开源基金会（OpenAtom Foundation）孵化及运营的开源项目，由华为公司捐赠。这是一个是面向数字基础设施的操作系统，它支持服务器、云计算、边缘计算、嵌入式等应用场景，支持多样性计算，致力于提供安全、稳定、易用的操作系统。openEuler目前在服务器和工业控制等领域得到了广泛应用，并有潜力成为中国工业系统基础设施的重要基石。

开源鸿蒙操作系统

开源鸿蒙操作系统（OpenHarmony），简称“开源鸿蒙”，是由开放原子开源基金会主导的开源项目，由华为公司捐赠。该项目旨在为全场景、全连接、全智能时代提供一个基于开源理念构建的智能终端设备操作系统框架和平台，进而推动万物互联产业的繁荣发展。

统信桌面操作系统

统信桌面操作系统是由统信软件（UOS）推出的一款集美观、易用与安全稳定于一身的国产操作系统。它可支持包括x86、龙芯、申威、鲲鹏、飞腾、兆芯等在内的多种国产CPU平台，能够充分满足用户在办公、生活及娱乐方面的多样化需求。在一定范围内，该操作系统可以替代Windows 操作系统。

银河麒麟桌面操作系统

银河麒麟（KylinOS）桌面操作系统是由国防科技大学研发的一款操作系统产品。它在军工产品领域具有举足轻重的地位，对国家安全至关重要。

龙蜥操作系统

龙蜥操作系统（Anolis OS）支持 x86_64 、RISC-V、Arm64、LoongArch 架构，并能完美适配 Intel、飞腾、海光、兆芯、鲲鹏、龙芯等各种芯片，还提供全面的国密算法支持。同时，统信软件、中科方德、中国移动云、阿里云等企业均推出了基于龙蜥开源操作系统的商业版本及产品。在金融、通信、政务、能源、交通等关键行业中，龙蜥操作系统被广泛部署于关键业务场景，助力实现业务系统的无缝迁移，并确保IT系统的安全性和持续性。凭借其早已超过百万套的装机量，以及阿里云等企业的积极推动，龙蜥操作系统拥有广阔的发展前景。

中兴新支点操作系统

中兴新支点操作系统基于稳定的Linux内核，分为嵌入式操作系统、服务器操作系统、桌面操作系统三个版本。经过近10年专业研发团队的不懈努力和持续创新，该系统在安全加固、性能优化、便捷管理等方面表现突出，其客户群体覆盖了国内外电信运营商、电子政务、金融、交通、航天、教育、军工等众多领域，是国内首个走向国际市场的自主、安全、可控且用户友好的操作系统。

中科方德桌面操作系统

中科方德桌面操作系统基于核高基桌面操作系统基础版，遵循“基础版+发行版”创新研发模式，采用核高基安全加固内核，与基于兆芯（兼容x86平台）的国产整机进行全面适配优化，性能优异。该系统有美观、易用的桌面环境，且易于安装和配置，适用于台式机、笔记本电脑、一体机等终端产品，可广泛应用于党政机关、医疗、电信、教育、金融等领域。

其他操作系统

其他国产操作系统还包括腾讯公司的OpenCloudOS操作系统，龙芯公司的Loongnix操作系统，睿赛德的RT-Thread物联网操作系统等。

中国的国产操作系统正在积极发展中，未来，随着技术的不断成熟和生态系统的完善，国产操作系统有望在更多领域得到广泛应用，逐步减少对国外技术的依赖。

练习与实践

【单选题】

1. 在Linux系统中，编译Redis数据库源码的命令是（　　）。

   A. chown　　B. ps　　C. make　　D. systemctl

2. Redis数据库默认端口号是（　　）。

   A. 1433　　B. 3306　　C. 6379　　D. 1521

【多选题】

1. 若希望Redis数据库可以从其他主机访问，则需要修改（　　）配置项。

   A. bind <ip>　　B. protected-mode　　C. requirepass　　D. database

2. Redis数据库的maxmemory-policy策略有哪些？(　　)

   A. volatile-lru　　B. allkeys-lru　　C. volatile-random　　D. noeviction

【判断题】

1. 由于在Redis官网中没有提供Windows版本的Redis安装程序，所以Redis不能在Windows系统中安装。

   A. 对　　B. 错

2. 在Windows系统中，执行redis-cli.exe程序，可以访问Ubuntu系统下安装的Redis数据库。

   A. 对　　B. 错

3. 在Redis客户端使用get config命令可以设置配置项。

   A. 对　　B. 错

【实训任务】

在Ubuntu系统中安装Redis数据库	
项目背景介绍	实验室有一台安装有Ubuntu系统的计算机，需要在此计算机上部署Redis数据库，使得在该机上部署的Redis数据库可以为其他计算机上运行的应用提供数据缓存服务
任务概述	1. 安装Redis数据库 2. 配置Redis数据库为开机自启动模式 3. 修改Redis数据库配置文件，使其可以通过IP地址访问
实训记录	

续表

在 Ubuntu 系统中安装 Redis 数据库	
教师考评	评语： 辅导教师签字：________

第3章 Redis的核心命令

本章导读

Redis中有丰富的数据类型及操作命令，学习并熟练掌握这些操作命令将是进一步学习的基础。本章主要讲述Redis的键操作命令、常用的五种数据类型（字符串、列表、集合、有序集合、哈希）的操作命令、新数据类型（HyperLogLog、Geospatial）的操作命令以及发布订阅命令等，目的是使读者能够利用这些命令进行Redis的基本操作。

学习目标

- 掌握Redis中键（key）的常用操作命令。
- 掌握Redis中字符串（string）的常用操作命令。
- 掌握Redis中列表（list）的常用操作命令。
- 掌握Redis中集合（set）的常用操作命令。
- 掌握Redis中有序集合（sortedset）的常用操作命令。
- 掌握Redis中哈希（hash）的常用操作命令。
- 掌握Redis中HyperLogLog的常用操作命令。
- 掌握Redis中Geospatial的常用操作命令。
- 掌握Redis的其他管理命令。

技能要点

- 键（key）的基本操作命令。
- 五种常用数据类型的操作命令。
- HyperLogLog与Geospatial的操作命令。
- Redis的其他管理命令。

实训任务

- 基于Redis的学生选课数据的存储设计。

3.1 key

Redis的键（key）是用于在Redis数据库中存储和检索数据的唯一标识符。每个键在Redis中都是唯一的，并且通过一个键可以访问到与之关联的值（value）。在使用Redis时，可以通过使用适当的命令和语法来操作这些键。Redis对key（键）的基本操作是学习Redis要熟练掌握的最基本的命令。

提示　Redis主要通过大量的命令进行管理，掌握各类基本命令是使用Redis的基础。也有一些比较优秀的Redis图形化管理工具，如RedisDesktopManager，但这类图形化管理工具不是本书要介绍的内容。

3.1.1 key的常用命令

Redis中的数据是以key-value（键值对）的方式存储的，因此key是Redis中非常重要的角色，它一般是字符串类型。Redis的key值是二进制安全的，即Redis在处理二进制数据时，确保数据不会受到破坏、篡改或损坏，因此可以用任何二进制序列作为key值。例如，简单字符串“foo”、一个JPEG文件的内容或空字符串都是有效的key值。

Redis对key的操作命令有很多，常用的主要有以下几个。

（1）keys

语法：`KEYS pattern`

功能：该命令用于查找所有匹配给定模式pattern的key。

返回值：以数组的形式返回匹配模式pattern的key的列表。

参数说明：

pattern：匹配的字符与一般的正则表达式一样，可以使用通配符“*”“?”和“[]”。其中，“*”表示匹配key中任意字符串，匹配的字符串长度可以是零到一个字符，也可以是长度很长的多个字符组成的字符串；“?”表示匹配key中任意一个字符，连续使用多个“?”字符可以表示多个任意字符；“[]”通常用于匹配一个字符范围，其表现形式可以是减号“-”表示的字母和数字的范围，也可以是几个字符的组合 。

例如：

```
# 创建一些key并赋值
redis> MSET firstname Jack lastname Stuntman age 35
"OK"
# 查找含有name的key
redis> KEYS *name*
1)"lastname"
2)"firstname"
# 查找以a字母开头的长度为3的key
redis> KEYS a??
1)"age"
# redis获取所有的key,使用通配符*
redis> KEYS *
1)"lastname"
2)"firstname"
3)"age"
```

注意

keys语法简单，但是数据量大的时候容易出现超时异常。

在生产库中一定要避免使用命令keys *。如果数据库很大，这个命令可能对性能有很大的影响。如果要查找某个key，应使用scan或sets命令。

（2）exists

语法：`EXISTS key [key ...]`

功能：该命令用于检查给定的key是否存在。

返回值：返回待检查key中存在的key的个数。如果检查的是单个key，则返回1或0。

例如：

```
redis> SET key1 "Hello"
"OK"
redis> EXISTS key1
(integer)1
redis> EXISTS nosuchkey
(integer)0
redis> SET key2 "World"
"OK"
redis> EXISTS key1 key2 nosuchkey
(integer)2
```

（3）type

语法：`TYPE key`

功能：该命令返回存储在key中的值的类型。可返回的类型有string、list、set、zset、hash和stream。

返回值：返回以字符串表示的key的类型，当key不存在时返回none。

例如：

```
redis> SET key1 "value"
"OK"
redis> LPUSH key2 "value"
(integer)1
redis> SADD key3 "value"
(integer)1
redis> TYPE key1
"string"
redis> TYPE key2
"list"
redis> TYPE key3
"set"
```

（4）del

语法：`DEL key [key ...]`

功能：该命令用于删除给定的一个或多个key。若key不存在，则将其忽略。

返回值：返回以整数表示的被删除的key的数量。

例如：

```
redis> SET key1 "Hello"
"OK"
redis> SET key2 "World"
"OK"
redis> SET key3 "redis.com.cn"
"OK"
redis> DEL key1 key2 key3 key4
(integer)3
```

（5）unlink

语法：UNLINK key [key ...]

功能：UNLINK命令与DEL命令十分相似，用于删除指定的key。与DEL命令相同，如果key不存在，则将其忽略。但是，DEL命令是一种同步删除命令，会阻塞客户端，直到所有指定的键都被删除为止；而UNLINK命令仅是将键与键之间断开连接，实际的删除将在稍后异步进行，因而不会阻塞客户端。

返回值：返回以整数表示的断开连接的key的个数。

例如：

```
redis> SET key1 "Hello"
"OK"
redis> SET key2 "World"
"OK"
redis> UNLINK key1 key2 key3
(integer)2
```

（6）expire

语法：EXPIRE key seconds

功能：设置key的过期时间为seconds秒。设置的时间过期后，key会被自动删除。

返回值：设置超时成功返回1，若key不存在返回0。

（7）ttl

语法：TTL key

功能：该命令返回key的剩余过期时间（以秒为单位）。用户客户端会检查key还可以存在多久。PTTL返回以毫秒为单位的剩余过期时间。

返回值：返回以整数表示的剩余超时秒数。当key不存在时返回-2，若key存在但是没有关联超时时间则返回-1。

例如：

```
redis> SET mykey "Hello"
"OK"
redis> EXPIRE mykey 10
(integer)1
redis> TTL mykey
```

```
(integer)10
redis> SET mykey "Hello World"
"OK"
redis> TTL mykey
(integer)-1
```

3.1.2 key命令列表

除了3.1.1中介绍的7种常用的key命令外，还有很多对key进行操作的命令，如MOVE、RENAME、SORT等。Redis的所有key命令如表3-1所示。

表3-1 Redis的key命令列表

序号	命令	功能
1	DEL key [key ...]	删除给定的一个或多个 key
2	DUMP key	序列化给定的key，并返回被序列化的值。使用restore命令可以将DUMP的结果反序列化回Redis中
3	EXISTS key [key ...]	检查给定的 key 是否存在
4	EXPIRE key seconds	设置key的过期时间为seconds秒。 设置的时间过期后，key会被自动删除
5	EXPIREAT key timestamp	与EXPIRE有相同的作用和语义，不同的是EXPIREAT 使用绝对 UNIX时间戳（自1970年1月1日以来的秒数）代替表示过期时间的秒数。使用过去的时间戳将会立即删除该key
6	KEYS pattern	用于查找所有匹配给定模式pattern 的key
7	MIGRATE host port key|"" destination-db timeout [COPY] [REPLACE] [AUTH password] [AUTH2 username password] [KEYS key [key ...]]	将key原子性地从当前实例传送到目标实例的指定数据库上，一旦传送成功，key会出现在目标实例上，而当前实例上的key会被删除
8	MOVE key db	将当前数据库的key移动到选定的数据库db当中
9	OBJECT subcommand [arguments [arguments ...]]	允许从内部查看给定key的Redis对象，它通常用在排错（debugging）或者为了节省空间而对key使用特殊编码的情况
10	PERSIST key	删除给定key的过期时间，使得key永不过期
11	PEXPIRE key milliseconds	跟EXPIRE基本一样，只是过期时间的单位是毫秒
12	PEXPIREAT key milliseconds-timestamp	设置key的过期时间，时间的格式是UNIX时间戳并精确到毫秒

续表

序号	命令	功能
13	PTTL key	以毫秒为单位返回key的剩余过期时间
14	RANDOMKEY	从当前数据库中随机返回一个key
15	RENAME key newkey	修改key的名字为newkey。若key不存在，则返回错误
16	RENAMENX key newkey	在newkey不存在时修改key的名称为newkey。若key不存在，则返回错误
17	RESTORE key ttl serialized-value [REPLACE] [ABSTTL] [IDLETIME seconds] [FREQ frequency]	反序列化给定的序列化值（由DUMP生成），并将它和给定的key关联。如果ttl为0，那么不设置过期时间
18	SCAN cursor [MATCH pattern] [COUNT count] [TYPE type]	SCAN命令及其相关命令SSCAN、HSCAN、ZSCAN命令等都是用于增量遍历集合中的元素。SCAN命令用于迭代当前数据库中的数据库键。SSCAN命令用于迭代集合键中的元素。HSCAN命令用于迭代哈希键中的键值对。ZSCAN命令用于迭代有序集合中的元素（包括元素成员和元素分值）
19	SORT key [BY pattern] [LIMIT offset count] [GET pattern [GET pattern ...]] [ASC|DESC] [ALPHA] [STORE destination]	返回或存储list、set或sorted set中的元素。默认是按照数值排序的，并且按照两个元素的双精度浮点数类型值进行比较
20	TOUCH key [key ...]	修改指定key的最后访问时间。若key不存在，则将其忽略
21	TTL key	以秒为单位返回key的剩余过期时间。用户客户端会检查key还可以存在多久
22	TYPE key	以字符串形式返回存储在key中的值的类型
23	UNLINK key [key ...]	用于删除指定的key，与DEL命令十分相似。UNLINK命令只是将键与键之间断开连接，实际的删除将在稍后异步进行
24	WAIT numreplicas timeout	用来阻塞当前客户端，直到所有之前的写入命令成功传输并且至少由指定数量的从节点复制完成

3.2 string

Redis的string类型的命令是一组用于处理字符串数据类型的命令。在Redis中，字符串是最基本的数据类型，它可以存储任何形式的文本数据。string命令提供了丰富的功能，可以实现对字符串的各种操作，包括设置、获取、追加、删除等操作。

3.2.1 string的常用命令

Redis中，string类型是最基本的数据类型，用于存储字符串、整数或浮点数。string类型的主要特点有：

- **二进制安全**：可以包含任何数据，如图片或序列化对象，因为Redis将其视为字节数组而不进行解析。
- **最大容量**：string类型可以存储的内容最大为512 MB。
- **原子操作**：Redis对string类型提供了多种原子操作，这对于并发环境下确保数据的一致性非常关键。

此外，除了基本的set和get操作，Redis中string类型还支持多种其他操作，如追加（append）、设置子字符串（setrange）、获取子字符串（getrange）等，这些操作使得string类型非常灵活且功能强大。

Redis中string类型的命令有很多，常用的主要有以下几个。

（1）set

语法：`SET key value [EX seconds|PX milliseconds|KEEPTTL] [NX|XX] [GET]`

功能：该命令用于将键key设定为指定的“字符串”值value。

返回值：返回一个字符串。如果SET命令正常执行，那么会返回“OK”；如果加了NX或者XX选项，导致SET执行失败，那么会返回“nil”。

参数说明：

- EX seconds：设置键key的过期时间，单位是秒。
- PX milliseconds：设置键key的过期时间，单位是毫秒。
- KEEPTTL：保留设置前指定键的生存时间。
- NX：只有键key不存在时才会设置key的值。
- XX：只有键key存在时才会设置key的值。
- GET：返回指定键原本的值，若键不存在时返回“nil”。

例如：

```
redis> SET mykey "Hello"
"OK"
redis> GET mykey
"Hello"
redis> SET anotherkey "will expire in a minute" EX 60
"OK"
```

注意 由于SET命令加上选项已经可以完全取代SETNX、SETEX、PSETEX、GETSET等命令的功能，因此在将来的版本中，Redis可能会不推荐使用并且最终抛弃后面这几个命令。

（2）get

语法：`GET key`

功能：该命令用于获取与指定的键key相关联的字符串值。

返回值：以字符串形式返回key中存储的值，当key不存在时返回“nil”。

例如：

```
# 对不存在的key进行GET操作
redis> GET nonexisting
(nil)
redis> SET mykey "Hello"
"OK"
# 对字符串类型key进行GET操作
redis> GET mykey
"Hello"
# 对不是字符串类型的key进行GET操作
redis> HSET myhash field1 "Hello"
(integer)1
redis> GET myhash
ERR WRONGTYPE Operation against a key holding the wrong kind of value
```

（3）append

语法：`APPEND key value`

功能：该命令用于为指定的key追加值。如果key已经存在并且是一个字符串，APPEND命令将value追加到key原值的末尾；如果key不存在，APPEND就简单地将给定的key设为value，与执行SET key value的功能相同。

返回值：返回追加指定值之后key中字符串的长度。

例如：

```
# 确保myphone不存在
redis> EXISTS myphone
(integer)0

# 对不存在的key进行APPEND,等同于SET myphone "nokia"
redis> APPEND myphone "nokia"
(integer)5

# 长度从5个字符增加到12个字符
redis> APPEND myphone " - 1110"
(integer)12

redis> GET myphone
"nokia - 1110"
```

（4）strlen

语法：STRLEN key

功能：该命令用于获取指定key所存储的字符串值的长度。当key存储的不是字符串类型时，返回错误。

返回值：返回字符串的长度。当key不存在时，返回0。

例如：

```
# 获取字符串的长度
redis> SET mykey "Hello world"
"OK"
redis> STRLEN mykey
(integer)11
# 不存在的key长度为0
redis> STRLEN nonexisting
(integer)0
```

（5）setnx

语法：SETNX key value

功能：该命令在指定的key不存在时，为key设置指定的值value，这种情况下等同于SET命令。当key存在时，什么也不做。

返回值：返回0或者1。如果key被设置成功则返回1，如果key没有被设置则返回0。

例如：

```
redis> SETNX mykey "Hello"
(integer)1
redis> SETNX mykey "World"
(integer)0
redis> GET mykey
"Hello"
```

（6）incr

语法：INCR key

功能：该命令将key中存储的数字值增1。如果key不存在，那么key的值会先被初始化为0，然后再执行INCR操作。如果值包含错误的类型，或非数字的字符串类型的值，则返回一个错误信息“ERR value is not an integer or out of range”。注意：本操作的值限制在64位（bit）有符号数字表示范围之内。

返回值：返回以整数表示的执行INCR命令之后key中存储的值。

例如：

```
redis> SET mykey "10"
"OK"
redis> INCR mykey
```

```
(integer)11
redis> GET mykey
"11"
```

注意

INCR本质上是字符串操作，因为Redis没有专门的整数类型。存储在key中的字符串被转换为十进制有符号整数，在此基础上加1。

INCR命令执行的是原子操作。

（7）decr

语法：`DECR key`

功能：该命令将键key存储的数字值减1。如果键key不存在，那么键key的值会先被初始化为0，然后再执行DECR操作。如果键key存储的值不能被解释为数字，则DECR命令将返回一个错误信息。注意：本操作的值限制在64位（bit）有符号数字表示范围之内。

返回值：返回以整数表示的执行DECR命令之后key中存储的值。

例如：

```
redis> SET mykey "10"
"OK"
redis> DECR mykey
(integer)9
redis> SET mykey "234293482390480948029348230948"
"OK"
redis> DECR mykey
ERR ERR value is not an integer or out of range
```

（8）mset

语法：`MSET key value [key value ...]`

功能：该命令设置多个key的值为各自对应的value。MSET像SET一样，会用新值替换原值。如果不想覆盖原值，可以使用MSETNX。MSET命令执行是原子操作，所有的key值同时设置，在客户端不会看到有些key值被修改、而另一些key值没变的情况。

返回值：总是返回“OK”，因为MSET命令的执行不会失败。

例如：

```
redis> MSET key1 "Hello" key2 "World"
"OK"
redis> GET key1
"Hello"
redis> GET key2
"World"
```

（9）getrange

语法：`GETRANGE key start end`

功能：该命令返回存储在key中的字符串的子串，子串由参数start和end决定（都包括在内）。若start或end为负数，则表示从字符串结尾开始算起，例如，-1表示最后一个字符，-2表示倒数第二个字符，以此类推。

返回值：返回截取自key的子字符串。

例如：

```
redis> SET mykey "This is a string redis.com.cn"
"OK"
redis> GETRANGE mykey 0 3
"This"
redis> GETRANGE mykey -3 -1
".cn"
redis> GETRANGE mykey 0 -1
"This is a string redis.com.cn"
redis> GETRANGE mykey 10 100
"string redis.com.cn"
```

（10）setrange

语法：`SETRANGE key offset value`

功能：该命令从偏移量offset开始，用参数value覆盖键key存储的字符串的值。若key不存在，则当作空白字符串处理。

返回值：返回被修改之后的字符串的长度。

例如：

```
redis> SET key1 "Hello World"
"OK"
redis> SETRANGE key1 6 "Redis"
(integer)11
redis> GET key1
"Hello Redis"
redis> SETRANGE key2 6 "Redis"
(integer)11
redis> GET key2
"\u0000\u0000\u0000\u0000\u0000\u0000Redis"
```

（11）getset

语法：`GETSET key value`

功能：该命令将键key的值设为value，并返回键key在被设置之前的原值。

返回值：返回以字符串表示的键key中存储的原值，如果key不存在，则返回“nil”。

例如：

```
redis> SET mykey "Hello"
"OK"
```

```
redis> GETSET mykey "World"
"Hello"
redis> GET mykey
"World"
```

（12）setbit

语法：SETBIT key offset value

功能：该命令用于对key存储的字符串值设置或清除指定偏移量上的位（bit）。根据参数value的值是1或0来决定设置或清除位bit。当key不存在时会创建一个新的字符串。当字符串不够长时，字符串的长度将增大，以确保它可以在offset位置存储值。offset参数需要大于或等于0，并且小于2^{32}（bitmaps最大是512 MB）。当字符串变长时，添加的bit会被设置为0。

返回值：返回以整数表示的存储在offset偏移位的原始值。

例如：

```
redis> SETBIT mykey 7 1
(integer)0
redis> SETBIT mykey 7 0
(integer)1
redis> GET mykey
"\u0000"
```

注意

当设置的是最后一位bit（offset等于2^{32}-1），并且存储在key中的字符串还没有存储一个字符串值，或者存储的是一个短的字符串值时，Redis需要分配所有的中间内存，这会阻塞Redis服务器一段时间。一旦上面第一步内存分配完成，对于同一个key，接下来调用SETBIT将不会再分配内存了。

（13）getbit

语法：GETBIT key offset

功能：该命令获取key存储的字符串值的指定偏移量上的位（bit）。当偏移量offset大于字符串值的长度，或者key不存在时，返回值为0。

返回值：返回以整数表示的字符串值指定偏移量上的位（bit）的值。

例如：

```
redis> SETBIT mykey 7 1
(integer)0
redis> GETBIT mykey 0
(integer)0
redis> GETBIT mykey 7
(integer)1
redis> GETBIT mykey 100
(integer)0
```

（14）bitcount

语法：`BITCOUNT key [start end]`

功能：该命令用于统计字符串被设置为1的位数。

返回值：返回以整数表示的被设置为1的位的数量。

例如：

```
redis> SET mykey "foobar"
"OK"
redis> BITCOUNT mykey
(integer)26
redis> BITCOUNT mykey 0 0
(integer)4
redis> BITCOUNT mykey 1 1
(integer)6
```

3.2.2 string命令列表

string类型除了3.2.1中所讲的常用命令外，还有很多，如BITFIELD、BITPOS等。Redis中的string命令如表3-2所示。

表3-2 Redis的string命令列表

序号	命令	功能
1	APPEND key value	为指定的key追加值。如果key已经存在并且是一个字符串，APPEND命令将value追加到key原值的末尾。如果key不存在，APPEND命令就简单地将给定key的值设为value，就如执行SET key value一样
2	BITCOUNT key [start end]	统计字符串被设置为1的位数
3	BITFIELD key [GET type offset] [SET type offset value] [INCRBY type offset increment] [OVERFLOW WRAP|SAT|FAIL]	将一个Redis字符串看作是一个由二进制位组成的数组，直接寻址和修改指定的整型位域
4	BITOP operation destkey key [key ...]	对一个或多个保存二进制位的字符串key进行位元操作，并将结果保存到destkey上。BITOP命令支持AND、OR、NOT、XOR这四种操作中的任意一种，即operation参数可以取AND、OR、NOT、XOR中任一个 ① BITOP AND destkey key1 key2 key3 ... keyN 对一个或多个key求逻辑并，并将结果保存到destkey中 ② BITOP OR destkey key1 key2 key3 ... keyN 对一个或多个key求逻辑或，并将结果保存到destkey中

续表

序号	命令	功能
4	BITOP operation destkey key [key ...]	③ BITOP XOR destkey key1 key2 key3 ... keyN 对一个或多个key求逻辑异或，并将结果保存到destkey中 ④ BITOP NOT destkey srckey 对给定的key求逻辑非，并将结果保存到destkey中。除了NOT操作之外，其他操作都可以接收一个或多个key作为输入，而执行结果将始终保存到destkey中
5	BITPOS key bit [start] [end]	返回字符串里面第一个被设置为1或者0的bit位
6	DECR key	为键key存储的数字值减1
7	DECRBY key decrement	将键key存储的整数值减去decrement
8	GET key	用于获取指定key的值，即返回与键key相关联的字符串值
9	GETBIT key offset	对key所存储的字符串值，获取其指定偏移量offset所对应的位（bit）
10	GETRANGE key start end	返回存储在key中的字符串的子串，子串由start和end偏移量决定（start、end都包括在内）
11	GETSET key value	将键key的值设为value，并返回键key在被设置之前的值
12	INCR key	将key中存储的数字值增1
13	INCRBY key increment	将key中存储的数字加上指定的增量值increment
14	INCRBYFLOAT key increment	为键key中存储的值加上浮点数增量increment，key中的浮点数是以字符串形式存储的
15	MGET key [key ...]	返回所有（一个或多个）给定key的值，值的类型是字符串
16	MSET key value [key value ...]	设置多个key的值为各自对应的value
17	MSETNX key value [key value ...]	当且仅当所有给定键都不存在时，为所有给定键设置值
18	PSETEX key milliseconds value	PSETEX命令和SETEX命令相似，但它是以毫秒为单位设置key的生存时间的，而不是像SETEX命令那样是以秒为单位设置的
19	SET key value [EX seconds|PX milliseconds|KEEPTTL] [NX|XX] [GET]	将键key设定为指定的字符串值value
20	SETBIT key offset value	对key所存储的字符串值设置或清除指定偏移量上的位（bit）

续表

序号	命令	功能
21	SETEX key seconds value	将键key的值设置为value，并将键key的生存时间设置为seconds秒
22	SETNX key value	当指定的key不存在时，为key设置指定的值，这种情况下等同于SET命令。当key存在时，什么也不做
23	SETRANGE key offset value	从偏移量offset开始，用参数value覆盖键key存储的字符串值
24	STRALGO LCS algo-specific-argument [algo-specific-argument ...]	用于实现基于字符串的复杂算法。目前唯一实现的是 LCS 算法（longest common subsequence，最长公共子序列）
25	STRLEN key	获取指定key所存储的字符串值的长度

3.3 list

Redis中的list类型是一个双向链表，用于存储字符串元素。list类型的主要特点包括：

- **有序性**：list中的元素按照插入顺序排列，且每个元素都是唯一的字符串。
- **容量限制**：一个Redis的list可以容纳的最大元素数量是2^{32}-1，约40多亿个元素。
- **操作多样性**：支持从列表两端添加或移除元素的操作，如LPUSH/RPUSH（在头部或尾部添加一个或多个元素），LPOP/RPOP（从头部或尾部移除并返回第一个元素）等。
- **查询性能**：由于底层是用链表实现的，故list的查询速度相对较慢，时间复杂度为$O(n)$。
- **底层存储**：当list中存储的元素较少时，Redis会使用一块连续的内存来存储这些元素，这个位于连续存储区的结构被称为ziplist（压缩列表）。当数据量较大时，Redis中的 list类型就会使用quicklist（快速链表）存储元素。
- **应用场景**：list常用于存储有序数据，如朋友圈点赞列表、评论列表等。此外，list还可以被用于实现栈、队列和阻塞队列等数据结构。

Redis中的list类型类似于Java中的LinkedList结构，二者具有相似的特征，如有序性、元素可重复、插入和删除速度快等。list类型因其灵活性和高效性在Redis中有着广泛的应用。

注意 Redis 5.0引入了stream数据类型，专门用于消息队列，并提供了更多的消息队列操作命令和消费组功能，同时支持消息的持久化和主从复制机制。list类型也支持持久化，但是不具备消息的可靠性，不支持多播、分组消费等。

3.3.1 list的常用命令

Redis提供了许多用于操作列表list的命令，这些命令可以方便地对列表进行增、删、改、查等操作。

Redis对list类型的操作命令有很多，常用的主要有以下几个。

（1）lpush

语法：LPUSH key element [element ...]

功能：该命令将一个或多个值插入到列表key的头部。如果key不存在，那么在进行push操作前会创建一个空列表；如果key对应的值不是list类型，那么会返回错误信息。使用此命令可以把多个元素push进入列表，只要在命令末尾加上多个指定的元素即可。执行此命令时会按元素在命令中出现的顺序，从左到右依次插入到list的头部。

LPUSHX与LPUSH有些不同，区别在于当key不存在时，LPUSHX不会进行任何操作。

RPUSH、RPUSHX与LPUSH正好相反，这两个命令是向存储在key中的列表list的尾部插入所有指定的元素。

返回值：返回执行push操作后列表的长度。

例如：

```
redis> LPUSH mylist "world"
(integer)1
redis> LPUSH mylist "hello"
(integer)2
redis> LRANGE mylist 0 -1
1)"hello"
2)"world"
```

（2）lpop

语法：LPOP key

功能：该命令返回并删除存储在列表key中的第一个元素。

RPOP用于返回并移除列表key中的最后一个元素。

返回值：返回以字符串表示的列表的首元素，当key不存在时返回“nil”。

例如：

```
redis> RPUSH mylist "one"
(integer)1
redis> RPUSH mylist "two"
(integer)2
redis> RPUSH mylist "three"
(integer)3
redis> LPOP mylist
"one"
redis> LRANGE mylist 0 -1
1)"two"
2)"three"
```

（3）rpoplpush

语法：RPOPLPUSH source destination

功能：该命令用于从列表source中返回并移除最后一个元素，然后把这个元素插入到列表destination中作为其第一个元素，此操作为原子操作。

返回值：返回以字符串表示的从source中移除并又插入到destination中的元素。

例如：

```
redis> RPUSH mylist "one"
(integer)1
redis> RPUSH mylist "two"
(integer)2
redis> RPUSH mylist "three"
(integer)3
redis> RPOPLPUSH mylist myotherlist
"three"
redis> LRANGE mylist 0 -1
1)"one"
2)"two"
redis> LRANGE myotherlist 0 -1
1)"three"
```

（4）lrange

语法：`LRANGE key start end`

功能：该命令用于获取列表中指定区间内的元素，区间由偏移量start和end指定。其中，0表示列表中的第一个元素，1表示列表中的第二个元素，以此类推。start和end也可以是负数，-1表示列表中的最后一个元素，-2表示列表中的倒数第二个元素，以此类推。

返回值：返回一个列表，列表中包含指定区间内的元素。

例如：

```
redis> RPUSH mylist "one"
(integer)1
redis> RPUSH mylist "two"
(integer)2
redis> RPUSH mylist "three"
(integer)3
redis> LRANGE mylist 0 0
1)"one"
redis> LRANGE mylist -3 2
1)"one"
2)"two"
3)"three"
redis> LRANGE mylist -100 100
1)"one"
2)"two"
3)"three"
```

```
redis> LRANGE mylist 5 10
(empty list or set)
```

(5) lindex

语法：LINDEX key index

功能：该命令用于获取列表key里索引index位置存储的元素。因为Redis中的索引（下标）是从0开始的，所以下标0表示第一个元素，下标1表示第二个元素，以此类推。index为负数表示索引是从列表尾部开始的，在这种方法下，下标-1表示最后一个元素，下标-2表示倒数第二个元素，以此类推。当key不是列表时，会返回错误信息。

返回值：返回以字符串表示的查询结果元素，index超出索引范围时返回“nil”。

例如：

```
redis> LPUSH mylist "World"
(integer)1
redis> LPUSH mylist "Hello"
(integer)2
redis> LINDEX mylist 0
"Hello"
redis> LINDEX mylist -1
"World"
redis> LINDEX mylist 3
(nil)
```

(6) llen

语法：LLEN key

功能：该命令用于获取列表key的长度。如果key不存在，则key被解释为一个空列表，返回0。如果key不是列表类型，则会返回错误信息。

返回值：返回列表的长度。

例如：

```
redis> LPUSH mylist "World"
(integer)1
redis> LPUSH mylist "Hello"
(integer)2
redis> LPUSH mylist "Redis.com.cns"
(integer)3
redis> LLEN mylist
(integer)3
```

(7) linsert

语法：LINSERT key BEFORE|AFTER pivot element

功能：该命令用于把element插入到列表key中参考值pivot的前面或后面。当key不存在时，这个表会被看作是空表，不执行任何操作。当key存在但不是列表类型时，返回错误信息。

返回值：返回执行操作后的列表长度。当列表中参数pivot的参考值不存在时，返回-1。

例如：

```
redis> RPUSH mylist "Hello"
(integer)1
redis> RPUSH mylist "World"
(integer)2
redis> LINSERT mylist BEFORE "World" "There"
(integer)3
redis> LRANGE mylist 0 -1
1)"Hello"
2)"There"
3)"World"
```

（8）lrem

语法：`LREM key count element`

功能：该命令用于从列表key中删除前count个值等于element的元素。

返回值：返回被删除的元素个数。

参数说明：

- count > 0：从头到尾删除值为element的元素。
- count < 0：从尾到头删除值为element的元素。
- count = 0：移除列表key中所有值为element的元素。

例如：

```
redis> RPUSH mylist "hello"
(integer)1
redis> RPUSH mylist "hello"
(integer)2
redis> RPUSH mylist "foo"
(integer)3
redis> RPUSH mylist "hello"
(integer)4
redis> LREM mylist -2 "hello"
(integer)2
redis> LRANGE mylist 0 -1
1)"hello"
2)"foo"
```

（9）lset

语法：`LSET key index element`

功能：该命令用于设置列表key中index位置的元素值为element。

返回值：成功则返回字符串“OK”，当index超出列表索引范围时会返回错误信息“ERR index out of range”。

例如：

```
redis> RPUSH mylist "one"
(integer)1
redis> RPUSH mylist "two"
(integer)2
redis> RPUSH mylist "three"
(integer)3
redis> LSET mylist 0 "four"
"OK"
redis> LSET mylist -2 "five"
"OK"
redis> LRANGE mylist 0 -1
1)"four"
2)"five"
3)"three"
```

3.3.2 list命令列表

list类型的命令有很多，将这些命令用列表的方式列出来，如表3-3所示。

表3-3 Redis的list命令列表

序号	命令	描述
1	BLMOVE source destination LEFT|RIGHT LEFT|RIGHT timeout	BLMOVE用来替代废弃的命令BRPOPLPUSH
2	BLPOP key [key ...] timeout	移除并获取列表的第一个元素，如果列表没有元素会阻塞列表直到等待超时或发现可弹出元素为止。它是LPOP的阻塞版本
3	BRPOP key [key ...] timeout	从给定的列表参数中按顺序检查第一个不空的列表，然后从该列表的尾部移除一个元素。BRPOP是RPOP的阻塞版本，因为在给定的列表中，当没有要移除的元素时，BRPOP会阻塞连接
4	BRPOPLPUSH source destination timeout	从列表source中取出最后一个元素，插入到另外一个列表destination的头部。如果列表source中没有元素，会阻塞此列表直到等待超时或发现可弹出元素为止。BRPOPLPUSH是RPOPLPUSH的阻塞版本，当给定列表source不为空时，BRPOPLPUSH的表现和RPOPLPUSH是一样的
5	LINDEX key index	返回列表key中索引index位置存储的元素

续表

序号	命令	描述
6	LINSERT key BEFORE|AFTER pivot element	用于把element插入到列表key中参考值pivot的前面或后面
7	LLEN key	用于返回存储在key中的列表的长度
8	LMOVE source destination wherefrom whereto	从列表source中移除并返回第一个或最后一个元素（头或尾取决于wherefrom参数，LEFT|RIGHT），然后把这个元素插入到列表destination的第一个或最后一个元素（头或尾取决于whereto参数，LEFT|RIGHT），该操作是原子操作
9	LPOP key	删除并返回存储在列表key中的第一个元素
10	LPOS key element [RANK rank] [COUNT num-matches] [MAXLEN len]	返回列表key中匹配给定的element成员的索引
11	LPUSH key element [element ...]	将一个或多个值插入到列表key的头部
12	LPUSHX key element [element ...]	当key存在并且存储着一个list类型值的时候，向值list的头部插入成员element。与LPUSH不同，当key不存在的时候，该命令不会进行任何操作
13	LRANGE key start stop	返回列表中指定区间内的元素，区间由参数 start 和stop指定
14	LREM key count element	从列表key中删除前count个值等于element的元素
15	LSET key index element	设置列表key中索引位置为index的元素值为element
16	LTRIM key start stop	修剪（trim）一个已存在的列表key，使key只包含指定范围的元素，范围由start和stop指定
17	RPOP key	移除并返回列表key的最后一个元素
18	RPOPLPUSH source destination	从列表 source 中移除并返回最后一个元素，然后把这个元素插入为列表destination 的第一个元素，此操作为原子操作
19	RPUSH key element [element ...]	向存储在key中的列表的尾部插入所有指定的值
20	RPUSHX key element [element ...]	当且仅当key存在并且是一个列表时，将值element插入列表key的表尾。和RPUSH命令不同，当key不存在时，RPUSHX命令不进行任何操作

3.4 set

Redis中的set是一种非常有用的数据结构，它是一个用于存储字符串的无序集合。集合set允许存储多个不同的值，并且每个值都是唯一的。在Redis中，可以使用set命令来添加、更新或者删除集合中的值。除了基本操作外，Redis还提供了一些高级功能，如对set进行排序、计算交集和并集的大小等。通过这些功能，可以更加灵活地处理和操作set类型的数据，满足实际应用中对于无序集合的需求。

3.4.1 set的常用命令

Redis中的set类型提供了一组用于操作无序集合的命令，这些命令使得Redis的set类型成为一种非常灵活且功能强大的数据结构，适用于需要去重和快速查找的场景。例如，可以使用set类型来存储用户的在线状态、跟踪唯一访问者、实现快速计数等。

Redis中的set操作命令有很多，常用的主要有以下几个。

（1）sadd

语法：`SADD key member [member ...]`

功能：该命令将一个或多个成员元素加入到集合中，已经存在于集合的成员元素将被忽略。如果集合key不存在，则创建一个只包含被添加的元素作为成员的集合。当集合key不是集合类型时，返回一个错误信息。

返回值：返回新成功添加到集合里的元素数量，不包括已经存在于集合中的元素。

例如：

```
redis> SADD myset "Hello"
(integer)1
redis> SADD myset "World"
(integer)1
redis> SADD myset "World"
(integer)0
redis> SMEMBERS myset
1)"Hello"
2)"World"
```

（2）sismember

语法：`SISMEMBER key member`

功能：该命令用于判断元素member是否是集合key的成员。

返回值：如果元素member是集合的成员，返回1。如果元素member不是集合的成员，或key不存在，则返回0。

例如：

```
redis> SADD myset "one"
(integer)1
redis> SISMEMBER myset "one"
(integer)1
redis> SISMEMBER myset "two"
(integer)0
```

（3）smembers

语法：SMEMBERS key

功能：该命令用于获取存储在key中的集合的所有的成员。不存在的集合被视为空集合。

返回值：返回以数组表示的集合中的所有成员。

例如：

```
redis> SADD myset "Hello"
(integer)1
redis> SADD myset "World"
(integer)1
redis> SMEMBERS myset
1)"Hello"
2)"World"
```


（4）scard

语法：SCARD key

功能：该命令用于获取集合中成员的数量。

返回值：返回集合中成员的数量。当集合key不存在时，返回0。

例如：

```
redis> SADD myset "Hello"
(integer)1
redis> SADD myset "World"
(integer)1
redis> SCARD myset
(integer)2
```

（5）srem

语法：SREM key member [member ...]

功能：SREM用于在集合中删除指定的元素。如果指定的元素不是集合成员则被忽略。如果集合key不存在则被视为一个空的集合，返回0。如果key的类型不是集合，则返回错误信息——ERR WRONGTYPE Operation against a key holding the wrong kind of value。

返回值：返回被删除元素的个数，不含不存在的元素。

例如：

```
redis> SADD myset "one"
(integer)1
redis> SADD myset "two"
(integer)1
redis> SADD myset "three"
(integer)1
redis> SREM myset "one"
(integer)1
redis> SREM myset "four"
(integer)0
redis> SMEMBERS myset
1)"two"
2)"three"
```

（6）spop

语法：`SPOP key [count]`

功能：该命令从集合key中删除并返回一个或多个随机元素。这个命令与SRANDMEMBER相似，SRANDMEMBER只返回随机成员但是不删除这些返回的成员。

返回值：返回以字符串表示的被删除的元素，当key不存在时返回“nil”。

例如：

```
redis> SADD myset "one"
(integer)1
redis> SADD myset "two"
(integer)1
redis> SADD myset "three"
(integer)1
redis> SPOP myset
"one"
redis> SMEMBERS myset
1)"two"
2)"three"
redis> SADD myset "four"
(integer)1
redis> SADD myset "five"
(integer)1
redis> SPOP myset 3
1)"three"
2)"four"
3)"five"
redis> SMEMBERS myset
1)"two"
```

（7）srandmember

语法：SRANDMEMBER key [count]

功能：仅使用key参数，则随机返回集合key中的一个随机元素。从Redis 2.6开始，可以接收count参数，如果count是整数且小于元素的个数，返回含有count个不同的元素的数组；如果count是整数且大于集合中元素的个数时，返回整个集合的所有元素；当count是负数时，会返回一个数组，该数组包含的元素个数为count的绝对值，如果count的绝对值大于元素的个数，则返回的结果集里会出现一个元素出现多次的情况。当只提供key参数时，该命令的作用类似于SPOP命令，不同的是SPOP命令会将被选择的随机元素从集合中移除，而SRANDMEMBER仅仅是返回该随机元素，而不对原集合做任何操作。

返回值：不使用count参数时，该命令返回一个字符串，是key中随机的一个元素，如果key不存在则返回“nil”。若使用count参数，则返回一个数组，是key中随机的元素数组，如果key不存在，则返回一个空的数组。

例如：

```
redis> SADD myset one two three
(integer)3
redis> SRANDMEMBER myset
"two"
redis> SRANDMEMBER myset 2
1)"one"
2)"two"
redis> SRANDMEMBER myset -5
1)"two"
2)"three"
3)"two"
4)"two"
5)"one"
```

（8）smove

语法：SMOVE source destination member

功能：该命令将成员member从集合source中移动r到集合destination中。此操作是原子操作，也就是说，在任何时刻，member只会存在于集合source和destination二者之一当中。如果集合source不存在，或者要移动的成员不是集合source的成员，则不执行任何操作并返回0。否则，从集合source中删除成员member并添加到集合destination中。如果要移动的元素在集合destination中已经存在，那么只是从集合source中删除该成员。如果source或destination不是集合类型，则返回错误信息。

返回值：移动元素成功返回1；如果要移动的元素member不是source的成员，则不执行任何操作并返回0。

例如：

```
redis> SADD myset "one"
(integer)1
redis> SADD myset "two"
(integer)1
redis> SADD myotherset "three"
(integer)1
redis> SMOVE myset myotherset "two"
(integer)1
redis> SMEMBERS myset
1)"one"
redis> SMEMBERS myotherset
1)"two"
2)"three"
```

（9）sinter

语法：`SINTER key [key ...]`

功能：该命令用于获取所有给定集合的交集。对于不存在的集合key，可以认为是空集合。如果给定的key中有一个是空集合，那么结果集一定是空集合。

返回值：返回以数组表示的交集结果集中的成员。

例如：

```
redis> SADD key1 "a"
(integer)1
redis> SADD key1 "b"
(integer)1
redis> SADD key1 "c"
(integer)1
redis> SADD key2 "c"
(integer)1
redis> SADD key2 "d"
(integer)1
redis> SADD key2 "e"
(integer)1
redis> SINTER key1 key2
1)"c"
```

（10）sunion

语法：`SUNION key [key ...]`

功能：该命令用于获取所有给定集合的并集。对于不存在的集合key，将其按空集合处理。

返回值：返回以数组表示的并集结果集中的成员。

例如：

```
redis> SADD key1 "a"
(integer)1
redis> SADD key1 "b"
(integer)1
redis> SADD key1 "c"
(integer)1
redis> SADD key2 "c"
(integer)1
redis> SADD key2 "d"
(integer)1
redis> SADD key2 "e"
(integer)1
redis> SUNION key1 key2
1)"b"
2)"c"
3)"a"
4)"d"
5)"e"
```

（11）sdiff

语法：`SDIFF key [key ...]`

功能：该命令用于获取第一个集合与其他集合之间的差异，更通俗的说法是用于获取第一个集合中独有的元素。不存在的集合key将被视为空集。

返回值：返回以数组表示的结果集中的成员。

例如：

```
redis> SADD key1 "a"
(integer)1
redis> SADD key1 "b"
(integer)1
redis> SADD key1 "c"
(integer)1
redis> SADD key2 "c"
(integer)1
redis> SADD key2 "d"
(integer)1
redis> SADD key2 "e"
(integer)1
redis> SDIFF key1 key2
1)"a"
2)"b"
```

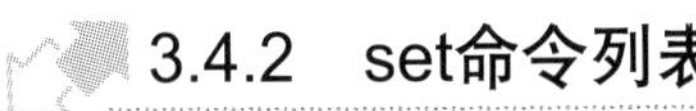

3.4.2 set命令列表

Redis中集合类型set的所有命令如表3-4所示。

表3-4 Redis的set命令列表

序号	命令	功能
1	SADD key member [member ...]	将一个或多个成员元素加入到集合中，已经存在于集合的成员元素将被忽略
2	SCARD key	返回集合中元素的数量
3	SDIFF key [key ...]	返回第一个集合与其他集合之间的差异，也即第一个集合中独有的元素
4	SDIFFSTORE destination key [key ...]	作用和SDIFF类似，不同的是它将结果保存到集合destination中，而SDIFF是把结果集返回给客户端。如果集合destination已经存在，则将其覆盖
5	SINTER key [key ...]	返回所有给定集合的成员的交集
6	SINTERSTORE destination key [key ...]	与SINTER命令类似，不同的是它并不是直接返回结果集，而是将结果保存在集合destination中
7	SISMEMBER key member	判断元素member是否是集合key的成员
8	SMEMBERS key	返回存储在集合key中的所有成员。不存在的集合被视为空集
9	SMISMEMBER key member [member ...]	检查给定的member是不是特定集合的成员
10	SMOVE source destination member	从集合source中移动成员member到集合destination中。这个操作是原子操作
11	SPOP key [count]	从集合key中删除并返回一个或多个随机元素
12	SRANDMEMBER key [count]	如果SRANDMEMBER 命令仅使用key参数，那么随机返回集合key 中的一个随机元素。如果接收count参数，若count是整数且小于集合中元素的个数，则返回含有count个不同元素的数组；如果count是整数且大于集合中元素的个数，则返回整个集合的所有元素；若count是负数，则会返回一个数组，该数组的元素个数为count的绝对值；若count的绝对值大于集合中元素的个数，则返回的结果集里会出现一个元素出现多次的情况
13	SREM key member [member ...]	在集合中删除指定的元素
14	SSCAN key cursor [MATCH pattern] [COUNT count]	遍历集合中指定键的元素，SSCAN 继承自 SCAN
15	SUNION key [key ...]	返回所有给定集合的并集
16	SUNIONSTORE destination key [key ...]	功能类似于 SUNION，不同的是不返回结果集，而是将结果集存储在集合destination中

3.5 sorted set

Redis中的sorted set（有序集合）是一种数据结构，它是将字符串元素存储在一个有序的集合中，且每个元素都与一个分数（score）相关联，并由该分数确定元素在集合中的排列顺序。

在Redis的sorted set中，元素是唯一的，不会有重复的成员，但分数可以重复。元素的排序是根据分数进行的，可以按升序排列（从小到大），也可以按降序排列（从大到小）。通过使用sorted set，可以方便地对元素进行排序、检索和删除操作，这在许多应用场景中非常有用，如排行榜、时间线等。

 3.5.1 sorted set的常用命令

Redis的有序集合（sorted set），同时具有“有序”和“集合”两种性质，这种数据结构中的每个元素都由一个成员和一个与成员相关联的分值组成，其中成员以字符串方式存储，而分值则以64位双精度浮点数格式存储。与集合一样，有序集合中的每一个成员都是独一无二的，同一个有序集合中不会出现重复的成员，同时，有序集合的成员将按照它们各自的分值大小排序。分值除了可以是数字之外，还可以是字符串“+inf”或者“-inf”，这是两个特殊的分值，分别表示“无穷大”和“无穷小”。

Redis中对sorted set的操作命令有很多，常用的主要有以下几个。

（1）zadd

语法：`ZADD key [NX|XX] [GT|LT] [CH] [INCR] score member [score member ...]`

功能：该命令将一个或多个member元素及其score值加入到有序集合key中。如果某个member已经是有序集合中的成员，那么更新这个member的score值，并通过重新插入这个member元素，来保证该member在正确的位置上。如果有序集合key不存在，则创建一个空的有序集合并执行ZADD操作。当key存在但不是有序集合类型时，返回一个错误信息。

返回值：返回被成功添加的新成员的数量，其中不包括那些被更新分数的、已经存在的成员。如果使用INCR选项，则返回以字符串形式表示的member的score值（双精度浮点数）。执行失败返回“nil”(当使用XX或NX选项时)。

参数说明：

- NX：不更新存在的成员，只添加新成员。
- XX：仅更新存在的成员，不添加新成员。
- GT：更新新的分值比当前分值大的成员，不存在则新增。
- LT：更新新的分值比当前分值小的成员，不存在则新增。
- CH：返回变更成员的数量。变更成员是指新增的成员和score值更新的成员，命令指明的和之前score值相同的成员不计在内。注意：通常情况下，ZADD返回值只

计算新添加成员的数量。

- INCR：该参数与ZINCRBY功能一样，一次只能操作一个score-member对。
- score：分值，可以是整数或双精度浮点数，可以为正数，也可以为负数。

注意

参数GT、LT和NX三者互斥，不能同时使用。

例如：

```
# 添加单个元素
redis> ZADD page_rank 10 google.com
(integer)1
# 添加多个元素
redis> ZADD page_rank 9 baidu.com 8 redis.com.cn
(integer)2
redis> ZRANGE page_rank 0 -1 WITHSCORES
1)"redis.com.cn"
2)"8"
3)"baidu.com"
4)"9"
5)"google.com"
6)"10"
# 添加已存在元素,且score值不变
redis> ZADD page_rank 10 google.com
(integer)0
redis> ZRANGE page_rank 0 -1 WITHSCORES   # 没有改变
1)"redis.com.cn"
2)"8"
3)"baidu.com"
4)"9"
5)"google.com"
6)"10"
# 添加已存在元素,但是改变score值
redis> ZADD page_rank 6 redis.com.cn
(integer)0
# redis.com.cn元素的score值被改变
redis> ZRANGE page_rank 0 -1 WITHSCORES
1)"redis.com.cn"
2)"6"
3)"baidu.com"
4)"9"
5)"google.com"
6)"10"
```

（2）zrange

语法：ZRANGE key start stop [WITHSCORES]

功能：该命令用于获取有序集合中指定区间内的成员，其中成员按分数值递增（从小到大）排序，具有相同分数值的成员按词典序（lexicographical order）排列。如果需要成员按分数值递减（从大到小）排列，应使用ZREVRANGE命令。start和stop都是从0开始的索引参数，也就是说，以下标0表示有序集合的第一个成员，以下标1表示有序集合的第二个成员，以此类推。下标也可以使用负数，下标为-1表示最后一个成员，下标为-2表示倒数第二个成员，以此类推。start和stop都包含在区间内。需要注意的是，此命令中索引超出范围不会产生错误（如果参数start的值大于有序集合中的最大索引，或者start > stop，将会返回一个空列表；如果参数stop的值大于有序集合末尾成员的索引，Redis会将有序集合的最后一个元素的索引视为stop）。如果命令中有WITHSCORES选项，会将元素的分数值与元素一起返回，这样返回的列表将包含value1,score1,...,valueN,scoreN，而不是value1,...,valueN。

返回值：返回以数组表示的给定范围内的元素列表（如果指定了WITHSCORES选项，将同时返回它们的分数值）。

例如：

```
redis> ZADD myzset 1 "one"
(integer)1
redis> ZADD myzset 2 "two"
(integer)1
redis> ZADD myzset 3 "three"
(integer)1
redis> ZRANGE myzset 0 -1
1)"one"
2)"two"
3)"three"
redis> ZRANGE myzset 2 3
1)"three"
redis> ZRANGE myzset -2 -1
1)"two"
2)"three"
redis> ZRANGE myzset 0 1 WITHSCORES
1)"one"
2)"1"
3)"two"
4)"2"
```

（3）zrangebyscore

语法：ZRANGEBYSCORE key min max [WITHSCORES] [LIMIT offset count]

功能：该命令用于获取有序集合key中所有score值介于min和max之间（包括min

和max）的成员。有序集合成员按score值递增（从小到大）次序排列，具有相同score值的成员按词典序排列（该属性是有序集合提供的，不需要额外的计算）。LIMIT参数是可选的，用于指定返回结果的数量及区间。需要注意的是，当offset很大时，定位offset的操作可能需要遍历整个有序集合。WITHSCORES参数也是可选的，它决定结果集是仅返回有序集合的成员，还是将有序集合成员及其score值一起返回。min和max可以是-inf和+inf，这样就可以在不知道有序集合的最低和最高score值的情况下获取所有成员。默认区间的取值使用闭区间，可以通过给参数min和max前增加符号“(”使闭区间改为开区间。

zrevrangebyscore与zrangebyscore功能相似，不同之处只是排序的顺序改为降序（从大到小）排列。

返回值：返回以数组表示的指定区间内的有序集合成员的列表（可带有score值）。

例如：

```
redis> ZADD myzset 1 "one"
(integer)1
redis> ZADD myzset 2 "two"
(integer)1
redis> ZADD myzset 3 "three"
(integer)1
redis> ZRANGEBYSCORE myzset -inf +inf
1)"one"
2)"two"
3)"three"
redis> ZRANGEBYSCORE myzset 1 2
1)"one"
2)"two"
redis> ZRANGEBYSCORE myzset (1 2
1)"two"
redis> ZRANGEBYSCORE myzset (1 (2
(empty list or set)
```

（4）zincrby

语法：`ZINCRBY key increment member`

功能：该命令为有序集合key的成员member的score值加上增量increment。当key不存在或member不是key的成员时，该命令等同于ZADD key increment member。当key不是有序集合类型时，返回错误信息——ERR WRONGTYPE Operation against a key holding the wrong kind of value。score值可以是字符串形式表示的整数值或双精度浮点数。increment可以是负数，通过传递一个负数值的increment，使score减去相应的值（例如，ZINCRBY key -2 member，此命令所实现的功能是使member的score值减去2）。

返回值：返回以字符串形式表示的member成员的新score值（双精度浮点数）。

例如：

```
redis> ZADD myzset 1 "one"
(integer)1
redis> ZADD myzset 2 "two"
(integer)1
redis> ZINCRBY myzset 2 "one"
"3"
redis> ZRANGE myzset 0 -1 WITHSCORES
1)"two"
2)"2"
3)"one"
4)"3"
```

（5）zrem

语法：`ZREM key member [member ...]`

功能：该命令从有序集合key中删除指定的成员member。如果member不存在则忽略它，不做任何操作。当key存在但不是有序集合类型时，返回一个类型错误。

返回值：返回从有序集合中删除的成员个数，不包括不存在的成员。

例如：

```
redis> ZADD myzset 1 "one"
(integer)1
redis> ZADD myzset 2 "two"
(integer)1
redis> ZADD myzset 3 "three"
(integer)1
redis> ZREM myzset "two"
(integer)1
redis> ZRANGE myzset 0 -1 WITHSCORES
1)"one"
2)"1"
3)"three"
4)"3"
```

（6）zcount

语法：`ZCOUNT key min max`

功能：该命令返回有序集合key中score值在min和max之间（默认包括score值等于min或max）的成员的数量。关于参数min和max的详细使用方法，请参考ZRANGEBYSCORE命令。

返回值：返回score值在min和max之间的成员的数量。

例如：

```
redis> ZADD myzset 1 "one"
(integer)1
redis> ZADD myzset 2 "two"
(integer)1
redis> ZADD myzset 3 "three"
(integer)1
redis> ZCOUNT myzset -inf +inf
(integer)3
redis> ZCOUNT myzset (1 3
(integer)2
```

（7）zrank

语法：ZRANK key member

功能：该命令用于获取有序集合key中成员member的排名，其中有序集合成员按score值递增顺序（从低到高）排列。排名从0开始，即score值最低的成员排名为0。

使用ZREVRANK命令可以获得成员按score值递减顺序（从高到低）排列的排名。

返回值：如果member是有序集合key的成员，则返回member的排名。如果member不是有序集合key的成员，或key不存在，则返回“nil”。

例如：

```
redis> ZADD myzset 1 "one"
(integer)1
redis> ZADD myzset 2 "two"
(integer)1
redis> ZADD myzset 3 "three"
(integer)1
redis> ZRANK myzset "three"
(integer)2
redis> ZRANK myzset "four"
(nil)
```

3.5.2 sorted set命令列表

除了3.5.1中所讲的几个常用命令外，sorted set类型的命令还有很多。sorted set类型的所有命令如表3-5所示。

表3-5 Redis的sorted set命令列表

序号	命令	功能
1	BZPOPMAX key [key ...] timeout	有序集合命令ZPOPMAX带有阻塞功能的版本
2	BZPOPMIN key [key ...] timeout	有序集合命令ZPOPMIN带有阻塞功能的版本

续表

序号	命令	功能
3	ZADD key [NX|XX] [GT|LT] [CH] [INCR] score member [score member ...]	将一个或多个member元素及其score值加入到有序集合key中
4	ZCARD key	返回有序集合的成员数量
5	ZCOUNT key min max	返回有序集合key中，score值在min和max之间（包括score值等于min或max）的成员的数量
6	ZINCRBY key increment member	为有序集合key中的成员member的score值加上增量increment
7	ZINTER numkeys key [key ...] [WEIGHTS weight [weight ...]] [AGGREGATE SUM|MIN|MAX] [WITHSCORES]	ZINTER命令与ZINTERSTORE命令的功能类似，不同的是它不存储结果集，而是把结果集返回到客户端
8	ZINTERSTORE destination numkeys key [key ...] [WEIGHTS weight [weight ...]] [AGGREGATE SUM|MIN|MAX]	计算numkeys个有序集合的交集，并且把结果存储到destination中
9	ZLEXCOUNT key min max	当有序集合中的所有成员都有相同的score时，该命令返回有序集合中分数值在min和max之间的成员个数
10	ZMSCORE key member [member ...]	返回有序集合中指定成员（一个或多个）的scores
11	ZPOPMAX key [count]	删除并返回最多count个有序集合key中的分数值最高的成员
12	ZPOPMIN key [count]	删除并返回最多count个有序集合key中分数值最低的成员
13	ZRANGE key start stop [WITHSCORES]	返回有序集合中指定区间内的成员，其中成员按分数值递增顺序（从小到大）排列，具有相同分数值的成员按词典序排列
14	ZRANGEBYLEX key min max [LIMIT offset count]	返回有序集合key中指定区间内的成员。此命令适用于分数值相同的有序集合
15	ZRANGEBYSCORE key min max [WITHSCORES] [LIMIT offset count]	返回有序集合key中所有score值介于min和max之间（包括等于min或max）的成员。有序集合成员按score值递增顺序（从小到大）排列
16	ZRANK key member	返回有序集合key中成员member的排名，其中有序集合成员按score值递增顺序（从低到高）排列
17	ZREM key member [member ...]	从有序集合key中删除指定的成员member

续表

序号	命令	功能
18	ZREMRANGEBYLEX key min max	删除按词典序由低到高排序的介于min和max之间的所有成员的成员名称（集合中所有成员的分数值相同）
19	ZREMRANGEBYRANK key start stop	移除有序集合key中指定排名（rank）区间在start和stop内的所有成员
20	ZREMRANGEBYSCORE key min max	移除有序集合key中所有score值介于min和max之间（包括等于min或max）的成员
21	ZREVRANGE key start stop [WITHSCORES]	返回有序集合key中指定区间内的成员。其中，成员的位置按score值递减（从高到低）排列
22	ZREVRANGEBYLEX key max min [LIMIT offset count]	当以相同的分数值插入有序集合中的所有元素时，为了强制按词典顺序排序，该命令将返回有序集合key中介于min和max之间的成员
23	ZREVRANGEBYSCORE key max min [WITHSCORES] [LIMIT offset count]	返回有序集合中指定分数值区间的成员列表。有序集合成员按分数值递增（从小到大）顺序排列
24	ZREVRANK key member	返回有序集合key中成员member的排名，其中，有序集合成员按score值从高到低排列
25	ZSCAN key cursor [MATCH pattern] [COUNT count]	遍历有序集合类型中的元素及相关的分数
26	ZSCORE key member	返回有序集合key中成员member的分数
27	ZUNION numkeys key [key ...] [WEIGHTS weight [weight ...]] [AGGREGATE SUM|MIN|MAX] [WITHSCORES]	ZUNION命令与ZUNIONSTORE命令类似，不同的是ZUNION不存储结果集，而是将结果集返回给客户端
28	ZUNIONSTORE destination numkeys key [key ...] [WEIGHTS weight [weight ...]] [AGGREGATE SUM|MIN|MAX]	用于计算给定的numkeys个有序集合的并集，并且把结果存储到destination中

3.6 hash

Redis中的哈希（hash）是一种数据结构，用于存储和管理键值对。它允许将多个键与对应的值关联起来，并且可以高效地进行数据的存储和检索操作。

在Redis中，哈希是通过使用字典（dictionary）数据结构实现的。字典是一种特殊的数据结构，它将键映射到相应的值。每个键都是唯一的，并且可以用于快速查找和访问对应的值。Redis中提供了一系列命令和操作来处理和操作哈希中的数据。此外，Redis中的哈希还提供了其他一些高级功能，如批量操作、字段过期时间等。这些功能使得Redis中的哈希成为一种非常灵活而强大的数据结构，适用于各种场景，包括缓存、计数器、状态管理等。

3.6.1 hash的常用命令

Redis中的hash是一个string类型的field（字段）和value（值）的映射表，hash特别适合用于存储对象。Redis中每个hash可以存储2^{32}-1个（40多亿）键值对。hash类型可以理解为map集合，{key1:value1,key2:value2}。

Redis中对hash的操作命令有很多，常用的主要有以下几个。

（1）hset

语法：`HSET key field value [field value ...]`

功能：该命令为存储在key中的哈希表的field字段赋值value。如果哈希表不存在，一个新的哈希表被创建并进行HSET操作。如果字段field已经存在于哈希表中，其原值将被新值value覆盖。从Redis 4.0起，HSET可以一次设置一个或多个field-value对。

返回值：返回以整数表示的被修改或增加的field个数。

例如：

```
redis> HSET myhash field1 "Hello"
(integer)1
redis> HGET myhash field1
"Hello"
```

（2）hmset

语法：`HMSET key field value [field value ...]`

功能：该命令用于同时将多个field-value（字段-值）对设置到哈希表中。此命令会覆盖哈希表中已存在的字段。如果哈希表不存在，会先创建一个空哈希表，并执行HMSET操作。从Redis 4.0起，用HSET代替了HMSET。

返回值：返回字符串“OK”。

例如：

```
redis> HMSET myhash field1 "Hello" field2 "World"
"OK"
redis> HGET myhash field1
"Hello"
redis> HGET myhash field2
"World"
```

（3）hget

语法：`HGET key field`

功能：该命令用于获取哈希表中指定字段field的值。

返回值：返回给定字段的值。当给定字段或key不存在时，返回“nil”。

例如：

```
redis> HSET myhash field1 "foo"
(integer)1
# 字段存在
redis> HGET myhash field1
"foo"
# 字段不存在
redis> HGET myhash field2
(nil)
```

（4）hmget

语法：`HMGET key field [field ...]`

功能：该命令用于获取哈希表中一个或多个给定字段（field）的值。如果指定的字段（field）不存在于哈希表中或者key不存在，则返回“nil”。

返回值：返回给定字段field对应的值的列表，值的顺序按字段field在命令中出现的顺序排列。

例如：

```
redis> HSET myhash field1 "Hello"
(integer)1
redis> HSET myhash field2 "World"
(integer)1
redis> HMGET myhash field1 field2 nofield
1)"Hello"
2)"World"
3)(nil)
```

（5）hexists

语法：`HEXISTS key field`

功能：该命令用于查看哈希表的指定字段field是否存在。

返回值：若哈希表中包含给定字段field，则返回1；若哈希表不包含给定字段，或key不存在，则返回0。

例如：

```
redis> HSET myhash field1 "foo"
(integer)1
redis> HEXISTS myhash field1
(integer)1
redis> HEXISTS myhash field2
(integer)0
```

（6）hkeys

语法：`HKEYS key`

功能：该命令用于获取存储在哈希表key中的所有字段。

返回值：返回包含哈希表中所有字段（field）的一个列表。当key不存在时，返回一个空表。

例如：

```
redis> HSET myhash field1 "Hello"
(integer)1
redis> HSET myhash field2 "World"
(integer)1
redis> HKEYS myhash
1)"field1"
2)"field2"
```

（7）hvals

语法：`HVALS key`

功能：该命令用于获取哈希表中所有字段（field）的值。

返回值：返回哈希表中所有字段（field）的值的列表。当key不存在时，返回一个空表。

例如：

```
redis> HSET myhash field1 "Hello"
(integer)1
redis> HSET myhash field2 "World"
(integer)1
redis> HVALS myhash
1)"Hello"
2)"World"
```

（8）hincrby

语法：`HINCRBY key field increment`

功能：该命令为哈希表key中的字段field的值加上增量increment。

返回值：返回执行HINCRBY命令之后哈希表key中字段field的值。

例如：

```
redis> HSET myhash field 5
(integer)1
redis> HINCRBY myhash field 1
(integer)6
redis> HINCRBY myhash field -1
(integer)5
redis> HINCRBY myhash field -10
(integer)-5
```

3.6.2 hash命令列表

Redis中hash类型的命令还有不少，如hdel、hlen、hscan等。所有hash命令如表3-6所示。

表3-6 Redis的hash命令列表

序号	命令	功能
1	HDEL key field [field ...]	删除哈希表key中的一个或多个指定字段，不存在的字段将被忽略
2	HEXISTS key field	查看哈希表中的指定字段field是否存在
3	HGET key field	返回哈希表中指定字段field的值
4	HGETALL key	返回存储在哈希表key中的所有字段和值
5	HINCRBY key field increment	为哈希表key中的字段field的值加上增量increment
6	HINCRBYFLOAT key field increment	为哈希表key中的字段field加上浮点数增量increment
7	HKEYS key	返回存储在哈希表key中的所有字段
8	HLEN key	获取哈希表key中字段的数量
9	HMGET key field [field ...]	返回哈希表中一个或多个给定字段（field）的值
10	HMSET key field value [field value ...]	同时将多个field-value (字段-值)对设置到哈希表中
11	HSCAN key cursor [MATCH pattern] [COUNT count]	遍历哈希表中的键值对
12	HSET key field value [field value ...]	为存储在哈希表key中的field字段赋值value，该命令可以同时给多个field字段赋值
13	HSETNX key field value	为哈希表中不存在的字段赋值
14	HSTRLEN key field	返回存储在哈希表key中与给定字段field相关联的值的字符串长度
15	HVALS key	返回哈希表所有字段（field）的值

3.7 HyperLogLog

Redis中的HyperLogLog是一种用于估计大型数据集基数（唯一元素的数量）的算法。它是一种基于概率的数据结构，通过哈希函数和二进制字符串来实现高效的基数估计。

在Redis中，使用HyperLogLog可以非常高效地处理大量数据的唯一性计数问题。它通过将输入元素映射到固定长度的二进制字符串上，并利用哈希冲突的概率性质来估计基数大小。与传统的集合（set）数据结构相比，HyperLogLog可以在内存占用更少的情况下提供相对准确的估计结果。需要注意的是，由于HyperLogLog是基于概率的估计算法，其准确性受到哈希函数选择和数据集大小的影响，因此，在使用HyperLogLog时，需要根据具体情况调整参数以获得更准确的结果。

3.7.1 HyperLogLog的常用命令

Redis中的HyperLogLog是用于做基数统计的。HyperLogLog的优点是：在输入元素的数量或者体积非常巨大时，计算基数所需的空间总是固定的，并且是很小的。在Redis中，每个HyperLogLog键只需要占用12 KB内存，就可以计算接近2^{64}个不同元素的基数。这与集合形成鲜明对比，使用集合计算基数时，元素越多耗费的内存就越多。但是，因为HyperLogLog只会根据输入元素来计算基数，而不会存储输入元素本身，所以HyperLogLog不能像集合那样，返回输入的各个元素。

Redis对HyperLogLog的操作命令主要有以下几个。

（1）pfadd

语法：`PFADD key element [element ...]`

功能：该命令将所有给定的元素参数添加到HyperLogLog数据结构中。此命令可能导致HyperLogLog内部被更新，以便反映一个不同的唯一元素的估计数量（即集合的基数）。如果HyperLogLog估计的近似基数（approximated cardinality）在命令执行之后出现了变化，那么返回1，否则返回0。如果命令执行时给定的key不存在，那么程序将先创建一个空的HyperLogLog结构，然后再执行此命令。

返回值：如果HyperLogLog的内部存储被修改了，那么返回1，否则返回0。

例如：

```
redis> PFADD hll a b c d e f g
(integer)1
redis> PFCOUNT hll
(integer)7
```

（2）pfmerge

语法：`PFMERGE destkey sourcekey [sourcekey ...]`

功能：该命令用于将多个给定的HyperLogLog结构（sourcekey）合并为一个HyperLogLog，合并后的HyperLogLog的基数估算值是通过对所有给定的sourcekey进行并集操作后计算得出的，合并得出的HyperLogLog会被存储在destkey键中。如果destkey键不存在，那么命令在执行之前，会先为该键创建一个空的HyperLogLog。

返回值：返回字符串“OK”。

例如：

```
redis> PFADD hll1 foo bar zap a
(integer)1
```

```
redis> PFADD hll2 a b c foo
(integer)1
redis> PFMERGE hll3 hll1 hll2
"OK"
redis> PFCOUNT hll3
(integer)6
```

（3）pfcount

语法：`PFCOUNT key [key ...]`

功能：该命令用于获取给定的HyperLogLog的基数估算值。当PFCOUNT命令作用于单个键时，返回给定键的HyperLogLog的近似基数。当PFCOUNT命令作用于多个键时，返回所有给定HyperLogLog的并集的近似基数，这个近似基数是通过将所有给定的HyperLogLog合并至一个临时HyperLogLog中再计算得出的。如果键不存在，那么返回0。

返回值：返回给定的HyperLogLog包含的唯一元素的近似基数。

例如：

```
redis> PFADD hll foo bar zap
(integer)1
redis> PFADD hll zap zap zap
(integer)0
redis> PFADD hll foo bar
(integer)0
redis> PFCOUNT hll
(integer)3
redis> PFADD some-other-hll 1 2 3
(integer)1
redis> PFCOUNT hll some-other-hll
(integer)6
```

3.7.2 HyperLogLog命令列表

HyperLogLog的所有命令如表3-7所示。

表3-7 Redis的HyperLogLog命令列表

序号	命令	功能
1	PFADD key element [element ...]	将所给定的元素参数添加到 HyperLogLog 数据结构中
2	PFCOUNT key [key ...]	返回给定的 HyperLogLog类型数据的基数估算值
3	PFMERGE destkey sourcekey [sourcekey ...]	将多个 HyperLogLog（sourcekey）合并为一个 HyperLogLog，合并后的HyperLogLog的基数估算值是通过对所有给定的 HyperLogLog进行并集操作后计算得出的

3.8 Geospatial

Geospatial（地理空间）是Redis提供的一个数据类型，用于存储地理位置信息。它允许用户在Redis中存储和操作地理空间数据，如经度、纬度和成员名称等数据。Geospatial数据类型提供了一组强大的命令和功能，使得在Redis中处理地理空间数据——无论是对数据进行存储、查询还是分析，都变得非常方便和高效。

3.8.1 Geospatial的常用命令

Redis加入了地理空间（geospatial）以及索引半径查询的功能，主要用在需要地理位置信息的应用上。一般是将指定的地理空间位置（经度、纬度、名称）添加到指定的key中，再将这些数据存储到sorted set类型的数据结构中，目的是方便使用GEORADIUS或者GEORADIUSBYMEMBER命令对数据进行半径查询等操作。例如，推算地理位置的信息，两地之间的距离，查找和定位周围的人等场景都可以用它来实现。

Redis对Geospatial的操作命令主要有以下几个。

（1）geoadd

语法：`GEOADD key longitude latitude member [longitude latitude member ...]`

功能：将给定的空间元素（经度、纬度、名字）添加到指定的键里面。GEOADD命令以标准的x,y格式接收参数，用户必须先输入经度，再输入纬度。

注意

GEOADD能够记录的坐标是有限的，非常接近两极的区域是无法被索引的。精确的坐标限制由EPSG:900913/EPSG:3785/OSGEO:41001等坐标系统定义，具体如下：

- 有效的经度介于-180度至180度之间。
- 有效的纬度介于-85.051 128 78度至85.051 128 78度之间。

当用户尝试输入一个超出范围的经度或者纬度值时，GEOADD命令将返回一个错误。Geospatial类型中没有GEODEL命令，因为可以使用ZREM来删除元素。Geospatial底层的索引结构是sorted set类型。

返回值：返回新添加到键里面的空间元素的数量，不包括那些已经存在但是被更新的元素。

例如：

```
redis> GEOADD Sicily 13.361389 38.115556 "Palermo" 15.087269 37.502669 "Catania"
(integer)2
redis> GEODIST Sicily Palermo Catania
"166274.1516"
redis> GEORADIUS Sicily 15 37 100 km
```

```
1)"Catania"
redis> GEORADIUS Sicily 15 37 200 km
1)"Palermo"
2)"Catania"
```

（2）geopos

语法：GEOPOS key member [member ...]

功能：该命令用于从给定的key中获取所有指定名称（member）的位置（经度和纬度），不存在的返回“nil”。

返回值：返回一个数组，数组中的每一项都由两个元素组成：第一个元素为给定位置元素的经度，第二个元素为给定位置元素的纬度。当给定的位置元素不存在时，对应的数组项为“nil”。

例如：

```
redis> GEOADD Sicily 13.361389 38.115556 "Palermo" 15.087269 37.502669
"Catania"
(integer)2
redis> GEOPOS Sicily Palermo Catania NonExisting
1)1)"13.36138933897018433"
  2)"38.11555639549629859"
2)1)"15.08726745843887329"
  2)"37.50266842333162032"
3)(nil)
```

（3）georadius

语法：GEORADIUS key longitude latitude radius m|km|ft|mi [WITHCOORD] [WITHDIST] [WITHHASH] [COUNT count] [ASC|DESC] [STORE key] [STOREDIST key]

功能：以给定的经纬度为中心，获取键包含的位置元素当中与中心的距离不超过给定最大距离的所有位置元素。

返回值：返回一个数组。在没有给定任何WITH可选项时，命令只会返回一个线性（linear）列表。在指定了WITHCOORD、WITHDIST、WITHHASH等选项时，命令会返回一个二层嵌套数组，内层的每个子数组就表示一个元素。在返回嵌套数组时，子数组的第一个元素总是位置元素的名字。至于额外的信息，则会作为子数组的后续元素。

参数说明：

- m：米，默认单位。
- km：千米。
- ft：英尺。
- mi：英里。
- WITHCOORD：将位置元素的经度和纬度也一并返回。
- WITHDIST：在获取位置元素的同时，也获取位置元素与中心之间的距离。距离的单位与用户给定的范围的单位应保持一致。

- WITHHASH：以52位有符号整数的形式，返回位置元素经过原始geohash编码的有序集合的分数值。此选项主要用于底层应用或者调试，在实际中的作用并不大。
- ASC：根据中心的位置，按照从近到远的方式返回位置元素。
- DESC：根据中心的位置，按照从远到近的方式返回位置元素。
- COUNT count：将返回结果限制为前count项。
- STORE key：将位置元素存储在已排序的集合key中，该集合存储了位置元素的地理空间信息。
- STOREDIST key：将位置元素存储在一个已排序的集合key中，该集合将位置元素与中心的距离填充为浮点数，单位与半径中指定的单位相同。

例如：

```
    redis> GEOADD Sicily 13.361389 38.115556 "Palermo" 15.087269 37.502669
"Catania"
    (integer)2
    redis> GEORADIUS Sicily 15 37 200 km WITHDIST
    1) 1)"Palermo"
       2)"190.4424"
    2) 1)"Catania"
       2)"56.4413"
    redis> GEORADIUS Sicily 15 37 200 km WITHCOORD
    1) 1)"Palermo"
       2) 1)"13.36138933897018433"
          2)"38.11555639549629859"
    2) 1)"Catania"
       2) 1)"15.08726745843887329"
          2)"37.50266842333162032"
    redis> GEORADIUS Sicily 15 37 200 km WITHDIST WITHCOORD
    1) 1)"Palermo"
       2)"190.4424"
       3) 1)"13.36138933897018433"
          2)"38.11555639549629859"
    2) 1)"Catania"
       2)"56.4413"
       3) 1)"15.08726745843887329"
          2)"37.50266842333162032"
```

注意

默认情况下，GEORADIUS命令会返回所有匹配的位置元素。虽然用户可以使用COUNT <count>选项去获取前count个匹配元素，但是因为命令在内部可能会需要对所有被匹配的元素进行处理，所以在对一个非常大的区域进行搜索时，即使使用COUNT选项去获取少量元素，命令的执行速度也可能会非常慢。但是从另一方面来说，使用COUNT选项去减少需要返回的元素数量，对于节省带宽来说仍然是非常有用的。

3.8.2 Geospatial命令列表

Geospatial类型的所有命令如表3-8所示。

表3-8 Redis的Geospatial命令列表

序号	命令	功能
1	GEOADD key longitude latitude member [longitude latitude member ...]	将给定的空间元素（经度、纬度、名字）添加到指定的键里面
2	GEODIST key member1 member2 [m|km|ft|mi]	返回两个给定位置之间的距离
3	GEOHASH key member [member ...]	返回一个或多个位置元素的 Geohash 表示。Redis中的Geospatial类型使用geohash来保存地理位置的坐标
4	GEOPOS key member [member ...]	从给定的key中返回所有指定名称（member）的位置（经度和纬度），不存在的返回“nil”
5	GEORADIUS key longitude latitude radius m|km|ft|mi [WITHCOORD] [WITHDIST] [WITHHASH] [COUNT count] [ASC|DESC] [STORE key] [STOREDIST key]	以给定的经纬度为中心，返回键包含的位置元素当中与中心的距离不超过给定最大距离的所有位置元素
6	GEORADIUSBYMEMBER key member radius m|km|ft|mi [WITHCOORD] [WITHDIST] [WITHHASH] [COUNT count] [ASC|DESC] [STORE key] [STOREDIST key]	GEORADIUSBYMEMBER和GEORADIUS命令一样，都可以找出位于指定范围内的元素，但是georadiusbymember的中心点是由给定的位置元素决定的，而不是使用经度和纬度来决定中心点

3.9 其他命令

Redis是一个高性能的键值存储系统，它还提供了许多其他命令来满足各种需求。

3.9.1 连接常用命令

Redis的连接命令的主要功能是连接认证、连接、测试、关闭和切换数据库等。连接操作的命令主要有以下几个。

（1）auth

语法：`AUTH [username] password`

功能：如果通过AUTH提供的密码与配置文件中的密码匹配，服务器将回复“OK”状态码并开始接收命令。否则，返回错误，客户端需要尝试新密码。

返回值：密码匹配时返回字符串“OK”，否则返回一个错误信息。

此命令的示例省略。

（2）ping

语法：PING [message]

功能：使用客户端向Redis服务器发送一个PING命令，如果服务器运转正常，会返回一个字符串“PONG”。该命令通常用于测试与服务器的连接是否仍然生效，或者用于测量延迟值。

返回值：当命令中没有提供参数时，返回字符串“PONG”。当参数为批量字符串时，回复的是命令中提供的参数。

例如：

```
redis> PING
"PONG"
redis> PING "hello world"
"hello world"
redis>
```

（3）select

语法：SELECT index

功能：切换到指定的数据库。

返回值：返回字符串“OK”。

此命令的示例省略。

（4）quit

语法：QUIT

功能：关闭当前连接。

返回值：返回字符串“OK”。

此命令的示例省略。

3.9.2 服务器的常用命令

Redis中针对服务器的操作命令也有很多，常用的服务器操作命令主要有下以几个。

（1）flushdb

语法：FLUSHDB [ASYNC | SYNC]

功能：删除当前数据库的所有key。

返回值：返回字符串“OK”。

参数说明：

- ASYNC：异步刷新数据库。
- SYNC：同步刷新数据库。

此命令的示例省略。

注意

异步FLUSHDB命令仅删除调用命令时存在的键。在异步刷新期间创建的key将不受影响。

（2）flushall

语法：FLUSHALL [ASYNC]

功能：删除所有现有数据库的所有键，而不仅仅只是当前选择的一个。

返回值：返回简单的字符串“OK”，因为这个命令的执行永远不会失败。

此命令的示例省略。

（3）save

语法：SAVE

功能：异步保存数据到硬盘。

返回值：返回字符串“OK”。

此命令的示例省略。

（4）bgsave

语法：BGSAVE [SCHEDULE]

功能：在后台将当前数据库的数据异步保存到磁盘中。

返回值：返回字符串“Background saving started”。

此命令的示例省略。

（5）config get

语法：CONFIG GET parameter [parameter ...]

功能：读取正在运行的Redis服务器的配置项。Redis 2.4并不支持读取所有的配置项，而Redis 2.6是可以使用此命令读取服务器的所有配置内容的。

返回值：返回一个数组，数组中是服务器的配置详情。

例如：

```
redis> config get *max-*-entries* maxmemory
 1)"maxmemory"
 2)"0"
 3)"hash-max-listpack-entries"
 4)"512"
 5)"hash-max-ziplist-entries"
 6)"512"
 7)"set-max-intset-entries"
 8)"512"
 9)"zset-max-listpack-entries"
10)"128"
11)"zset-max-ziplist-entries"
12)"128"
```

（6）config set

语法：CONFIG SET parameter value [parameter value ...]

功能：设置或修改Redis配置项，无需重启，所做修改可直接生效。

返回值：当配置设置正确时，返回字符串“OK”。否则返回一个错误信息。

此命令的示例省略。

注意

CONFIG SET命令所设置的配置项列表可以通过【CONFIG GET *】命令获得。
使用CONFIG SET命令设置的所有配置项将立即由Redis加载，并将从执行下一个命令开始生效。

（7）shutdown

语法：`SHUTDOWN [NOSAVE | SAVE]`

功能：异步保存数据到硬盘，并关闭服务器。

返回值：返回简单字符串“OK”。

参数说明：

- NOSAVE：关闭服务器之前，不执行数据库的保存操作。
- SAVE：关闭服务器之前，强制执行数据库的保存操作。

（8）monitor

语法：`MONITOR`

功能：MONITOR是一个调试命令，它返回Redis服务器处理的每个命令。它可以帮助理解数据库发生了什么。在将Redis用作数据库和用作分布式缓存系统时，查看服务器处理的所有请求的能力对于发现应用程序中的错误非常有用。

返回值：总是返回字符串“OK”，并实时打印出服务器处理的每一条命令及其响应信息。

此命令的示例省略。

（9）info

语法：`INFO [section [section ...]]`

功能：获取Redis服务器的各种信息和统计数值。

可选参数[section]可采用以下所列的这些值，用于指定获取特定的信息部分。

- server：Redis服务器的一般信息。
- clients：客户端连接部分。
- memory：内存消耗相关信息。
- persistence：RDB和AOF相关信息。
- stats：一般统计信息。
- replication：主/副本复制信息。
- cpu：CPU消耗统计信息。
- commandstats：Redis命令统计信息。
- latencystats：Redis命令延迟百分位分布统计信息。
- cluster：Redis集群部分信息。
- keyspace：数据库相关统计。
- modules：模块相关部分。
- errorstats：Redis错误统计。

[section]还可以采用以下值：

- all：返回所有部分（不包括模块生成的部分）。
- default：仅返回默认的部分集。

- everything：包括all和modules。
- 如果未提供参数，default则假定该选项。

返回值：批量字符串回复，是一个文本行的集合。文本行可以包含section的名称（以"#"字符开头）或该section的属性信息。注意，所有的属性信息都是以field:value形式表示的。

此命令的示例省略。

（10）client list

语法：`CLIENT LIST [TYPE <NORMAL | MASTER | REPLICA | PUBSUB>] [ID client-id [client-id ...]]`

功能：获取连接到服务器的客户端连接的列表。

返回值：返回以字符串表示的客户端连接内容，每行一个客户端连接（由LF分隔），它由一系列property=value和空格字符分隔的字段组成。

此命令的示例省略。

3.9.3 其他命令列表

Redis中用于连接服务器的命令如表3-9所示。

表3–9 Redis的连接命令列表

序号	命令	功能
1	AUTH password	验证密码是否正确
2	ECHO message	打印字符串
3	PING	查看服务是否运行
4	QUIT	关闭当前连接
5	SWAPDB index1 index2	交换同一Redis服务器上的两个数据库，这样可以实现连接某一数据库的连接能立即访问到其他数据库的数据。访问交换前其他数据库的连接也可以访问到该数据库的数据。
6	SELECT index	切换到指定的数据库

Redis中用于服务器操作的命令如表3-10所示。

表3–10 Redis的server命令列表

序号	命令	功能
1	BGREWRITEAOF	异步执行一个AOF（append only file）文件重写操作
2	BGSAVE	在后台异步保存当前数据库的数据到磁盘中
3	CLIENT KILL [ip:port] [ID client-id]	关闭客户端连接
4	CLIENT LIST	获取连接到服务器的客户端连接列表

续表

序号	命令	功能
5	CLIENT GETNAME	获取连接的名称
6	CLIENT PAUSE timeout	在指定时间内终止运行来自客户端的命令
7	CLIENT SETNAME connection-name	设置当前连接的名称
8	CLUSTER SLOTS	获取集群节点的映射数组
9	COMMAND	获取Redis命令详情数组
10	COMMAND COUNT	获取Redis命令总数
11	COMMAND GETKEYS	获取给定命令的所有键
12	TIME	返回当前服务器的时间
13	COMMAND INFO command-name [command-name ...]	获取指定Redis命令描述的数组
14	CONFIG GET parameter	获取指定配置项的值
15	CONFIG REWRITE	对启动Redis服务器时所指定的redis.conf配置文件进行改写
16	CONFIG SET parameter value	修改Redis配置项，无需重启即可生效
17	CONFIG RESETSTAT	重置 INFO 命令中的某些统计数据
18	DBSIZE	返回当前数据库的key的数量
19	DEBUG OBJECT key	获取key的调试信息
20	DEBUG SEGFAULT	使Redis服务崩溃
21	FLUSHALL	删除所有数据库的所有key
22	FLUSHDB	删除当前数据库的所有key
23	INFO [section]	获取Redis服务器的各种信息和统计数值
24	LASTSAVE	返回最近一次Redis成功将数据保存到磁盘上的时间，以UNIX时间戳格式表示
25	MONITOR	实时打印出Redis服务器接收到的命令，供调试时使用
26	ROLE	返回主从实例所属的角色
27	SAVE	异步保存数据到硬盘
28	SHUTDOWN [NOSAVE] [SAVE]	异步保存数据到硬盘，并关闭服务器
29	SLAVEOF host port	将当前服务器转变为指定服务器的从属服务器（slave server）
30	SLOWLOG subcommand [argument]	管理Redis的慢日志
31	SYNC	实现复制功能（replication）的内部命令

本章总结

通过本章的学习，读者应掌握Redis的常用命令，并能够熟练地选择数据类型及其操作命令解决应用中的问题。

拓展阅读

中华人民共和国网络安全法

《中华人民共和国网络安全法》已由中华人民共和国第十二届全国人民代表大会常务委员会第二十四次会议于2016年11月7日通过，自2017年6月1日起施行。2022年9月12日，国家互联网信息办公室发布关于公开征求《关于修改〈中华人民共和国网络安全法〉的决定（征求意见稿）》意见的通知。

《中华人民共和国网络安全法》的制定对中国网络空间法治化建设具有重要意义，主要体现在：

- 构建我国首部网络空间管辖基本法。
- 提供维护国家网络主权的法律依据。
- 服务于国家网络安全战略和网络强国建设。
- 在网络空间领域贯彻落实依法治国精神。
- 成为网络参与者普遍遵守的法律准则和依据。
- 助力网络空间治理，护航“互联网+”。

整体来看，《网络安全法》的出台，顺应了网络空间安全化、法制化的发展趋势，不仅对国内网络空间治理有重要的作用，同时也是国际社会应对网络安全威胁的重要组成部分，更是中国在迈向网络强国道路上至关重要的阶段性成果，意味着建设网络强国、维护和保障我国国家网络安全的战略任务正在转化为一种可执行、可操作的制度性安排。尽管《网络安全法》只是网络空间安全法律体系的一个组成部分，但它是重要的起点，是依法治国精神的具体体现，是网络空间法制化的里程碑，标志着我国网络空间领域的发展和向现代化治理迈出了坚实的一步。

练习与实践

【单选题】

1. Redis中SETBIT命令的作用是（　　）。

　A. 对key所存储的字符串值，设置指定偏移量上的位（bit）

B. 对key所存储的字符串值，清除指定偏移量上的位（bit）

C. 对key所存储的字符串值，设置或清除指定偏移量上的位（bit）

D. 对key所存储的字符串值，转换为二进制存储

2. 移除有序集合key中指定排名区间内的所有成员的命令是（　　）。

A. ZREMRANGEBYSCORE　　B. ZREMRANGEBYRANK

C. SCARD　　D. LREM

【多选题】

1. 属于Redis集合运算的命令有（　　）。

A. SUNION key [key ...]　　B. SINTER key [key ...]

C. SDIFF key [key ...]　　D. SINTERSTORE destination key [key ...]

2. 在Redis中可以实现数据持久化的命令有（　　）。

A. BGREWRITEAOF　　B. BGSAVE

C. SAVE　　D. SHUTDOWN [NOSAVE] [SAVE]

【判断题】

1. Redis的CONFIG SET命令修改的配置项会立即生效。

A. 对　　B. 错

2. Redis的FLUSHDB命令将清空全部数据库的key。

A. 对　　B. 错

3. 使用Redis存储地理位置数据可以方便地计算两地之间的距离。

A. 对　　B. 错

【实训任务】

基于Redis的学生选课数据的存储设计	
项目背景介绍	学生信息包括：学号、姓名、性别、年龄等；课程信息包括：编号、课程名、学分。每名学生可以选择多门课程，每门课程可以被多名学生选择。请基于Redis选择合理的数据类型，并设计合理的key来存储满足上述要求的存储方案，要求能正确存储数据，并能灵活多变地查询相关信息，例如，某学生的选课情况，某课程的被选情况等
任务概述	1. 选择合理的数据类型，并设计合理的key存储学生信息 2. 选择合理的数据类型，并设计合理的key存储课程信息 3. 选择合理的数据类型，并设计合理的key存储选课信息 4. 模拟对数据的查询
实训记录	
教师考评	评语： 辅导教师签字：________

Redis的发布与订阅

本章导读

Redis的发布与订阅（pub/sub）是一种消息通信模式：发送者（pub）发送消息，订阅者（sub）接收消息。本章首先介绍发布与订阅模式，然后详细讲解Redis基于频道和基于模式匹配的两种发布与订阅模式的使用，最后介绍了Redis发布与订阅的优缺点、应用场合和使用时的注意事项。

学习目标

- 理解Redis的发布与订阅。
- 掌握基于频道的发布与订阅。
- 掌握基于模式的发布与订阅。
- 理解Redis发布与订阅的优缺点。

技能要点

- Redis基于频道的发布与订阅的使用。
- Redis基于模式的发布与订阅的使用。

实训任务

- 使用Redis实现社区宠物信息发布系统的设计。

4.1 发布-订阅模式

发布-订阅模式（publish-subscribe pattern，pub-sub）是一种软件设计模式，它定义了一种一对多的关系，让多个订阅者对象同时监听某一个发布者，或者称为主题对象。当这个主题对象的状态发生变化时，就会通知所有订阅自己的订阅者对象，使得它们能够自动更新。这种模式常用于实现事件处理系统、消息传递系统等。

4.1.1 Redis中的发布与订阅

Redis中的发布与订阅（pub-sub）是一种消息通信模式：发送者（pub）发送消息，订阅者（sub）接收消息。

Redis中的【subscribe】命令可以让客户端订阅任意数量的频道，每当有新信息发送到被订阅的频道时，信息就会被发送给所有订阅指定频道的客户端。

图4-1展示了频道（频道1）及订阅这个频道的多个客户端之间的关系。

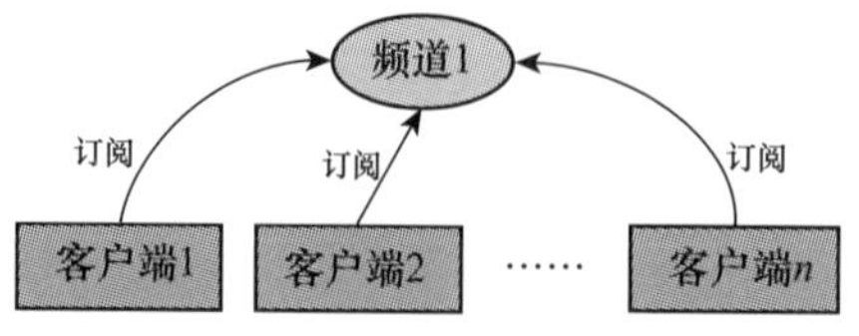

图4-1　多个客户端订阅“频道1”

当有新消息通过发布命令【publish】发送给“频道1”时，这个新消息就会被发送给订阅“频道1”的所有客户端，如图4-2所示。

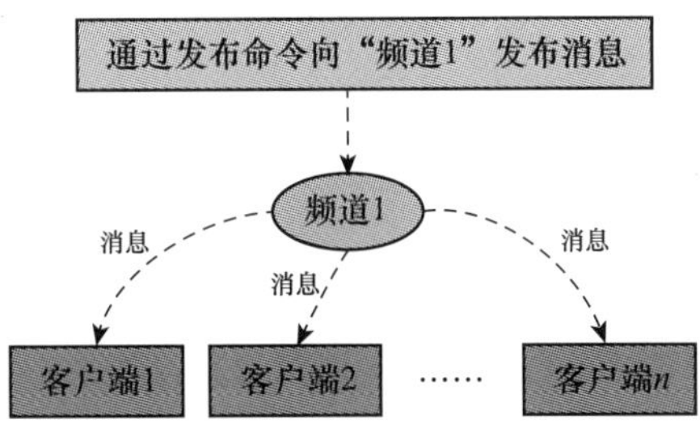

图4-2 多个客户端接收订阅“频道1”

4.1.2 Redis中为什么要用发布与订阅

在Redis中，list数据类型提供了【blpop】和【brpop】命令，再结合【rpush】和【lpush】命令，list具有双端链表的特征，可以实现消息队列机制，从而实现发布与订阅功能。

双端消息队列如图4-3所示。

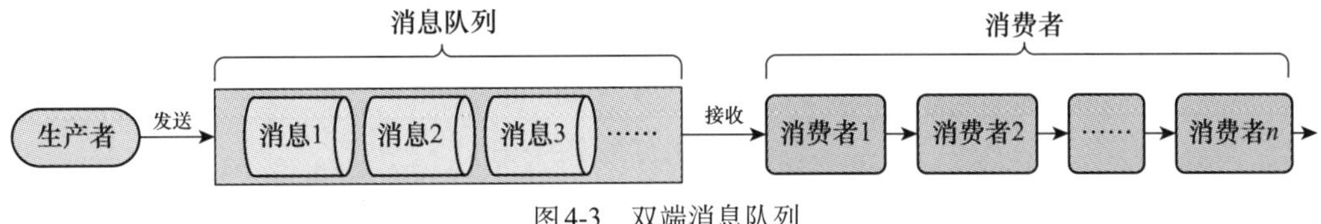

图4-3 双端消息队列

双端队列模式只能有一个或多个消费者依次去消费，不能将消息同时发给其他消费者。因此，上述两组命令实现的消息队列存在以下两个局限性：

- 不能支持一对多的消息分发。
- 生产者生成的速度远远大于消费者消费的速度，易堆积大量未消费的消息。

Redis中的发布-订阅模式是生产者生产完消息通过频道分发消息，使订阅了该频道的所有消费者可以同时消费。

发布-订阅模式如图4-4所示。

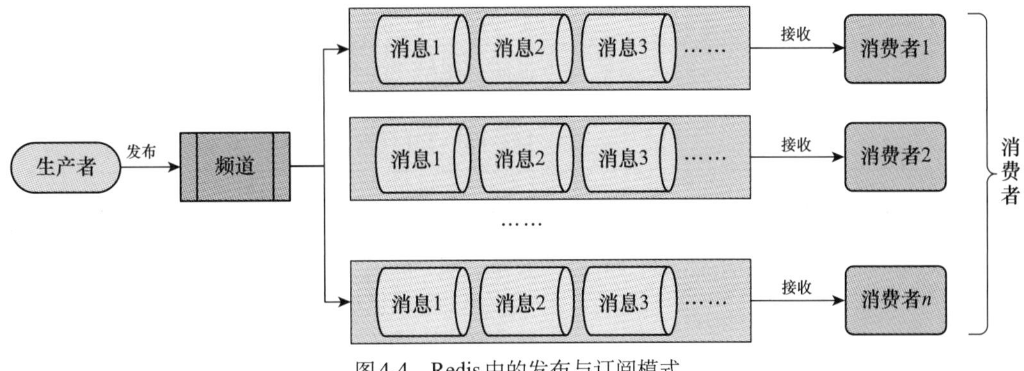

图4-4 Redis中的发布与订阅模式

针对消息的发布-订阅功能，市面上很多企业使用的是kafka、RabbitMQ、ActiveMQ、RocketMQ等。与这些相比，Redis的发布-订阅功能相对轻量，当对数据的准确性和安全性要求不是很高时，可以直接使用此功能。

4.2 使用Redis的发布-订阅功能

Redis有两种发布-订阅模式，分别是：

- 基于频道（channel）的发布与订阅。
- 基于模式（pattern）的发布与订阅。

Redis中关于发布与订阅的命令如表4-1所示。

表4-1 Redis的发布与订阅命令

序号	命令	功能
1	SUBSCRIBE channel [channel ...]	订阅指定的一个或多个频道的信息
2	UNSUBSCRIBE [channel [channel ...]]	退订指定的频道 说明：若没有指定channel，则默认退订所有频道
3	PUBLISH channel message	将信息message发送到指定的频道channel，返回接收到信息message的订阅者的数量
4	PUBSUB subcommand [argument [argument ...]]	查看发布与订阅系统状态的命令，它由数个不同格式的子命令组成
	PUBSUB CHANNELS [pattern]	列出当前的活跃频道 说明：活跃频道是指那些至少有一个订阅者的频道，订阅模式的客户端不计算在内
	PUBSUB NUMSUB [channel-1 ... channel-N]	返回指定频道的订阅者数量，订阅模式的客户端不计算在内
	PUBSUB NUMPAT	返回订阅模式的数量 说明：该命令返回的不是订阅模式的客户端的数量，而是客户端订阅的所有模式的数量总和
5	PSUBSCRIBE pattern [pattern ...]	订阅一个或多个符合指定模式的频道 说明：模式支持glob风格的正则表达式。每个模式以“*”作为匹配符，例如，“it*”匹配所有以“it”开头的频道如it.news、it.blog、it.tweets等；特殊字符使用转义符“\”转义
6	PUNSUBSCRIBE [pattern [pattern ...]]	退订所有的指定模式 说明：pattern未指定，则订阅的所有模式都会被退订，否则只退订指定的订阅模式

4.2.1 基于频道（channel）的发布与订阅

发布-订阅模式中包含两种角色：发布者和订阅者。发布者可以向指定的频道（channel）发送消息，订阅者可以订阅一个或者多个频道，所有订阅此频道的订阅者都会收到该频道的消息。

基于频道的发布与订阅如图4-5所示。

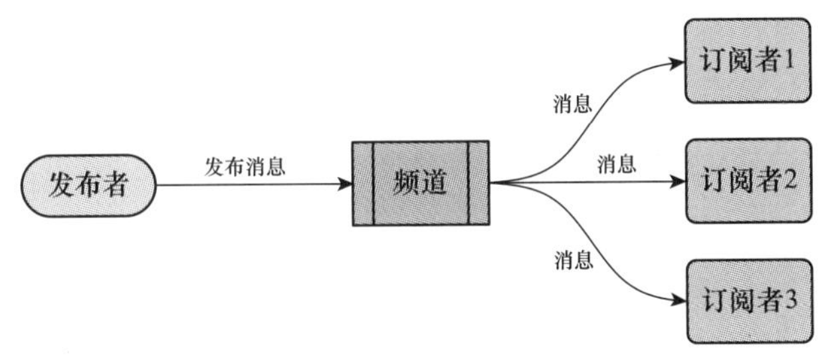

图4-5 Redis基于频道的发布与订阅

（1）订阅者订阅频道

订阅者通过【SUBSCRIBE】命令，可以在客户端订阅任意数量的频道；当有新消息发送到被订阅的频道时，信息就会发送给订阅这个频道的所有客户端。

命令格式：SUBSCRIBE [频道1名称] [频道2名称]...

例如：

```
-------------- 客户端1（订阅者）：订阅频道 ----------
#订阅“news”和“sports”频道(如果不存在则会创建频道)

127.0.0.1:6379> subscribe news sports
Reading messages... (press Ctrl-C to quit)

1)"subscribe"          -- 返回值类型：表示订阅成功
2)"news"               -- 订阅频道的名称
3)(integer) 1          -- 当前客户端已订阅频道的数量
4)"subscribe"
5)"sports"
6)(integer) 2

# 注意：订阅后，该客户端会一直监听消息，如果发送者有消息发给频道，这里会立刻
接收到消息
```

（2）发布者发布消息

发布者通过【PUBLISH】命令，可以在客户端将信息发送到指定的频道。

命令格式：PUBLISH [频道名称] [发送内容]

例如：

```
-------------- 客户端2（发布者）：发布消息给频道 ----------

#给"news"频道发送一条消息："I like Redis"
127.0.0.1:6379> publish news "I like Redis"
(integer) 1          -- 接收到信息的订阅者数量,无订阅者返回0
```

客户端2（发布者）发布消息给频道后，此时再观察客户端1（订阅者）的客户端窗口变化。

```
-------------- 客户端1（订阅者）：订阅频道 ----------

127.0.0.1:6379> subscribe news sports
Reading messages... (press Ctrl-C to quit)
1) "subscribe"              -- 返回值类型：表示订阅成功
2) "news"                   -- 订阅频道的名称
3) (integer) 1              -- 当前客户端已订阅频道的数量
1) "subscribe"
2) "sports"
3) (integer) 2

-------- 变化如下：(实时接收到了该频道的发布者发布的消息) --

1) "message"              -- 返回值类型：消息
2) "news"                 -- 来源（从哪个频道发过来的）
3) "I like Redis"         -- 消息内容
```

命令操作如图4-6所示。

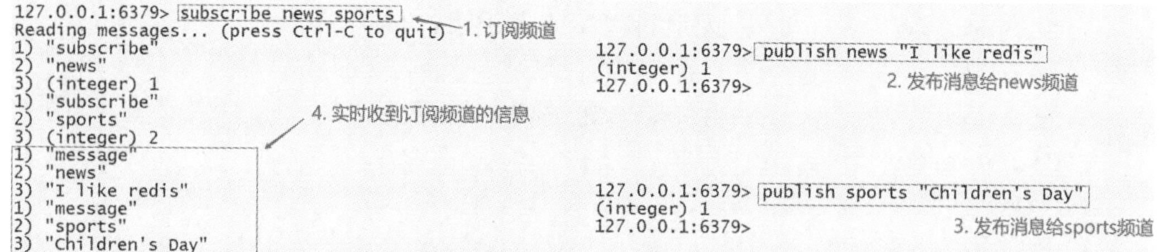

图4-6　Redis基于频道的发布与订阅

（3）退订频道

退订频道的命令是【UNSUBSCRIBE】，使用此命令可以退出指定的频道。

命令格式：UNSUBSCRIBE ［频道名称］

如果是先发布消息，再订阅频道，则不会收到订阅之前发布到该频道的消息。

进入订阅状态的客户端，不能使用除了【subscribe】【unsubscribe】【psubscrib】和【punsubscribe】这四个属于“发布-订阅”命令之外的命令，否则会报错。

这里的客户端指的是jedis、lettuce的客户端，redis-cli客户端是无法退出订阅状态的。

4.2.2 基于模式（pattern）的发布与订阅

Redis发布与订阅的另一种模式是基于模式的发布与订阅，如图4-7所示。这种模式的处理方式是：如果有某个/某些模式和该频道匹配，所有订阅这个/这些频道的客户端也同样会收到信息。例如，在图4-7中，当有信息发送到“cn.redis.pool”频道时，信息除了发送给“订阅者1”和“订阅者2”之外，还会发送给订阅“cn.redis.*”频道的“订阅者3”和“订阅者4”。反之，如果有消息发送到“cn.redis.server”频道，消息除了发送给订阅了“cn.redis.server”频道的客户端之外，还会发送给订阅了“cn.redis.* ”频道的“订阅者3”和“订阅者4”。

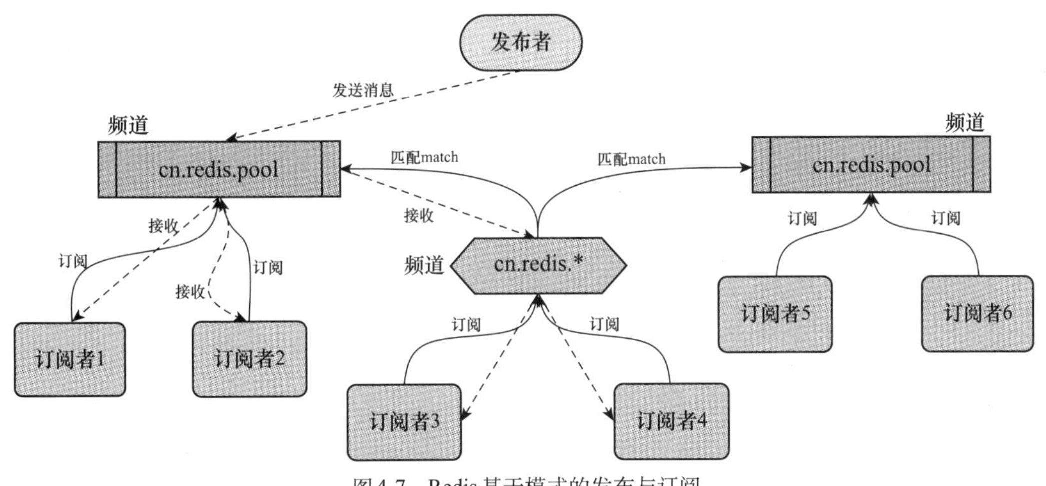

图4-7 Redis基于模式的发布与订阅

注意 通配符中“?”表示1个占位符，“*”表示任意多个占位符（包括0个），“?*”表示1个以上占位符。

（1）订阅者订阅频道

订阅者通过【PSUBSCRIBE】命令可以订阅一个或多个符合指定模式的频道。

命令格式：`PSUBSCRIBE pattern [pattern …]`

说明：指定模式（pattern）中可以使用通配符。如PSUBSCRIBE qingjun* 表示订阅以“qingjun”开头的所有频道。

例如：

```
-------------- 客户端(订阅者):订阅频道 ----------

# 1. 订阅 "c? " "cn.redis.*" 2种模式频道
127.0.0.1:6379> psubscribe c? cn.redis.*
# 进入订阅状态后处于阻塞,可以按Ctrl-C键退出订阅状态
Reading messages...(press Ctrl-C to quit)
```

```
# 2. 订阅成功
1) "psubscribe"        -- 返回值的类型:显示订阅成功
2) "c?"                -- 订阅的模式
3) (integer)1          -- 目前已订阅的模式的数量
1) "psubscribe"
2) "cn.redis.*"
3) (integer)2

# 3. 接收消息(已订阅 "c?" "cn.redis.*" 两种模式)

# 发布者第1条命令:publish cn "hello"
1) "pmessage"          -- 返回值的类型信息
2) "c?"                -- 信息匹配的模式:c?
3) "cn"                -- 信息本身的目标频道:cn
4) "hello"             -- 信息的内容:"hello"

# 发布者第2条命令:publish cn.redis "hello"
# 结果:没有接收到消息,匹配失败,不满足"c?"
# "?"表示一个占位符,c后面的字符有7个占位符

# 发布者第3条命令:publish cn.redis.pool "hello pool"
#(满足"cn.redis.*",其中"*"表示任意个占位符)
1) "pmessage"          -- 返回值的类型信息
2) "cn.redis.*"        -- 匹配模式:cn.redis.*
3) "cn.redis.pool"     -- 信息本身的目标频道:cn.redis.pool
4) "hello pool"        -- 信息的内容:"hello pool"

# 发布者第4条命令: publish cn.redis. "hello any"
#(满足"cn.redis.*",其中"*"表示任意多个占位符)
1) "pmessage"          -- 返回值的类型信息
2) "cn.redis.*"        -- 匹配模式:cn.redis.*
3) "cn.redis."         -- 信息本身的目标频道:cn.redis.
4) "hello any"       -- 信息的内容:"hello any"
```

(2)查询订阅与发布的系统状态

通过【PUBSUB CHANNELS】命令可以查看订阅与发布的系统状态。

命令格式:PUBSUB CHANNELS [pattern]

例如:

列出订阅与发布系统中的所有活跃频道,命令为:

PUBSUB CHANNELS

列出订阅与发布系统中以“news.i”开头的所有活跃频道,命令为:

PUBSUB CHANNELS news.i*

（3）**发布者发布消息**

发布者通过【PUBLISH】命令可以将信息发送到指定的频道。该命令和频道订阅命令类似，但是二者的运行机制不同。

命令格式：PUBLISH [频道名称] [发送内容]

例如：

```
---------- 客户端(发布者):发布消息给频道 ---------
# 注意:订阅者已订阅 "c?"和"cn.redis.*"两种模式

# 1."cn"符合"c?"模式,"?"表示1个占位符
127.0.0.1:6379> publish cn "hello"
(integer)1

# 2. "cn.redis"不符合"c?"模式,"?"表示1个占位符
127.0.0.1:6379> publish cn.redis "hello"
(integer)0

# 3. 符合"cn.redis.*"模式,"*"表示任意多个占位符
127.0.0.1:6379> publish cn.redis.pool "hello pool"
(integer)1

# 4. 符合"cn.redis.*"模式,"*"表示任意多个占位符
127.0.0.1:6379> publish cn.redis. "hello any"
(integer)1
```

命令操作如图4-8所示。

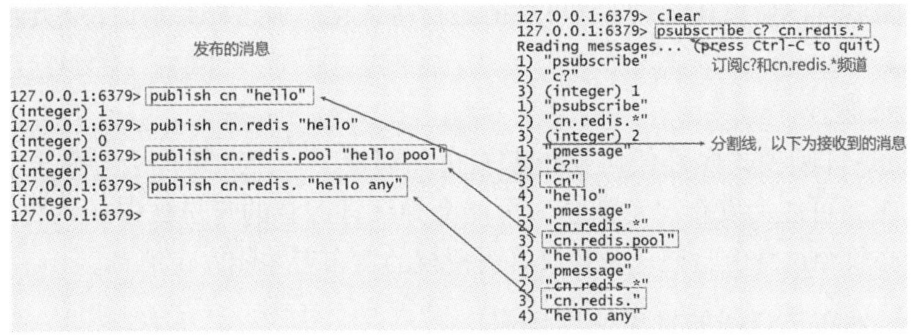

图4-8 Redis基于模式的发布与订阅

（4）**退订模式频道**

订阅者通过【PUNSUBSCRIBE】命令可以退订所有指定模式的频道。

命令格式：PUNSUBSCRIBE [pattern [pattern …]]

4.2.3 Redis发布与订阅的使用

Redis的发布与订阅中，订阅者（listener）负责订阅频道（channel），发送者（publisher）负责向频道发送二进制的字符串消息，频道收到消息后，推送给订阅者。

1. Redis发布与订阅的优点

① 采用消息通道机制。

Redis的发布-订阅模式采用消息通道机制，它允许多个订阅者同时接收相同的消息，当发布者发布消息时，消息会被传递到所有已订阅通道的订阅者。这种机制非常适用于广播消息和发布-订阅应用程序中的实时数据传输。

② 允许解耦应用程序组件。

发布-订阅模式允许发布者和订阅者之间解耦，从而增加应用程序的灵活性和可维护性。在此模式下，发布者不需要知道订阅者的身份或数量，而订阅者也不需要知道消息的来源。这使得应用程序的组件可以独立操作，减少了耦合和依赖，因此可以更容易地扩展和修改。

③ 支持实时数据同步。

Redis的发布-订阅模式支持实时数据同步，这对于需要实时更新数据的应用程序非常有用。例如，在Web应用程序中，当用户执行某项操作时，它可能会影响其他用户的视图。通过使用Redis发布-订阅模式，可以在实时更新当前用户视图的同时，将更改通知到其他用户。

2. Redis发布与订阅的缺点

① 内存消耗大。

Redis的发布-订阅模式需要在内存中维护许多客户端的列表和每个客户端订阅通道的列表，因此内存消耗较大。如果订阅者的数量很大，Redis服务器可能会因为内存不足而崩溃。

② 数据丢失问题。

Redis的发布-订阅模式不提供消息持久化，一旦服务器崩溃，之前发布的所有消息都会丢失。虽然可以使用Redis的AOF功能进行持久化，但这样会增加I/O负载并使Redis的性能下降。

③ 安全问题。

由于发布-订阅模式允许任何发布者发布任何消息，因此可能会导致安全问题。例如，恶意发布者可能会发布恶意消息，可能会导致订阅者的身份被盗或系统被破坏。因此，发布者必须经过身份验证，并且只有被授权的发布者才能发布消息。

3. Redis发布与订阅的常见使用场景

Redis发布与订阅的常见使用场景包括构建实时消息系统（如普通的即时聊天、群聊等）、实现消息的推送（如电商系统中，用户下单成功之后向指定频道发送消息，这个指定频道处理自己相关的业务逻辑，而下游用户仅需订阅指定的频道，即可查看到业务的支付结果）等。

4. 使用Redis发布与订阅的注意事项

① 客户端需要及时消费和处理消息。

客户端订阅了频道之后，如果接收消息不及时，可能导致DCS（分布式缓存服务）实例消息堆积。当达到消息堆积阈值（默认值为32 MB）或者达到某种程度（默认为

8 MB）一段时间（默认为1分钟）后，服务器端会自动断开该客户端连接，以防止内存耗尽。

② 客户端需要支持重连。

当连接断开之后，客户端需要使用【subscribe】或者【psubscribe】命令重新进行订阅，否则无法继续接收消息。

③ 不建议用于消息可靠性要求高的场景中。

Redis的发布与订阅不是一种可靠的消息系统。当出现客户端连接退出，或者极端情况下服务端发生主备切换时，未消费的消息会被丢弃。

本章总结

通过本章的学习，读者应掌握Redis的发布与订阅模式，并能够熟练地使用Redis两种发布与订阅模式（基于频道和基于模式匹配）解决应用中的问题。

拓展阅读

中华人民共和国数据安全法

《中华人民共和国数据安全法》已由中华人民共和国第十三届全国人民代表大会常务委员会第二十九次会议于2021年6月10日通过，并自2021年9月1日起施行。《中华人民共和国数据安全法》的施行具有非常重大的意义，体现在以下几个方面：

对数据的有效监管实现了有法可依，填补了数据安全保护立法的空白，完善了网络空间安全治理的法律体系。

在《网络安全法》中，虽然已经明确了要求保障网络数据的完整性、保密性、可用性的能力，但随着近些年数据安全热点事件的出现，如数据泄露、勒索病毒、个人信息滥用等，都表明对数据保护的需求越发迫切，因此有必要针对数据安全保障领域立法来加强对数据的监管。

提升了国家数据安全保障能力。

数据安全是国家安全的重要组成部分。目前随着大数据、物联网、云计算、人工智能、移动互联网等新技术的使用，全场景、大规模的数据应用可能对国家安全造成严重的威胁，因此，通过该法律的立法和实施，可以有效提升我国在数据安全方面的保障能力。该法律中规定：维护数据安全，应当坚持总体国家安全观，建立健全数据安全治理体系，提高数据安全保障能力。

激活数字经济创新，提升数据利用价值。

数据作为在数字经济时代的关键生产要素，其自身具有很大的经济价值。该法律的发布，标志着国家鼓励数据依法合理有效利用，保障数据依法有序自由流动，促进以数据为关键要素的数字经济发展。

扩大了数据保护范围。

该法律中所称的数据，是指任何以电子或者非电子形式对信息的记录，包括电子数据和非电子形式的数据。这点比《网络安全法》中的数据范围有所扩大，《网络安全法》中的数据是指网络数据，并不包括非电子形式（纸质）的数据。因此，该法律对数据安全保障的范围提出了更广泛的要求。

鼓励数据产业发展和商业利用。

该法律坚持安全与发展并重的原则，明确国家坚持"维护数据安全"与"促进数据开发利用"并重的立法与监管理念。该法律要求，从数据安全制度建设层面保障数据安全，进一步迭代和促进数据产业的健康发展，建立健全数据安全标准化体系，支持数据安全评估和认证服务的发展。

练习与实践

【单选题】

1. Redis中返回指定频道的订阅者数量的命令是（　　）。

A. PUBSUB NUMPAT 频道名　　B. PUBLISH 频道名 消息

C. PUBSUB NUMSUB 频道名　　D. SUBSCRIBE 频道名

2. Redis客户端退订给定的频道使用的命令是（　　）。

A. pubsub　　B. psubscribe

C. UNSUBSCRIBE　　D. exit

【多选题】

1. 属于Redis发布与订阅支持的模式有（　　）。

A. 基于频道的发布与订阅　　B. 基于哈希算法的发布与订阅

C. 基于链表的发布与订阅　　D. 基于模式匹配的发布与订阅

2. Redis基于频道的发布与订阅中可以使用的命令有（　）。

A. subscribe　　B. publish

C. psubscribe　　D. punsubscribe

【判断题】

1. Redis的发布与订阅可以提供高性能、高可靠性的消息队列服务。

A. 对　　B. 错

2. Redis订阅某频道之后可以立即接收该频道的历史消息。

A. 对　　　　B. 错

3. Redis的发布与订阅本质上是双端消息队列。

A. 对　　　　B. 错

【简答题】

简述Redis中的发布与订阅的优缺点。

【实训任务】

使用Redis实现社区宠物消息发布系统的设计	
项目背景介绍	随着越来越多的人们将自己的情感需求寄托在家养的宠物（如小猫、小狗等）身上，小猫、小狗们不断“被拟人化”的特殊需求意味着“宠物友好社区”已逐渐成为当下很多都市人的“刚需”。某团队借鉴社区社交平台模式，筹划设计一个社区宠物信息发布平台
任务概述	1. 平台提供三级主题，如一级主题“宠物交易”下有“卖家市场”“买家市场”等二级主题；“卖家市场”下又可以按宠物类型分为“猫猫”“狗狗”等主题 2. 用户可以针对具体的主题（第三级主题）发布消息 3. 用户可以按兴趣订阅消息，如用户想浏览宠物信息，或者购买小狗，或者仅仅是对小猫的信息感兴趣等 4. 可以仅实现Redis客户端命令（不要求使用编程语言编程实现）
实训记录	
教师考评	评语： 辅导教师签字：________

第5章 Redis的事务和锁

本章导读

本章主要介绍Redis中的事务机制、事务操作的基本命令以及解决事务冲突的乐观锁、悲观锁的相关内容，通过“秒杀活动”案例分析其中事务的执行及案例中采用的乐观锁与悲观锁机制。

学习目标

- 理解Redis的事务的定义。
- 掌握Redis事务处理的基本命令：【multi】【exec】和【discard】。
- 理解解决事务冲突的乐观锁和悲观锁机制。
- 掌握Redis事务中乐观锁的使用。

技能要点

- Redis事务处理的基本命令。
- Redis事务中乐观锁的使用。

实训任务

- 使用Redis事务和锁机制实现抢券功能。

5.1 Redis的事务

在关系型数据库中，事务被定义为一系列操作的集合，这些操作必须作为一个完整的单元来执行。这种机制确保了事务的原子性，意味着在事务中的操作要么全部成功执行，要么在遇到错误时全部回滚，从而保证数据的一致性。但是，Redis数据库中对事务支持的模型与关系型数据库有所不同。

在Redis中，事务处理的复杂性相对较低，它提供了一种简单的事务机制，该机制能够确保来自单一客户端的事务命令可以连续且顺序地执行。这意味着，一旦客户端开始执行一个事务，该事务中的命令将按照它们被提交的顺序依次执行，不会受到任何其他客户端命令的干扰。

这种设计简化了并发控制，但同时也限制了事务处理的能力。在Redis中，虽然可以确保单个客户端事务的原子性和连续性，但它并不支持跨多个客户端或操作的复杂事务，这是与传统关系型数据库的一个显著不同之处。因此，要根据对事务处理的不同需求，选择适当的数据库系统，以确保系统能够满足特定应用程序对事务的严格要求。

5.1.1 Redis中事务的定义

在Redis的应用中，当有多个客户端对同一数据进行操作时，可能会存在问题，如图5-1所示：客户端1先执行命令“set num 100”，在继续执行命令“get num”之前，客户端

2执行了命令“set num 200”，此时客户端1执行命令“get num”后得到的结果为“200”。出现这种情况是因为Redis在执行命令过程中，多条连续执行的命令被干扰，在执行过程中被其他命令打断和插队等。要避免这种问题的产生，就需要使用事务。

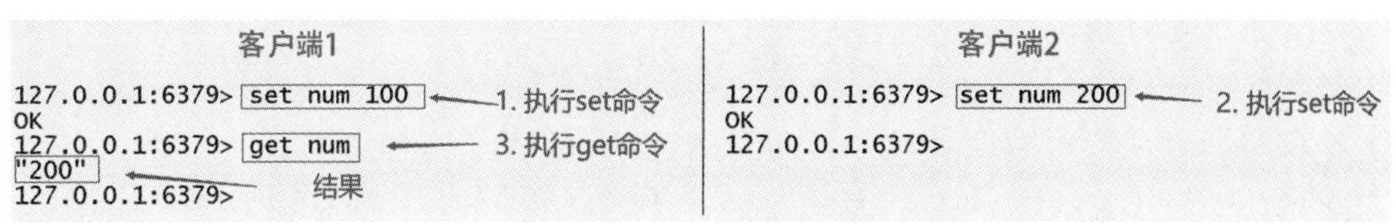

图5-1　多个客户端操作相同数据

Redis中的事务是一个单独的隔离操作，事务中的所有命令都会序列化并按顺序执行；事务在执行的过程中，不会被其他客户端发送过来的命令请求中断。Redis中的事务的主要作用是串联多个命令，防止别的命令插队。

Redis中的事务和MySQL中的事务不同。Redis中的事务只保证了一致性和隔离性，而不满足原子性和持久性。也就是说，Redis会将事务中的所有命令执行一遍，即使中间有命令执行失败也不会回滚。因此，Redis中的事务没有MySQL中的事务完善。

由定义可以看出，Redis事务具有以下三个特性：

- **单独的隔离操作**：事务中的所有命令都会序列化并按顺序地执行。事务在执行的过程中，不会被其他客户端发送来的命令请求中断。
- **没有隔离级别的概念**：队列中的命令没有提交之前都不会被实际执行。
- **不保证原子性**：事务中如果有一条命令执行失败，其后的命令仍然会被执行，没有回滚。

注意

Redis是单线程的，为什么还要用事务？

虽然Redis是单线程的，但是它支持同时有多个客户端访问。每个客户端相当于一个线程，客户端访问之间存在竞争关系。当多个客户端并发操作同一key值时，就会产生类似于多线程操作的现象。

5.1.2　Redis中事务操作的基本命令

multi、exec和discard为Redis事务操作的三个基本命令。

- multi：从输入【multi】命令开始，输入的命令都会依次进入命令队列中，但不会执行。
- exec：输入【exec】命令后，Redis会将之前的命令队列中的命令依次执行。
- discard：使用【discard】命令可以放弃从输入【multi】命令之后进入命令队列中的所有命令的执行。

使用【multi】命令开启事务并将命令输入任务队列，在输入【exec】命令之后，若任务队列中的所有命令都能成功执行，那么事务执行就是成功的。

【例1】Redis事务执行成功示例，代码清单如下，图5-2为其示意图。

```
-------------- 事务成功执行演示 ----------

# 开启事务,"OK"表示成功
127.0.0.1:6379> multi
OK
127.0.0.1:6379(TX)> set n tom       # TX表示开启了Redis事务
QUEUED                              # 命令成功进入队列,此处不执行命令
127.0.0.1:6379(TX)> set a 10
QUEUED
127.0.0.1:6379(TX)> exec            # 依次执行事务命令队列中的所有命令
1) OK                               # 成功执行命令 set n tom
2) OK                               # 成功执行命令 set a 10
127.0.0.1:6379> mget n a
1) "tom"
2) "10"
127.0.0.1:6379>
```

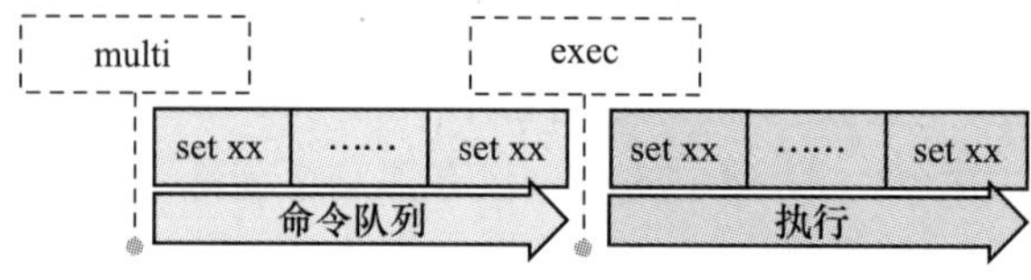

图5-2 Redis事务执行成功示意图

注意 加入事务的命令并没有立即执行，而是暂时进入到任务队列中，只有执行【exec】命令才开始执行。

若任务队列中某个命令出现了错误（如语法错误），执行时整个的所有队列都会被取消（与直接使用discard命令取消事务效果相同）。

【例2】Redis事务执行失败情形1，代码清单如下，图5-3为其示意图。

```
-------------- 事务执行失败情形1演示 ----------

127.0.0.1:6379> multi
OK
127.0.0.1:6379(TX)> set n tom
QUEUED
127.0.0.1:6379(TX)> set a 10
QUEUED
127.0.0.1:6379(TX)> set c      # set命令语法错误,组队失败
(error) ERR wrong number of arguments for 'set' command
127.0.0.1:6379(TX)> exec       # 命令队列中的所有命令都放弃执行,事务执行失败
```

```
(error) EXECABORT Transaction discarded because of previous errors.
127.0.0.1:6379> mget n a c
1) (nil)
2) (nil)
3) (nil)
127.0.0.1:6379>
```

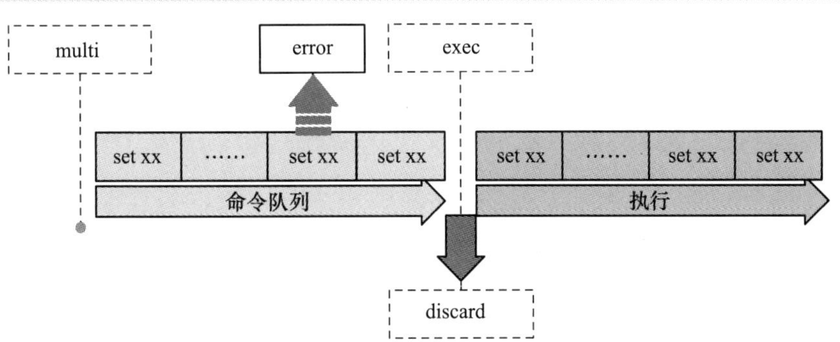

图5-3　Redis事务执行失败情形1示意图

若执行阶段任务队列中某个命令出现了错误，则只有报错的命令不会被执行，而其他的命令都会执行，不会回滚。

【例3】Redis事务执行失败情形2，代码清单如下，图5-4为其示意图。

```
--------------- 事务执行失败情形2演示 -----------

127.0.0.1:6379> multi
OK
127.0.0.1:6379(TX)> set n tom
QUEUED
127.0.0.1:6379(TX)> incr n
QUEUED
# 命令语法无误,可以加入任务队列,但执行阶段不能执行
127.0.0.1:6379(TX)> set a 10
QUEUED
127.0.0.1:6379(TX)> exec
1) OK
2) (error) ERR value is not an integer or out of range
3) OK
127.0.0.1:6379> mget n a
1) "tom"
2) "10"
127.0.0.1:6379>
```

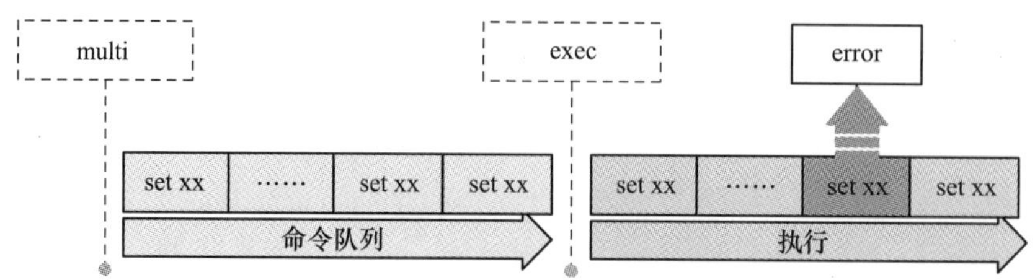

图5-4　Redis事务执行失败情形2示意图

注意　在Redis事务中，任务队列中虽然存在执行失败的命令，但正确的命令最终依然可以执行成功，因为Redis数据库不保证原子性。

5.2　解决Redis中的事务冲突

在本章的初始案例中，当两个客户端同时对同一数据num进行操作时，客户端1获取到的数据并非是其预期的上一条命令设定的值100。这种在执行命令的过程中，多条连续执行的命令出现被干扰、中断或顺序错乱的现象，被称为事务冲突。

为了解决Redis中的事务冲突问题，Redis提供了两种机制：乐观锁和悲观锁。在实际应用中，选择乐观锁还是悲观锁取决于具体的业务场景和数据访问模式。无论选择哪种锁机制，都需要仔细考虑系统的性能和数据一致性的需求，以确保事务的正确执行和系统的稳定性。

5.2.1　悲观锁

顾名思义，悲观锁就是比较悲观的锁，总是假设最坏的情况，即每次去取数据的时候都认为其他对象会修改该数据，所以每次在取数据的时候都会上锁，这样其他对象就不能操作这个数据直到它拿到锁。传统的关系型数据库里边就用到了很多这种锁机制，如行锁、表锁、读锁、写锁等，都是在做操作之前先上锁以阻止其它对象的访问。

前面5.1.1小节的示例中，客户端1要操作num的时候，会首先给num上锁。上锁后进入阻塞状态，其他客户端就不能操作了，除非锁打开。客户端1执行命令“set num 100”，此时num值为100，然后执行“get num”命令，得到num的值100。操作执行完之后解锁，解锁之后客户端2才可以对num进行操作，依然是先上锁再操作。如图5-5所示，这种上锁机制即为悲观锁机制。

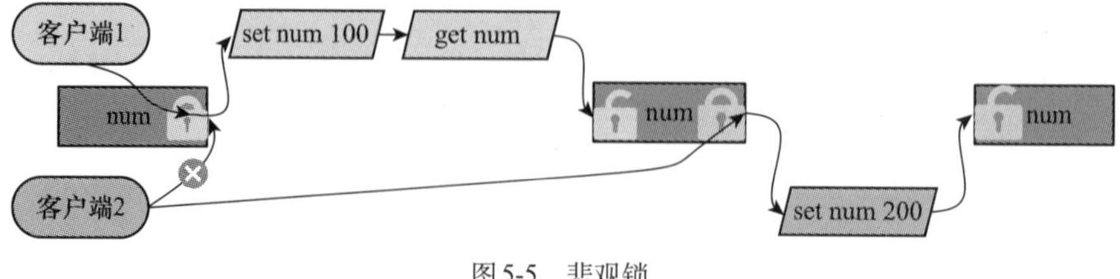

图5-5　悲观锁

悲观锁存在效率低的缺点，因为多个客户端操作的时候只能依次进行，不可以同时进行操作。

5.2.2 乐观锁

与悲观锁相反，乐观锁总是假设最好的情况，即每次去取数据的时候都认为其他对象不会修改，所以不会上锁，但是在更新的时候会判断在此期间其他对象有没有更新这个数据，通常可以使用版本号等机制。乐观锁适用于多读的应用类型（很多对象读数据但只要少部分对象修改），这样可以提高吞吐量。Redis默认就是利用这种机制实现事务的。

乐观锁对数据操作的时候可以给数据加上一个版本号字段。开始时所有对象都可以得到版本数据，如在5.2.1的示例中，客户端1和客户端2都可以得到版本为1.0的num数据。若客户端2速度较快，就会先执行命令“set num 200”，num值变为200，同时版本号也同步更新为1.1。这时如果客户端1再进行操作，就需要检查当前数据的版本号和数据库中的版本号是否一致。此时发现版本号1.0!=1.1，版本号不一致，因此不能再进行操作，如图5-6所示。这种上锁机制即为乐观锁机制。

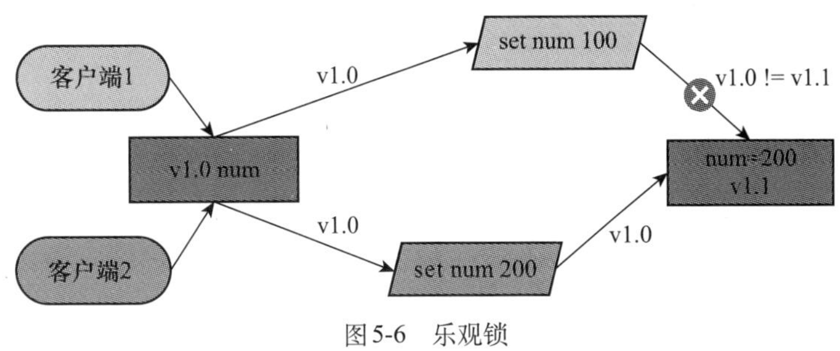

图5-6　乐观锁

乐观锁应用广泛，典型的乐观锁应用场景：12306网站的抢票。当系统中只有一张票的时候所有人都可以参与抢票，但最终只能有一个人支付成功。

5.2.3 Redis中使用乐观锁

Redis事务中实现乐观锁的命令有【watch】和【unwatch】两种。

（1）watch

语法：`WATCH key [key ...]`

功能：【WATCH】命令用于标记要监视的key，以便有条件地执行事务。【WATCH】命令可以监控一个或多个键，一旦其中有一个键被修改（或删除），之后的事务就不会执行。监控一直持续到【EXEC】命令（事务中的命令是在命令【EXEC】之后才执行的，所以在【MULTI】命令后可以修改WATCH监控的键值）。

返回值：返回字符串“OK”。

（2）unwatch

语法：`UNWATCH`

功能：【UNWATCH】命令用于取消【WATCH】命令对所有key的监视。如果执行过【EXEC】或【DISCARD】命令，无须再执行【UNWATCH】命令。因为【EXEC】命令会执行事务，因此【WATCH】命令的效果已经产生了；而【DISCARD】命令在取消事务的同时也会取消所有对key的监视，因此这两个命令执行之后，就没有必要再执行【UNWATCH】命令了。

返回值：返回字符串“OK”。

例如，两个客户端都需要操作num数据，客户端1对其进行监视（watch），客户端2的命令执行后会修改num的版本号；然后客户端1经过判断发现版本号发生改变就返回“nil”，表示执行失败，如图5-7所示。

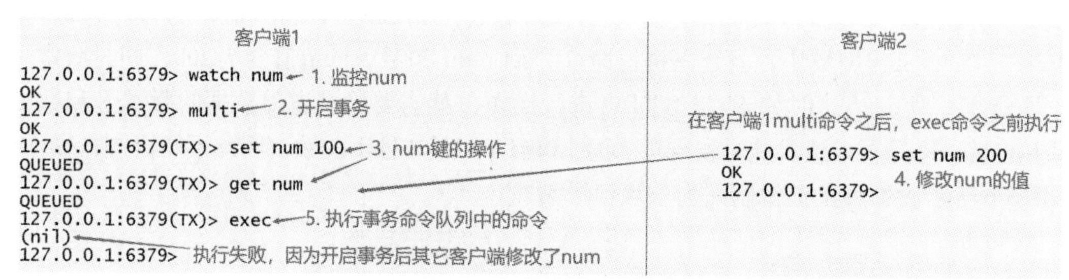

图5-7 Redis乐观锁

5.3 Redis中的事务和锁机制案例

本节将通过分析商品秒杀案例，深入探讨在Redis数据库中事务和锁机制的实际应用。在实际应用中，借助这些机制确保数据的一致性和完整性，以及在高并发场景下保持系统的稳定性和效率。

5.3.1 需求分析

秒杀是日常生活中典型的商家活动。这里使用一个简化模型来模拟：假设有10个商品需要进行秒杀，100个人参与秒杀，如果一个人抢到了商品，商品库存减1，抢到商品的用户加入到秒杀成功者清单中去。以此类推……

使用Redis存储数据：秒杀商品库存使用字符串存储，键设计为模式“sk:商品id:qt”，值存储该商品对应的剩余库存数量；秒杀成功的用户清单使用集合存储，键设计为模式“sk:商品id:user”，值存储的是成功秒杀了该商品的用户id。存储设计如图5-8所示。

商品库存

key	string
sk:prod_id:qt	剩余个数

秒杀成功者清单

key	set
sk:prod_id:user	秒杀成功用户id
	秒杀成功用户id
	秒杀成功用户id

图5-8　商品秒杀活动Redis存储设计

实现秒杀的步骤如下：

① 判断商品id和用户id是否为空，为空则返回 false。

② 连接Redis。

③ 拼接库存key和秒杀成功用户key。

④ 判断库存是否为null，若为null说明秒杀未开始。

⑤ 判断用户是否重复秒杀（已经秒杀成功的不可以重复秒杀）。

⑥ 判断商品库存数量是否小于1，大于或等于1才可以秒杀。

⑦ 执行秒杀：库存减1，秒杀成功用户的信息添加至清单中。

5.3.2　秒杀活动的基本实现

本节中将使用Java语言通过jedis客户端库编程实现商品秒杀的基本操作。

提示

有关Java操作Redis的详细介绍，请阅读本书第9章中的相关章节。

用Redis实现商品秒杀活动的Java语言的代码清单如下：

```
    /**
     * 秒杀过程
     * @param userid 参与秒杀的用户id
     * @param prodid 被秒杀的商品id
     * @return 秒杀是否成功
     * @throws IOException
     */
    public static boolean doSecKill(String userid,String prodid)
throws IOException {
        //1 userid和prodid非空判断(两个如果有空值,直接不执行即可)
        if(userid == null || prodid == null) {
            return false;
        }

        //2 连接Redis(通过Jedis进行连接)
        Jedis jedis = new Jedis("192.168.197.128",6379);
        //jedis.auth("******");   //如果Redis设置了密码,此处需要授权
        //3 拼接相关key(冒号的使用便于分组,与prodid拼接可以区分不同商品的秒杀过程)
```

```
    // 3.1 商品库存key
    String kcKey = "sk:"+prodid+":qt";
    // 3.2 秒杀成功用户key
    String userKey = "sk:"+prodid+":user";

    //4 获取库存,如果库存为null,表示秒杀活动还没有开始
    String kc = jedis.get(kcKey); //库存最终存入了Redis中
    if(kc == null) {      //表示秒杀活动未开始
          System.out.println("秒杀还没有开始,请等待");
          jedis.close();
          return false;      //直接返回,不再执行其他操作
    }

    // 5 判断用户是否重复秒杀操作(保证一个用户只能秒杀一次)
    // 注意秒杀成功清单中的value值存储秒杀成功者的id
    // 使用的是set数据类型防止重复,所以此处使用相应的sismember方法取数据
    // sismember方法判断set中是否存在此value值
    // 第一个参数是key,第二个参数为value
    if(jedis.sismember(userKey, userid)) {
          System.out.println("已经秒杀成功了,不能重复秒杀");
          jedis.close();
          return false;
    }

    //6 判断商品数量,如果库存数量小于1,表示秒杀活动已经结束
    //kc为string类型,需要转换才可判断
    if(Integer.parseInt(kc)<1) {
          System.out.println("秒杀已经结束了");
          jedis.close();
          return false;
    }

    //7 执行秒杀(库存-1,秒杀成功用户添加清单)
    //7.1 库存-1
    jedis.decr(kcKey);
    //7.2 把秒杀成功用户添加到清单里(set集合添加对应的是sadd方法)
    jedis.sadd(userKey,userid);

    System.out.println("秒杀成功了..");
    jedis.close();

    return true;
}
```

以上代码如果是单个用户进行操作没有问题，但秒杀功能必定涉及多个用户。如果是多个用户并发操作，以上代码会出现超时、超卖、库存遗留等并发问题需要解决。

- **超时**：每个操作都要连接Redis，如果有大量请求，Redis不能同时处理，有的请求就需要等待。等待时间过长就会出现连接超时问题。
- **超卖**：商品已经秒杀结束了，但还可以秒杀到，导致最终商品数量变为负数。如图5-9所示。
- **库存遗留**：秒杀结束，但还有库存，此即为库存遗留问题。

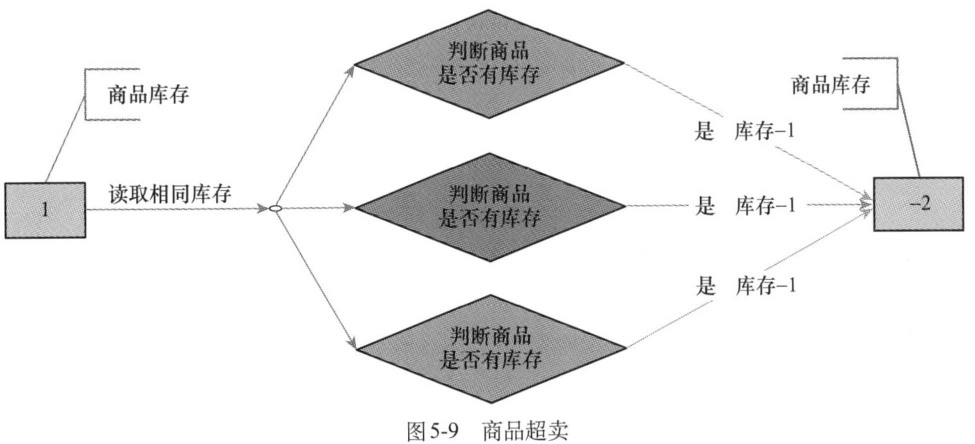

图5-9　商品超卖

5.3.3　解决连接超时问题

连接超时问题可以使用连接池解决。Jedis提供了Jedis连接池，可以从连接池中获取Jedis对象，使用完毕后归还此连接对象。这样就避免了使用Jedis连接对象时频繁地创建和销毁，造成资源的浪费。

使用Jedis操作Redis连接池的工具类的代码清单如下：

```
Public class JedisUtil {
   private static volatile JedisPool jedisPool = null;
   private JedisUtil() {}

   /**
   * 获取JedisPool对象单例
   * @return
   */
   public static JedisPool getJedisPoolInstance() {   //获取Jedis连接对象
      if (null == jedisPool) {
       synchronized (JedisUtil.class) {
        if (null == jedisPool) {
         JedisPoolConfig poolConfig = new JedisPoolConfig();
```

```
                poolConfig.setMaxTotal(200);  //最大连接数
                poolConfig.setMaxIdle(32);
                poolConfig.setMaxWaitMillis(100*1000);
                poolConfig.setBlockWhenExhausted(true);
                poolConfig.setTestOnBorrow(true); //  ping  PONG
                // new JedisPool(poolConfig,
                //                 Redis服务器IP,
                //                 端口号,
                //                 超时时间,
                //                 Redis密码);
                jedisPool = new JedisPool(poolConfig,
                                "192.168.197.128",
                                6379, 60000);

            }
        }
    }
    return jedisPool;
}

    /**
     * 将连接资源返还连接池,在Jedis低版本中使用,高版本中已经废弃
     * @param jedisPool
     * @param jedis
     */
    @Deprecated
    public static void release(JedisPool jedisPool, Jedis jedis) {
        if (null != jedis) {
            jedisPool.returnResource(jedis);
        }
    }

    /**
     * 将连接资源返还连接池,在Jedis高版本中使用
     * @param jedis
     */
    public static  void release(Jedis jedis){
        if(null != jedis){
            jedis.close();
        }
    }
}
```

有了连接池就可以获取连接，这样就不需要再用new的方式创建连接。因此可以将源代码中的`Jedis jedis = new Jedis("192.168.197.128",6379);`连接方式替换为：`Jedis jedis = JedisUtil.getJedisPoolInstance().getResource();`，代码替换之后便可以解决连接超时问题。

5.3.4 解决超卖问题

超卖问题是端口秒杀活动中要解决的一个重点问题，可以使用乐观锁方式解决此问题，如图5-10所示。

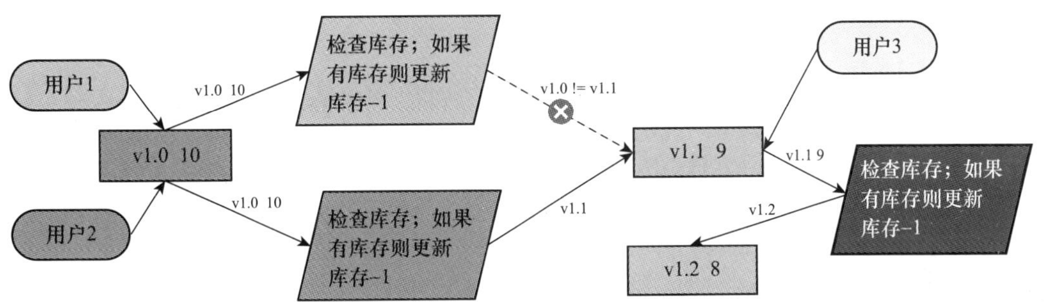

图5-10 使用乐观锁解决商品超卖问题

使用乐观锁解决商品超卖问题，秒杀活动的完整代码清单如下：

```
/**
 * 秒杀过程
 * @param userid 参与秒杀的用户id
 * @param prodid 被秒杀的商品id
 * @return 秒杀是否成功
 * @throws IOException
 */
public static boolean doSecKill(String userid,String prodid) throws
IOException {
    //1 userid和prodid非空判断(两个如果有空值,直接不执行即可)
    if(userid == null || prodid == null) {
        return false;
    }

    //2 连接Redis(通过Jedis进行连接)
    //Jedis jedis = new Jedis("192.168.197.128",6379);
    Jedis jedis = JedisUtil.getJedisPoolInstance().getResource();
    //jedis.auth("******");  //如果Redis设置了密码,此处需要授权

    //3 拼接相关key冒号的使用便于分组,与prodid拼接可以区分不同商品的秒杀过程)
    // 3.1 商品库存key
    String kcKey = "sk:"+prodid+":qt";
    // 3.2 秒杀成功用户key
    String userKey = "sk:"+prodid+":user";
```

```
        //监视库存
        jedis.watch(kcKey);

        //4 获取库存,如果库存为null,表示秒杀活动还没有开始
        String kc = jedis.get(kcKey); //库存最终存入了Redis中
        if(kc == null) {  //表示秒杀活动未开始
               System.out.println("秒杀还没有开始,请等待");
               jedis.close();
               return false;  //直接返回,不再执行其他操作
     }

        // 5 判断用户是否重复秒杀操作(保证一个用户只能秒杀一次)
        // 注意秒杀成功清单中的value值存储秒杀成功者的id
        // 使用的是set数据类型防止重复,所以此处使用相应的sismember方法取数据
        // sismember方法判断set中是否存在此value值
        // 第一个参数是key,第二个参数为value
        if(jedis.sismember(userKey, userid)) {
               System.out.println("已经秒杀成功了,不能重复秒杀");
               jedis.close();
               return false;
     }

        //6 判断商品数量,如果库存数量小于1,秒杀活动已经结束
        //kc为string类型,需要转换才可判断
        if(Integer.parseInt(kc)<1) {
               System.out.println("秒杀已经结束了");
               jedis.close();
               return false;
     }

        //7 执行秒杀(库存-1,秒杀成功用户添加清单)
        //7.1 库存-1
        //multi方法开启事务
        Transaction multi = jedis.multi();

        //组队操作
        //用decr对库存进行减1操作并放到命令队列中

        multi.decr(kcKey);
        //把用户信息值加到成功秒杀用户的清单中,同时放到命令队列中
        multi.sadd(userKey,userid);

        //执行
        //exec方法顺序执行命令队列里的命令  返回的list集合即为最终结果
```

```
    List<Object> results = multi.exec();

    //结果为空则表示秒杀失败
    if(results == null || results.size()==0) {
            System.out.println("秒杀失败了....");
            jedis.close();
            return false;
    }

    System.out.println("秒杀成功了..");
    jedis.close();

    return true;
}
```

5.3.5 解决库存遗留问题

当秒杀结束，但还有库存，此即为库存遗留问题。

使用乐观锁可能会造成库存遗留问题。假设有一批用户抢到了商品，其中有一个用户购买成功并修改版本号，版本号修改之后，尽管商品依然存在，但因为版本号不一致了，其他抢到商品的用户就不能继续进行操作了，因此造成库存遗留问题。

可以通过Lua脚本解决库存遗留问题。

Lua是一个小巧的脚本语言，Lua脚本可以很容易地被C/C++ 代码调用，也可以反过来调用C/C++的函数；Lua并没有提供强大的库，一个完整的Lua解释器不过200 KB，因此，Lua不适合用作开发独立应用程序的语言，而是常被用作嵌入式脚本语言。

Lua脚本在Redis中的优势如下：

- 将复杂的或者多步的Redis操作编写为一个脚本，一次性提交给Redis执行，这样可减少反复连接Redis的次数，提升性能。
- Lua脚本类似Redis事务，有一定的原子性，不会被其他命令插队，可以完成一些Redis事务性的操作。

许多应用程序和游戏选择将Lua作为其嵌入式脚本语言，以增强其可配置性和可扩展性。因此，在很多游戏的外挂中，常常可以见到这种脚本语言的身影。

自2.6版本起，Redis开始利用Lua脚本解决争抢问题。实际上，这是Redis利用其单线程的特性，用任务队列的方式解决多任务并发的问题。

实现秒杀的Lua脚本清单如下：

```
local userid=KEYS[1];  --此处定义变量
local prodid=KEYS[2];
local qtkey="sk:"..prodid..":qt";        --相当于拼接key
local usersKey="sk:"..prodid.":usr';
local userExists=redis.call("sismember",usersKey,userid);
                                       --调用sismember命令
if tonumber(userExists)==1 then
   return 2;  --约定2代表秒杀过,不能再进行秒杀了
end
local num= redis.call("get",qtkey);    --调用get方法
if tonumber(num)<=0 then
   return 0;  --秒杀结束
else
   redis.call("decr",qtkey); --库存减1
   redis.call("sadd",usersKey,userid);  --添加用户至清单
end
return 1;
```

可以将这段Lua脚本加入到Java代码中，通过Java程序调用。

加入Lua脚本的Java秒杀程序的代码清单如下：

```
//Lua脚本
static String secKillScript ="local userid=KEYS[1];\r\n" +
            "local prodid=KEYS[2];\r\n" +
            "local qtkey='sk:'..prodid..\":qt\";\r\n" +
            "local usersKey='sk:'..prodid..\":usr\";\r\n" +
            "local userExists=redis.call(\"sismember\",usersKey,
userid);\r\n" +
            "if tonumber(userExists)==1 then \r\n" +
            "    return 2;\r\n" +
            "end\r\n" +
            "local num= redis.call(\"get\" ,qtkey);\r\n" +
            "if tonumber(num)<=0 then \r\n" +
            "    return 0;\r\n" +
            "else \r\n" +
            "    redis.call(\"decr\",qtkey);\r\n" +
            "    redis.call(\"sadd\",usersKey,userid);\r\n" +
            "end\r\n" +
            "return 1" ;

static String secKillScript2 =
            "local userExists=redis.call(\"sismember\"," +
```

```
                        "\"{sk}:0101:usr\",userid);\r\n" +
                        " return 1";

public static boolean doSecKill(String userid,String prodid)
            throws IOException {
    //通过连接池获取Jedis连接
    JedisPool jedispool =  JedisUtil.getJedisPoolInstance();
    Jedis jedis=jedispool.getResource();

    //String sha1=  .secKillScript;
    String sha1=  jedis.scriptLoad(secKillScript); //加载脚本
    Object result= jedis.evalsha(sha1, 2, userid,prodid);

    String reString=String.valueOf(result);
    if ("0".equals( reString )  ) {
          System.err.println("已抢空    ");
    }else if("1".equals( reString )  )  {
           System.out.println("抢购成功         ");
    }else if("2".equals( reString )  )  {
           System.err.println("该用户已抢过     ");
    }else{
           System.err.println("抢购异常    ");
    }
     jedis.close();
     return true;
}
```

至此便完成了程序的优化，该程序可以很好地支持并发操作。

本章总结

通过本章的学习，读者应掌握Redis中的事务和锁，并能够熟练地在Redis中使用乐观锁解决应用中的问题。

拓展阅读

中华人民共和国个人信息保护法

《中华人民共和国个人信息保护法》已由中华人民共和国第十三届全国人民代表大会常务委员会第三十次会议于2021年8月20日通过，自2021年11月1日起施行。个人信息保护法的实行对于保护广大人民群众的个人信息安全具有重要意义。具体来说，有以下几点现实意义。

维护个人隐私权利：个人信息保护法规定了个人信息的收集、使用、处理、储存和传输等方面的规则和责任，保障了公民的隐私权利和信息自主权利。

促进信息产业发展：个人信息保护法不仅规定了企业和组织在处理个人信息时应遵循的规则和义务，同时也规定了个人在自由选择、掌握和利用自己的信息等方面享有的权利，促进了信息产业的良性发展。

强化个人信息安全保护：个人信息保护法对于个人信息的安全保护提出了更严格的要求和措施，包括个人信息泄露的通报制度、安全评估机制、信息安全国家标准和技术标准等，更加重视个人信息的保护和安全。

推动数字化经济发展：保护个人信息的安全是数字化经济发展的基础和前提，个人信息保护法的实行将为数字化经济的健康发展提供有力保障。

综上所述，个人信息保护法的实行具有重要的现实意义，在保护个人信息和隐私的权利、推进信息产业发展、强化个人信息安全保护、推动数字化经济发展等方面将发挥重要作用。

练习与实践

【单选题】

1. Redis中支持乐观锁的命令是（　　）。

A. multi　　B. exec　　C. watch　　D. discard

2. Redis中取消事务的命令是（　　）。

A. multi　　B. exec　　C. rollback　　D. discard

【多选题】

1. 下列有关Redis事务说法正确的是（　　）。

A. Redis事务可以避免多条连续执行的指令被干扰、打断、插队

B. Redis事务执行成功需要使用discard命令显式地取消事务

C. Redis事务中exec命令的执行结果是字符串“OK”

D. Redis事务多条连续执行的指令不具有原子性

2. Redis事务的特征有（　　）。

A. 具有隔离性　　B. 不支持隔离级别

C. 不支持原子性　　D. 支持一致性

【判断题】

1. Redis的事务支持ACID属性。

A. 对　　B. 错

2. 悲观锁的并发访问性能较乐观锁高。

A. 对　　B. 错

3. Redis实现商品秒杀过程中，使用乐观锁的主要目的是避免商品超卖的发生。

A. 对　　B. 错

【实训任务】

使用Redis事务和锁机制实现抢券功能	
项目背景介绍	某在线商城为迎接“618”，推出了5折、8折、9折优惠券各50份，该活动于6月18日零时上线，消费者每人可抢购一份随机折扣的优惠券。请使用Redis的事务和锁机制实现此功能
任务概述	1. 设计合理的key，分别存储三种优惠券的数量 2. 设计合理的key，存储所有已抢券用户 3. 设计合理的key，存储每位已抢券用户的券类型 4. 实现抢券过程中券类型的随机 5. 避免超抢，即每种类型的券不能超过预设数量 6. 可以仅实现Redis客户端命令（不要求使用编程语言编程实现）
实训记录	
教师考评	评语： 辅导教师签字：________

Redis中数据的持久化

本章导读

Redis是内存数据库，所有操作都在内存中完成。若数据仅存储于内存中，那么当Redis服务器断电，内存中的数据就丢失了。为了解决这个问题，Redis引入了持久化来避免数据的丢失。Redis主要有两种持久化的方式：RDB持久化和AOF持久化。

学习目标

- 掌握Redis的RDB持久化。
- 掌握Redis的AOF持久化。
- 理解Redis对持久化的优化。

技能要点

- Redis的RDB持久化及其配置。
- Redis的AOF持久化及其配置。

实训任务

- Redis数据持久化及数据恢复。

6.1 RDB持久化

RDB持久化机制是一种高效的数据存储策略，其核心在于在预定的时间间隔内，将内存中的数据集合进行快照式地写入磁盘，形成所谓的Snapshot（快照）。这一过程确保了数据的定期备份，为系统提供了一种恢复机制。

在数据恢复方面，RDB持久化通过将快照文件直接读入内存，实现数据的快速加载和恢复。这种机制的高效性在于，它能够在短时间内将数据状态恢复到特定的时间点，即使在系统故障或数据丢失的情况下，也能够通过快照文件迅速恢复至稳定状态。因此，RDB持久化为数据库提供了一个强大的保障机制，这一机制不仅增强了数据的安全性，也优化了数据恢复的效率，是现代数据库管理中不可或缺的一项关键技术。

6.1.1 RDB持久化的配置

Redis默认是启用RDB持久化功能的。管理员可以通过修改Redis的配置文件调整RDB持久化的运行机制和策略，配置文件默认为redis.conf。

在redis.conf文件中，存在多个与RDB持久化相关的配置项，包括但不限于：

- save：指定在多长时间，以及在多少写操作之后，Redis自动执行一次数据快照的保存操作。
- dbfilename：定义了RDB文件的名称，该文件包含数据快照。

- dir：指定RDB文件的存储路径。

通过精细地调整这些配置项，管理员可以根据实际业务需求和资源情况，优化RDB持久化的性能和效率，同时保证数据的可靠性和一致性。

在修改配置文件后，需要重启Redis服务，才能使新的配置生效。需要注意的是，任何配置的变更都应该经过充分测试，以确保新的配置项能满足系统的稳定性和性能要求。

Redis配置文件中与RDB持久化相关的配置项如表6-1所示。

表6-1　Redis 配置文件中与RDB持久化相关的配置项

序号	配置项	描述
1	dbfilename dump.rdb	配置rbd文件名称，默认为dump.rdb
2	dir ./	指定rdb文件的保存路径，该选项可以修改。默认路径为Redis启动时命令行所在的目录
3	stop-writes-on-bgsave-error yes	当Redis无法写入磁盘时，是否关闭Redis的写入操作。默认值为yes
4	rdbcompression yes	持久化的文件是否进行压缩存储。默认值为yes
5	rdbchecksum yes	是否进行完整性检查，即检查数据的完整性、准确性。默认值为yes
6	rdb-del-sync-files no	在没有配置持久性的情况下删除复制时使用的RDB文件，通常情况下，该选项保持默认即可。默认值为no
7	save 3600 1 300 100 60 10000	配置持久化频率的策略（可以分行配置）： ①save 3600 1 表示3600秒之后，且至少1次变更 ②save 300 100 表示300秒（5分钟）之后，且至少10次变更 ③save 60 10000 表示60秒之后，且至少10 000次变更

6.1.2　执行RDB持久化

RDB持久化及其恢复数据的过程如图6-1所示。

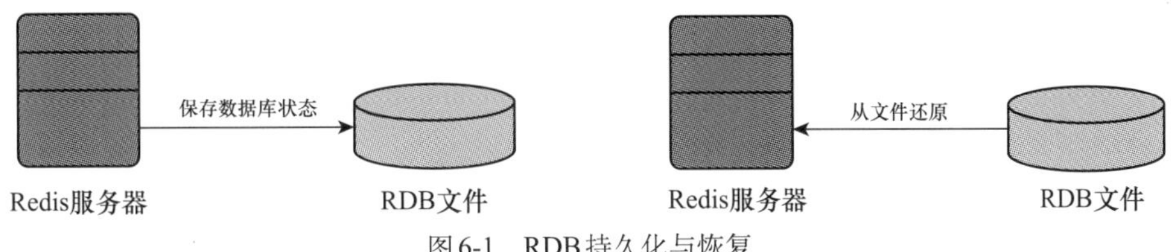

图6-1　RDB持久化与恢复

对于如何将数据备份到RDB文件中，Redis提供了以下两种方式：

- save：在主进程中执行，不过这种方式会阻塞Redis服务进程。

- bgsave：主进程会fork出一个子进程来负责处理RDB文件的创建，不会阻塞主进程的命令操作，这也是Redis中RDB文件生成的默认配置。

save和bgsave这两种快照方式在服务端不会同时执行，以防止产生竞争条件，确保数据的完整性和一致性。

可以通过在配置文件中配置save选项来配置服务端执行【BGSAVE】命令的间隔时间策略（见表6-1）。

如果在12:00:00开始对内存数据内进行快照，假定目前有1 GB的数据需要同步，磁盘写入的速度是0.1 GB/s，那么快照所需的时间就是10 s，即在12:00:10将完成快照。如果在12:00:03的时候修改了一个还没有写入磁盘的内存数据（如将一条记录的name字段值修改为TOM），那么就会破坏快照的完整性，因为在12:00:00时刻备份的数据已经被修改了。因此，在备份期间数据不应该被修改。如果数据在备份时不能被修改，这就意味着在快照期间不能对数据进行修改操作，就如此例中，快照需要进行10 s，这期间不允许处理数据更新操作，但这显然是不合理的。

尽管Redis的bgsave方式可以避免阻塞，但需要注意的是，避免阻塞和正常读写操作是有区别的。bgsave方式确保了主进程不会因为快照操作而被阻塞，从而保证了读操作的流畅性。然而，为了保证快照文件的数据一致性，传统方式下在快照期间不允许修改数据。为了解决这一问题，Redis引入了一种新的处理方案，写时复制（Copy-On-Write, COW）技术，通过COW机制，使得Redis可以在执行快照的同时，继续正常地处理写操作。

写时复制技术的实现过程是：当主进程在内存快照期间需要修改一块内存时，这块内存并不会直接被修改，而是会被复制一份副本，在副本上进行修改。然后bgsave子进程再把这段内存写入到RDB文件中，这样就可以在快照期间进行数据的修改了。bgsave子进程是由主进程fork生成的，因此共享主进程的内存，bgsave子进程运行后会读取主进程中的内存数据，并且写入到RDB文件中。图6-2描述了RDB的写时复制技术的工作原理。

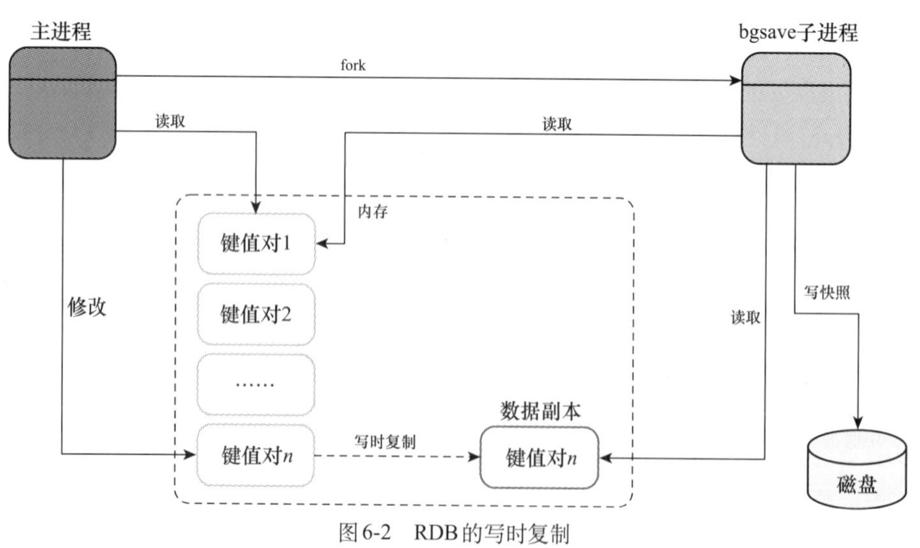

图6-2　RDB的写时复制

多久执行一次快照呢？如果做得太频繁，可能会出现前一次快照还没有处理完成，后面的快照数据马上就进来了，同时过于频繁的快照也会增加磁盘的压力。如果间隔时间过久，服务器在两次快照期间宕机，丢失的数据大小会随着快照间隔时间的增长而增加。是否可以选择增量式快照呢？如果选择增量式快照，就需要记住每个键值对的状态，如果键值对很多，同样也会引入很多内存空间，这对于内存资源宝贵的Redis来说，有些得不偿失。

6.1.3 RDB持久化的优缺点

1. RDB持久化的优点

- **体积更小：**相同的数据量，RDB的数据文件比AOF的数据文件小，因为RDB是紧凑型文件。
- **恢复更快：**因为RDB是数据的快照，基本上就是数据的复制，不用重新读取再写入内存。
- **性能更高：**父进程在保存RDB时候只需要fork一个子进程，不需父进程再进行其他I/O操作，这样也保证了服务器的性能。

2. RDB持久化的缺点

- **故障丢失：**因为RDB是全量的，一般而言，备份策略最少也要5分钟进行一次备份，所以当服务宕机，可能会丢失5分钟的数据。
- **耐久性差：**与AOF的异步策略相比， RDB的快照机制是全量复制的。即使通过创建fork子进程进行备份，当数据量很大的时候，对磁盘资源的消耗也是不可忽视的，尤其在访问量很高的时候，fork的时间也会延长，这进一步加剧了CPU的负担，导致系统在耐久性方面相对较差。

6.2 AOF持久化

AOF（Append Only File）是Redis的另一种持久化机制，它以日志文件的形式记录每条写命令，实现数据的增量备份。这种机制确保所有的写命令被完整地记录下来，而读命令则不会被记录。AOF文件只允许追加操作，禁止任何形式的改写，从而确保了数据的完整性和一致性。

在Redis启动之初，系统会读取AOF文件，根据其中记录的写命令重新构建数据结构。这一过程确保了在Redis重启后，可以根据日志文件中的内容，将写命令从前到后执行一次，从而完成数据的恢复工作。

AOF机制的引入，使得Redis在面对故障时，能够通过日志文件快速恢复数据，提高了系统的可靠性和稳定性。同时，由于AOF文件是以追加的方式写入，在并发环境下，也能够保证数据的一致性，因此，AOF机制是Redis中一种重要的持久化策略。

 6.2.1 AOF持久化的配置

Redis的默认设置并未启用AOF持久化功能。然而，为了确保数据的稳定性和可靠性，建议用户根据实际需求，通过修改Redis的配置文件（通常为 redis.conf）来调整AOF持久化的相关参数。

AOF 持久化是Redis提供的一种数据持久化策略，它通过记录服务器接收到的所有写操作命令，并将这些命令追加到磁盘文件的末尾，从而实现数据的持久化。当Redis服务器重启时，可以通过重新执行这些命令来恢复数据集。

在 Redis 配置文件中，关于AOF持久化的主要配置项包括：

- appendonly：该配置项用于开启或关闭AOF持久化功能。该选项设置为yes表示启用AOF持久化。
- appendfilename：指定AOF文件的名称。如果未设置，将使用默认名称“appendonly.aof”。
- appendfsync：控制AOF文件的同步策略。有三种可选值，分别为always（每次写入都同步）、everysec（每秒同步一次）和no（由操作系统决定何时同步）。选择合适的同步策略可以平衡性能和数据安全性。
- no-appendfsync-on-rewrite：在进行AOF文件重写时，暂停同步操作，以提高重写效率。
- auto-aof-rewrite-percentage和auto-aof-rewrite-min-size：这两个配置项用于设置AOF文件自动重写的触发条件。当AOF文件的大小超过所设定的百分比或最小尺寸时，Redis会自动执行AOF文件重写，以优化文件大小和提高加载速度。
- aof-load-truncated：当AOF文件损坏时，指定是否继续加载可用部分的数据。
- aof-use-rdb-preamble：在AOF文件中包含一个RDB快照的引用，以便在启动时更快地加载数据。
- aof-max-number-of-memories：限制AOF文件中缓存的命令数量，以防止内存占用过高。
- aof-rewrite-incremental-fsync：在AOF文件重写过程中，逐步同步数据，以减少对性能的影响。

通过合理配置上述参数，用户可以根据自身业务需求和系统环境，定制实现AOF持久化的策略，以确保Redis数据的安全性和高可用性。表6-2列出了Redis中与AOF持久化相关的配置项。

表6-2　Redis中与AOF持久化相关的配置项

序号	配置项	描述
1	appendonly no	默认为no，表示不开启AOF；如果要开启，将no修改为yes即可
2	appendfilename "appendonly.aof"	配置AOF日志文件名，默认为“appendonly.aof”

序号	配置项	描述
3	appenddirname "appendonlydir"	Redis7.0新增的配置项。Redis将所有持久化的AOF文件存储在一个专用目录中，该目录的名称由 appenddirname 配置项决定
4	appendfsync everysec	同步的策略配置。everysec是默认值，表示每秒同步一次，相对折中。everysec还可以用以下两个值替换：①always：每次更新操作后手动调用fsync( )函数将数据写到磁盘中（较慢，安全）②no：等待操作系统将数据缓存同步到磁盘（较快）
5	no-appendfsync-on-rewrite no	该配置项处于打开状态时，在执行【BGSAVE】命令或者【BGREWRITEAOF】命令期间，服务器会暂时停止对AOF文件的同步，从而尽可能地减少I/O阻塞。默认为no（关闭）
6	auto-aof-rewrite-percentage 100	表示当前AOF文件尺寸和上一次重写后AOF文件尺寸的比值。当文件增长超过指定比值时，触发自动重写（压缩）日志文件。设置为0表示不自动重写AOF日志文件，默认为100
7	auto-aof-rewrite-min-size 64mb	配置触发日志文件重写（压缩）的最小文件尺寸，文件小于此尺寸时将不会重写。默认为64 MB
8	aof-load-truncated yes	Redis载入AOF文件时，若AOF文件结尾不完整（服务器突然宕机等容易导致文件尾部不完整），且aof-load- truncated配置项开启，则日志中会输出警告，Redis会忽略AOF文件的尾部，启动成功。否则Redis启动失败。默认为yes（开启）
9	aof-use-rdb-preamble yes	配置是否开启RDB-AOF混合持久化模式。默认为yes。
10	aof-timestamp-enabled no	配置是否开启AOF中记录时间戳注释。Redis7.0支持在AOF中记录时间戳注释，以支持从一个特定的时间点恢复数据。默认为no（不开启）

6.2.2 执行AOF持久化

AOF是通过保存Redis数据库执行的写命令到日志文件中，以此来恢复数据库的状态，从而实现数据的持久化功能，如图6-3所示。

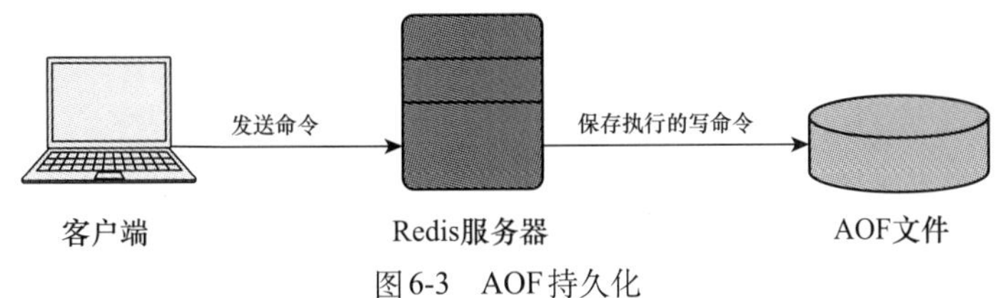

图6-3 AOF持久化

AOF文件对数据库写命令的保存顺序是：Redis先执行命令，把数据写入内存，然后才记录日志文件。之所以按这种顺序处理，有以下两个原因：

（1）后写入日志，能够避免记录到错误的命令。因为是先执行命令，只有命令执行成功才能被写入到日志中。

（2）避免阻塞当前的写操作。在命令执行后才记录日志，所以不会阻塞当前的写操作。

按以上方式处理AOF文件，也依然存在潜在的风险，主要体现在以下两方面：

（1）如果命令执行成功，但在将命令写入日志文件的过程中宕机了，命令没有被写入到日志中，此时就有丢失数据的风险。因为已成功执行的命令没有被写入日志，在Redis服务器断电之后，这部分数据就会丢失。

（2）AOF的日志写入操作是在主线程上进行的，当磁盘负载较重，导致写入速度下降时，可能会影响后续的操作。

这两种潜在的风险可通过调整AOF文件写入磁盘的时机来避免。

6.2.3 AOF文件的写入和同步

AOF持久化功能的实现可以分为命令追加（append）、文件写入、文件同步（sync）三个步骤。

1. 命令追加

当AOF持久化功能处于打开状态时，服务器在执行完一个写命令之后，会以协议格式将被执行的写命令追加到服务器状态的aof_buf缓冲区的末尾。

例如，当执行以下命令：

```
SET KEY VALUE
```

以下协议内容将会被追加到aof_buf缓冲区的末尾：

```
*3\r\n$3\r\nSET\r\n$3\r\nKEY\r\n$5\r\nVALUE\r\n
```

2. 文件写入

（1）通过调用系统的write()函数，将aof_buf缓冲区的数据写入到AOF文件中，此时数据并没有被写入到硬盘，而是复制到了内核缓冲区（page cache），等待内核将数据写入硬盘。

（2）内核缓冲区的数据什么时候写入硬盘，是由内核决定的。

提示 为了提高文件的写入效率，在现代操作系统中，当用户调用write()函数，将一些数据写入到文件的时候，操作系统通常会将写入数据暂时保存在一个内存缓冲区中，等到缓冲区的空间被填满或者超过了指定的时限之后，才真正将缓冲区中的数据写入到磁盘里。

3. 文件同步

由内核决定要将数据写入硬盘时，如果此时服务器宕机，那么就会有数据丢失的风险。为了解决这个问题，系统提供了fsync()和fdatasync()两个同步函数和三种写回策略，它们可以强制让操作系统立即将缓冲区中的数据写入到硬盘中，从而确保写入数据的安全性。

配置文件redis.conf中的appendfsync配置项的值可以有以下3种：

- always：服务器在每次写操作后都将aof_buf缓冲区中的所有内容写入到AOF文件，然后立即执行fsync()函数，同步AOF文件到磁盘，因此，配置项appendfsync为always的效率是最慢的，但也是最安全的。即这种配置的可靠性高，但性能最低。
- everysec：服务器在每次写操作后都要将aof_buf缓冲区中的所有内容写入到AOF文件，并且每隔一秒就要在子线程中对AOF文件进行一次同步，创建一个异步任务执行fsync()函数。这种配置的可靠性和性能都适中。
- no：将缓冲区的内容写入AOF文件后，何时进行同步由操作系统控制，不执行fsync()函数。这种配置的性能好，但可靠性低，若发生宕机可能会丢失较多数据。

AOF文件的写入与同步的过程如图6-4所示。

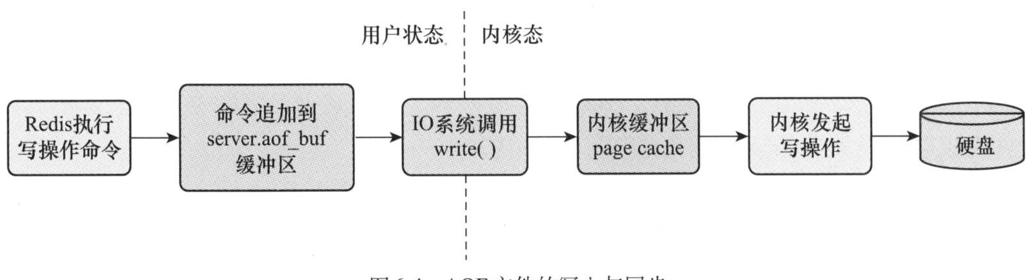

图6-4　AOF文件的写入与同步

 6.2.4　AOF文件重写机制

随着写操作的不断执行，AOF文件会变得越来越大，必然会带来一些性能问题（如恢复慢）。因此，当AOF文件大小超过阈值时，Redis就会进行AOF重写。Redis服务器会创建一个新的AOF文件来覆盖现有的AOF文件，新的文件中减少了冗余的命令。

例如，若执行两条命令：

```
set name tom
set name jerry
```

没有重写的AOF文件中会记录这两条命令，而经过重写的AOF文件中，只会保留第二条命令。因为AOF文件是为了记录数据库的状态，历史数据就没必要进行保存了。简单而言就是多变一，就是把AOF中日志根据当前键值的状态，合并成一条操作命令。

重写之后的文件会保存到新的AOF文件中，这时候旧的AOF文件和新的AOF文件中键值对的状态是一样的。然后，新的AOF文件会替代旧的AOF文件，这样重写操作一直在进行，AOF文件就不至于变得过大。

重写是在后台进行的，AOF的重写会放到子进程中进行，使用子进程的优点如下：

（1）子进程处理AOF期间，不会影响Redis主线程对数据的处理。

（2）子进程拥有所在线程的数据副本，使用子进程能够避免锁的使用，保证数据的安全。

6.2.5 AOF重写的执行流程

AOF重写包括几个步骤，其执行流程如图6-5所示。

步骤1：执行AOF重写请求。

如果当前进程正在执行AOF重写，请求不执行，并返回如下错误响应信息：

```
ERR Background append only file rewriting already in progress。
```

如果当前进程正在执行bgsave操作，重写命令将延迟到bgsave完成之后再执行，同时会返回如下响应信息：

```
Background append only file rewriting scheduled。
```

步骤2：主（父）进程执行fork创建子进程，其开销等同于bgsave过程。

步骤3：主进程fork操作完成后，继续响应其他命令。

① 所有修改命令依然写入AOF缓冲区，并根据appendfsync策略同步到硬盘，保证原有AOF机制的正确性（对应图6-5中3.1）。

② 由于fork操作运用写时复制技术，子进程只能共享fork操作时的内存数据。由于父进程依然响应命令，Redis使用“AOF重写缓冲区”保存这部分新数据，防止新的AOF文件生成期间丢失这部分数据（对应图6-5中3.2）。

步骤4：子进程根据内存快照，按照命令合并规则写入到新的AOF文件。每次批量写入硬盘的数据量由配置项aof-rewrite-incremental-fsync控制，默认为32 MB，防止单次写入硬盘数据过多造成硬盘阻塞。

步骤5：新AOF文件写入完成后，子进程发送信号给父（主）进程，父进程收到信号后需要更新统计信息。

① 父进程把AOF重写缓冲区的数据写入到新的AOF文件中（对应图6-5中5.1）。

② 使用新的AOF文件替换老文件，完成AOF重写（对应图6-5中5.2）。

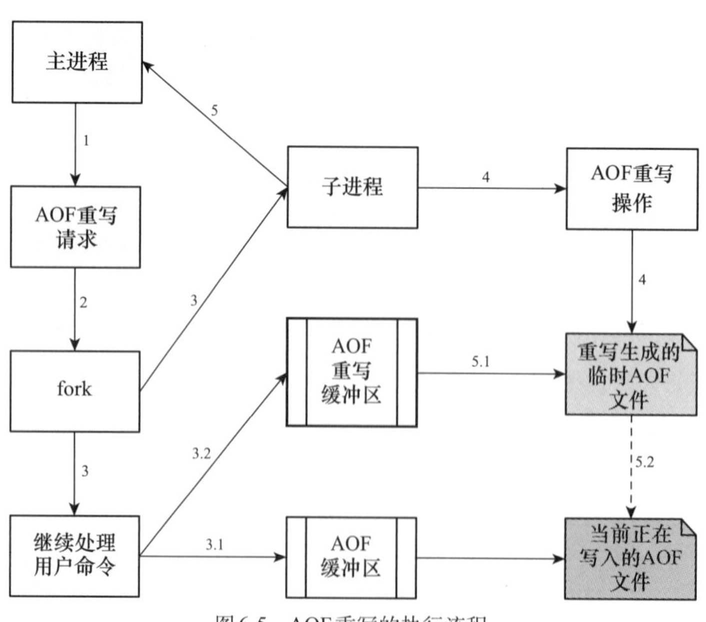

图6-5 AOF重写的执行流程

子进程执行AOF重写的过程，服务端进程主要处理以下内容：

- 接收并处理客户端发送的命令。
- 将执行后的命令写入到AOF缓冲区。
- 将执行后的命令也写入到AOF重写缓冲区。

AOF缓冲区和AOF重写缓冲区中的内容会被定期同步到AOF文件和AOF重写文件中。当子进程完成重写时，会给父（主）进程发送一个信号，这时候父进程主要进行下面的两步操作：

步骤1：将AOF重写缓冲区中的内容全部写入到AOF重写文件中，此时重写AOF文件保存的数据状态和服务端数据库的状态是一致的。

步骤2：用AOF重写文件替换旧的AOF文件。

通过AOF的重写操作，新的AOF文件不断地替换旧的AOF文件，这样就能控制AOF文件的大小。

用AOF文件还原数据时，因为AOF文件中包括了重建数据库所需要的全部命令，所以只需要读入并重新执行一遍AOF文件中保存的命令，即可还原服务关闭之前数据库的状态。

6.2.6 AOF持久化的优缺点

作为Redis关键的持久化策略之一，AOF 持久化拥有其明显的优势，但同时也伴随着一些缺陷。

1. AOF持久化的优点

- **数据有保证**：通过设置配置项appendfsync实现持久化策略，该配置项默认设置是everysec，这种配置使得即使服务器宕机，最多也只丢失一秒的数据。也可以设置为always（每次写入追加），保证数据的安全性和一致性。
- **AOF文件会自动缩小**：当AOF文件的大小到达一定程度的时候，后台会自动地执行AOF重写，此过程不会影响主进程。重写完成后，新的写入操作将会被写到新的AOF文件中，旧的就被删除了。

2. AOF持久化的缺点

- **性能相对较差**：它的操作模式决定了它可能对Redis的性能有一定的影响。
- **文件体积较大**：尽管AOF文件经过重写可以优化，但是毕竟操作过程和操作结果有很大的差别，AOF文件记录了操作过程的详细信息，与仅仅记录结果的方式相比，生成的文件体积无疑更大。
- **恢复速度更慢**：AOF在过去曾经发生过这样的bug，因为个别命令的原因，导致AOF文件在重新载入时，无法将数据集恢复成保存时的原样。虽然这类bug在AOF文件中并不常见，但相比之下，RDB几乎不会出现这种情况。

6.3 RDB-AOF混合持久化

Redis提供了两种主要的持久化机制：RDB和AOF。这两种持久化方式各有其优势与局限性，因此，在长期的实践应用中，选择最合适的持久化策略一直是许多Redis用户面临的挑战。

为了解决这一难题，Redis自4.0版起引入了RDB-AOF混合持久化模式。这种新模式是在AOF持久化的基础上构建的，它结合了RDB和AOF的优势，旨在提供一种更为均衡的持久化方案。混合持久化模式保留了AOF的高效性和安全性，同时通过RDB的快照机制来控制日志文件的大小，从而优化了系统的性能和存储效率。

6.3.1 RDB与AOF的比较

Redis中的RDB和AOF是两种不同的持久化机制，每种机制都各有其优缺点。通过对比这两种机制，可以更清楚地认识到它们之间的差异，并了解各自适合的使用场景，这将有助于在实际应用中灵活运用这两种机制。

RDB与AOF的比较如表6-3所示。

表6-3 RDB与AOF的比较

序号	RDB	AOF
1	全量备份，一次保存整个数据库	增量备份，一次只保存一个修改数据库的命令
2	每次执行持久化操作的间隔时间较长	保存的时间间隔默认为1秒（everysec）
3	数据保存为二进制格式，还原速度快	使用文本格式还原数据，数据还原速度一般
4	执行SAVE命令时会阻塞服务器，但手动或者自动触发的BGSAVE不会阻塞服务器	无论何时都不会阻塞服务器

如果进行数据恢复时，既有dump.rdb文件，又有appendonly.aof文件，那么应该先通过appendonly.aof文件恢复数据，这样能最大限度地保证数据的安全性。

6.3.2 RDB-AOF混合持久化

如果打开了服务器的AOF持久化功能，并且将aof-use-rdb-preamble <value>选项的值设置成yes，那么Redis服务器在执行AOF重写操作时，就会像执行BGSAVE命令那样，根据数据库当前的状态生成出相应的RDB数据，并将这些数据写入新建的AOF文件中，至于那些AOF重写开始之后执行的Redis命令，则会继续以协议文本的方式追加到新AOF文件的末尾，即已有的RDB数据的后面。

在开启了RDB-AOF混合持久化功能之后，服务器生成的AOF文件将由两个部分组成，其中位于AOF文件开头的是RDB格式的数据，而跟在RDB数据后面的则是AOF格式的数据，如图6-6(1)所示。

当支持RDB-AOF混合持久化模式的Redis服务器启动并载入AOF文件时，会检查AOF文件的开头是否包含了RDB格式的内容。如果包含，那么服务器就会先载入开头的RDB数据，之后再载入其后的AOF数据；如果AOF文件只包含AOF数据，那么服务器将直接载入AOF数据，如图6-6(2)所示。

通过混合使用AOF日志和内存快照的方法，RDB快照的频率不需要过于频繁。在两次RDB快照期间，使用AOF日志来记录，这样也不用考虑AOF的文件过大问题，在下一次RDB快照开始的时候就可以删除AOF文件了。

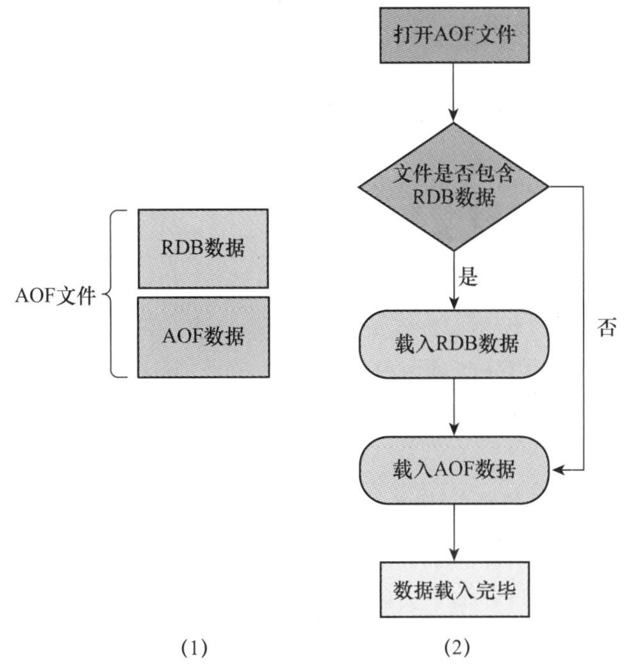

图6-6　RDB-AOF混合持久化下的AOF文件以及加载流程

通过使用RDB-AOF混合持久化功能，可以同时获得RDB持久化和AOF持久化的优点，即服务器既可以通过AOF文件包含的RDB数据来实现快速的数据恢复操作，又可以通过AOF文件包含的AOF数据来将丢失数据的时间窗口限制在1秒之内。

注意

因为RDB-AOF混合持久化生成的AOF文件会同时包含RDB格式的数据和AOF格式的数据，而传统的AOF持久化只会生成包含AOF格式的数据，所以为了避免全新的RDB-AOF混合持久化功能给传统的AOF持久化功能使用者带来困惑，Redis默认是没有打开RDB-AOF混合持久化功能的，即配置项aof-use-rdb-preamble默认为no。

6.3.3 RDB-AOF混合持久化的优缺点

同RDB和AOF机制一样，RDB-AOF混合持久化机制同样有其优点和缺点。

1. RDB-AOF混合持久化的优点

- **快速恢复与安全性**：混合持久化结合了RDB持久化和AOF持久化的优点，由于绝大部分都是RDB格式，恢复速度快，同时结合AOF，增量的数据以AOF方式保存，降低了数据丢失的风险，提高了数据的安全性。
- **优化存储效率**：AOF在后台重写时不会影响客户端的读写操作，这提高了Redis的存储效率和性能。

2. RDB-AOF混合持久化的缺点

- **兼容性差**：一旦开启了混合持久化，在4.0之前的Redis版本都不能识别该AOF文件。
- **阅读性较差**：AOF文件的前部分是RDB格式，导致文件的阅读性较差。

6.4 过期键的持久化

在生成RDB文件的过程中，如果一个键已经过期，那么它不会被保存到RDB文件中。在载入RDB的时候，要分两种情况：

（1）如果Redis以主服务器的模式运行，那么会对RDB中的键进行时间检查，过期的键不会被恢复到Redis中。

（2）如果Redis以从服务器的模式运行，那么RDB中所有的键都会被载入，忽略时间检查。在从服务器与主服务器进行数据同步的时候，从服务器的数据会先被清空，因而从服务器载入过期键不会有问题。

对于AOF来说，如果一个键过期了，那么不会立刻对AOF文件造成影响。因为Redis使用的是惰性删除和定期删除，只有这个键被删除了，才会向AOF文件中追加一条DEL命令。在重写AOF 过程中，程序会检查数据库中的键，已经过期的键不会被保存到AOF文件中。

在运行过程中，对于主从复制的Redis，主服务器和从服务器对于过期键的处理也不相同。

（1）对于主服务器，一个过期的键被删除了后，会向从服务器发送DEL命令，通知从服务器删除对应的键。

（2）从服务器接收到读取一个键的命令时，即使这个键已经过期，也不会删除，而是照常处理这个命令。

（3）从服务器接收到主服务器的DEL命令后，才会删除对应的过期键。

这种做法的主要目的是保证数据一致性，所以当一个过期键存在于主服务器中时，也必然存在于从服务器中。

提示

Redis中过期键的删除策略是惰性删除与定期删除相结合。

6.5 数据恢复

1. RDB持久化文件的恢复

在Redis配置文件中设置dbfilename和dir选项，分别设置为RDB文件名和路径。将备份的RDB文件复制到dir设定的目录中，并更名为dbfilename设置的文件名，启动Redis服务器即可。

2. AOF持久化文件的恢复

在Redis配置文件中开启AOF模式，并设置相应的appendfilename和dir选项。将备份的AOF文件复制到 dir设定的目录中，并更名为appendfilename设置的文件名，启动Redis服务器即可。

3. 数据恢复时的注意事项

当进行数据恢复时，应该先停止Redis服务器，再执行数据恢复操作。否则，正在运行的Redis服务器会覆盖恢复后的数据，导致数据丢失。

在使用AOF持久化方式时，可能会出现最后一部分写入数据丢失的情况，因此在进行数据恢复时，应该仔细检查最后一条写命令的执行情况，以确保数据的完整性。

如果Redis数据文件过大，恢复过程可能会比较耗时。此时，可以考虑采用增量恢复的方式，即先加载部分数据，然后再逐步添加剩余的数据。

4. 数据恢复失败的处理方法

（1）RDB恢复失败的处理方法

如果RDB文件损坏或不完整，可以尝试使用Redis自带的redis-check-rdb工具来检查文件的有效性，并尝试修复文件中的错误。

如果RDB文件无法恢复，则可以尝试使用备份文件进行恢复。如果没有备份文件，则可能需要重新构建Redis数据库。

（2）AOF恢复失败的处理方法

如果AOF文件损坏或不完整，可以尝试使用Redis自带的redis-check-aof工具来检查文件的有效性，并尝试修复文件中的错误。

如果AOF文件无法恢复，则可以尝试从备份文件中恢复数据。如果没有备份文件，则可能需要使用RDB文件中的数据来重建Redis数据库。

可以使用命令redis-cli --rdb从RDB文件中导入数据到Redis中，然后再使用AOF持久化方式来保证数据的完整性。

需要注意的是，在进行数据恢复操作之前，应该先确认数据文件的完整性，避免进一步破坏数据。同时，也应该定期备份数据，并测试备份数据的可用性，以确保在出现故障时能够快速恢复数据。

本章总结

通过本章的学习，读者应掌握Redis的RDB持久化与AOF持久化的配置、执行流程和相应的数据恢复，并能够结合实际应用场景熟练地设计Redis的持久化策略和进行数据恢复。

拓展阅读

网络安全典型案例

葛同学用手机上网时，看到一个自称可办理计算机二级合格证书、英语四级合格证书的帖子。随后，葛同学便按照联系方式添加了对方微信。当日，葛同学就接到自称办理计算机二级合格证书、英语四级合格证书操作人贾老师打来的电话和发来的微信，对方要求葛同学缴纳1000元操作费、3000元办证费、50元寄递费、600元订金。在葛同学一番诉苦博得贾某同情后，按照对方指示先通过微信转账订金，经商定事成再将剩余的操作费、办证费、寄递费一并转账。成功缴纳订金后，贾某瞬间将葛某微信拉黑，此时葛同学拨打贾某电话，电话已处于关机状态。

在许多大学，取得计算机和英语等级证书，是学生顺利毕业以及尽快就业的前提。为了顺利拿到这些证书，一些大学生便四处寻找“捷径”。骗子正是利用学生这种急于求成的心理，将其引入设计好的“瓮中”。此类案件，嫌疑人主要通过打电话、发短信、网络传播等渠道，以办理各种合格证书为理由，向被害人收取各种手续费、服务费，大学生要警惕这些作案手法，提高警觉性，以正当的途径获取证书与奖励。

练习与实践

【单选题】

1. Redis中支持手动启动AOF日志重写的命令是（　　）。

A. multi　　B. bgsave　　C. save　　D. bgrewriteaof

2. Redis中（　　）能够保存某个时间节点的一个二进制的压缩文件，适合备份，全量复制等场景，用于数据恢复。

A. multi事务　　B. RDB持久化　　C. watch监视　　D. AOF持久化

【多选题】

1. 下列有关Redis持久化的说法中正确的是（　　）。

A. RDB数据不能保持实时持久化，重启可能会有数据丢失

B. AOF缓冲区根据设置的策略向磁盘做同步操作，默认策略是always

C. AOF是以日志的形式来记录Redis执行过的所有命令

D. 重写的AOF文件中，清除了历史数据

2. Redis手动启动持久化的命令有（　）。

A. savedb　　B. save

C. bgsave　　D. bgrewriteaof

【判断题】

1. Redis的持久化只支持自动模式。

A. 对　　B. 错

2. 合理配置Redis的持久化策略，可以完美避免数据的丢失。

A. 对　　B. 错

3. Redis的AOF持久化配置默认为打开。

A. 对　　B. 错

【实训任务】

Redis数据持久化以及数据恢复	
项目背景介绍	李明同学决定在自己的毕业设计项目《教务管理系统设计与实现》中使用Redis数据库。请为李明同学设计适合其项目的数据持久化方案，并模拟数据的灾难恢复
任务概述	1. 选择合适的持久化方式并说明理由 2. 在选择持久化方式之后，为其配置合适的持久化策略并说明理由 3. 模拟数据的恢复过程
实训记录	

续表

<table>
<tr><th colspan="2">Redis 数据持久化以及数据恢复</th></tr>
<tr><td>教师考评</td><td>评语：

辅导教师签字：________</td></tr>
</table>

第7章

Redis的主从复制和哨兵模式

本章导读

单机Redis会存在较大的应用风险，如果机器发生故障，那么原机器中的业务数据可能被损坏，有可能会给用户造成不可挽回的损失。而使用主从复制模式可以有效避免这些问题，保证数据的安全性和服务器的高可用性。

学习目标

- 掌握Redis主从复制的原理、特点。
- 掌握Redis主从复制的配置。
- 掌握Redis哨兵模式的原理、执行流程。
- 掌握Redis哨兵模式的配置。

技能要点

- Redis主从复制的配置。
- Redis哨兵模式的配置。

实训任务

- Redis主从复制模式及哨兵模式的配置。

7.1 Redis的主从复制架构

Redis Replication是一种基于主从复制模式（Master-Slave）的复制机制，其主要功能是将一台Redis服务器的数据复制到其他Redis服务器。在这种复制机制中，前者被定义为主节点（Master/Leader），后者被定义为从节点（Slave/Follower）。这种数据复制是单向的，即只能由主节点向从节点复制。主节点的主要职责是处理写入操作，而从节点则主要负责读取操作。默认情况下，每台Redis服务器都被设定为主节点，主节点可以连接零个或多个从节点，而每一个从节点只能有一个主节点。

通过主从复制，可以实现读写分离，提高系统的性能和稳定性。同时，当主节点出现故障时，从节点可以进行故障恢复，从而保证了系统的高可用性。由此可见，这种主从复制模式可以提高数据的可用性、持久性以及系统的可扩展性。

7.1.1 Redis为什么需要主从复制

尽管Redis数据库性能优异，且支持数据的持久化，但单个Redis节点还是存在一定的局限性，这些局限性体现在以下几方面：

- Redis虽然读写的速度很快，单节点的Redis能够支撑的QPS（queries per second，每秒查询率）大概在5万左右。但是，如果访问用户达到上千万，Redis将无法承载，此时

Redis反而成为了高并发的瓶颈。

- 单节点的Redis不能保证高可用性。当Redis因为某些原因意外宕机时，将会导致缓存不可用。

- 对于CPU的利用率，单台Redis实例只能利用单个核心，而单个核心的CPU在面临海量数据的存取和管理工作时，所承受的压力会非常大。

为了突破单个Redis服务器的局限性，增强系统的安全性和稳定性，Redis通常会采用主从复制机制。

7.1.2 Redis的主从复制架构模式

Redis的主从复制架构的设计如图7-1所示。

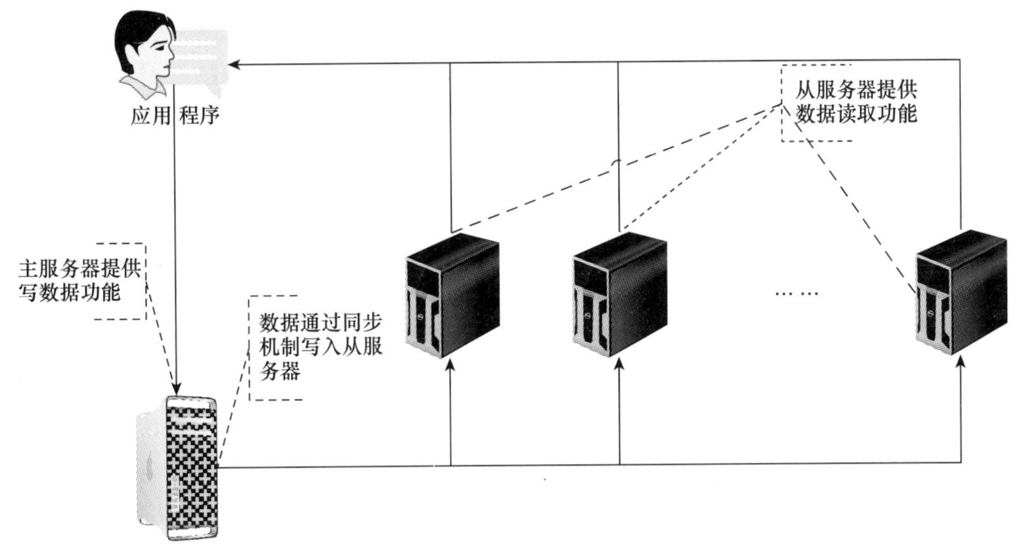

图7-1 Redis的主从复制架构

在图7-1所示的主从复制架构中，其设计思路为：

- 在多台服务器中，只有一台主服务器，主服务器只负责写入数据，而不负责外部程序读取数据。

- 在多台从服务器中，从服务器不写入数据，而只负责同步主服务器的数据，并让外部程序读取数据。

- 主服务器在写入数据后，即刻将写入数据的命令发送给从服务器，实现主从数据同步。

- 当某个从服务器不能正常工作的时候，整个系统将不受影响；当主服务器不能正常工作的时候，可以方便地将一台从服务器切换为主服务器来使用。

在这种架构中，当从服务器是多台的时候，可以随机地选取一台从服务器读取数据，因而单台服务器的压力就大大降低了，这十分有利于系统性能的提高。当主服务器因为某种意外不能正常工作时，可以将其中一台从服务器切换为主服务器，使系统能继续稳定运行，因此，这种架构有利于提高系统运行的安全性。由于Redis自身所具备的特点，它还有实现主从同步的其他方式。

 7.1.3 Redis使用主从复制的主要作用

Redis使用主从复制的作用主要有：

- **数据冗余：**主从复制实现了数据的热备份，是持久化之外的一种数据冗余方式。
- **故障恢复：**当主节点出现故障时，可以由从节点替代其提供服务，实现快速的故障恢复。实际上，这是一种服务的冗余。
- **负载均衡：**在主从复制的架构上，结合读写分离策略，可以实现更高效的负载均衡。在这种设置中，主节点负责处理写操作，而从节点负责处理读服务（即写Redis数据时，应用程序连接到主节点；读Redis数据时，应用程序连接到从节点）。特别是在那些写操作较少、读操作较多的应用场景中，通过多个从节点来分担读负载，可以显著提高Redis服务器的并发处理能力。
- **高可用性（集群）的基石：**主从复制机制是哨兵和集群机制能够实施的基础，后两种机制可实现高可用性，因此，主从复制机制是Redis具备高可用性的基石。

例如，在电商平台上显示的商品，一般都是一次上传，但可以无数次浏览的，即具有“多读少写”的特性。这种场景使用主从复制机制使读写分离，能显著降低服务器的压力，并能确保数据的安全性。

一般而言，要将Redis运用于生产项目中，应禁止仅使用一台Redis服务器。因为从结构上来说，单台Redis服务器容易发生单点故障，并且由一台服务器处理所有的请求负载，服务器的压力会很大；从容量上看，单台Redis服务器的内存容量有限，即使一台Redis服务器内存容量为256 GB，也不可能将所有的内存都用作Redis的存储内存。通常，单台Redis服务器的最大使用内存不应该超过20 GB。

在主从复制模式中，虽然它提供了很好的数据冗余和读取扩展性能，但该架构也存在一些不足之处。一个明显的问题是所有写操作都必须首先在主节点上执行，然后才能被同步到从节点。这种同步过程带来了不可避免的延迟，因为数据需要从主节点复制到从节点。当系统处于高负载状态时，这种同步延迟问题可能会变得更为严重，进而影响到数据库的性能和响应速度。另外，随着从节点数量的增多，同步过程的复杂性也会大大增加，这可能会进一步扩大主从节点间数据同步的延迟。对于要求高度数据一致性的应用而言，这样的延迟可能会导致数据不同步的风险，从而对应用的可靠性和稳定性构成挑战。

因此，在采用主从复制模式的时候，系统设计者必须审慎考虑这一潜在的瓶颈，并采取适当的措施来缓解可能出现的延迟问题，以保障系统的高效运行和数据的一致性。

7.2 搭建Redis的主从复制环境

默认情况下，每台Redis服务器都是主节点，且一个主节点可以有零或多个从节点，但是一个从节点只能有一个主节点。本节中将以搭建一个“一主二从”环境为例介绍Redis中主从复制环境的搭建。“一主二从”环境的简单网络拓扑结构可以分为“星形结构”

和“树形结构”，如图7-2所示。

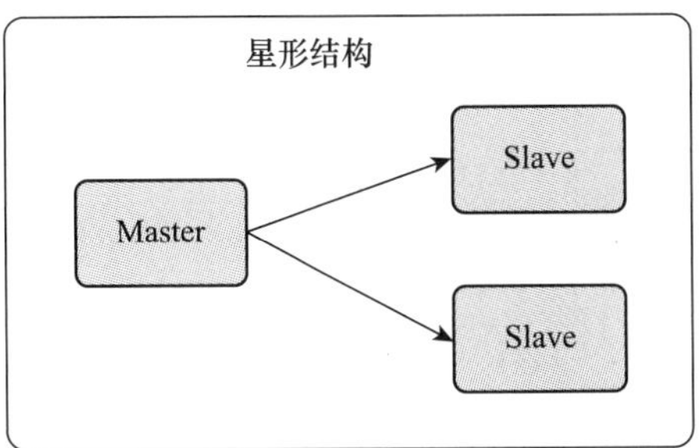

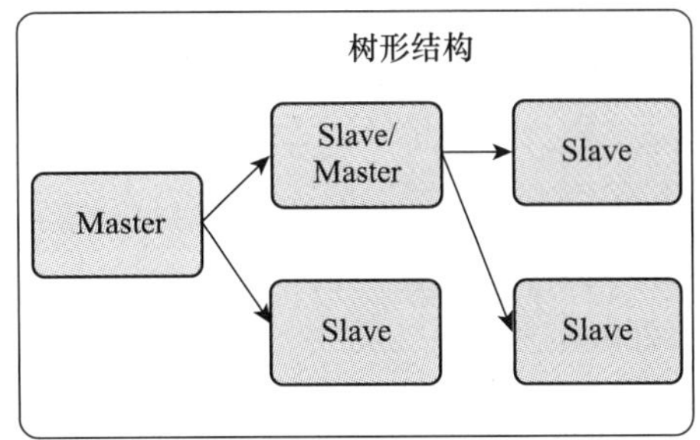

图7-2 “一主二从”的两种简单网络拓扑结构

提示

本节中搭建的“一主二从”环境并不是由三个独立的节点（服务器）组成，而是在同一台主机上配置了3个不同的端口（6379、6380、6381）。实际上，这是一种模拟的“伪”模式。

有关Redis的安装与配置，请参考本书第2章的内容。

7.2.1 搭建“星形结构”的“一主二从”环境

搭建星形拓扑结构的“一主二从”Redis 环境，关键在于正确配置Redis的配置文件。基于星形结构可以进一步构建树形结构的“一主二从”环境。因此，本节将详细阐述如何搭建星形结构的“一主二从”环境，具体步骤如下：

第1步： 在/etc/redis/目录下创建三个配置文件，分别命名为6379.conf、6380.conf和6381.conf，并相应地修改它们的配置项。

① 创建配置文件6379.conf。从Redis的离线下载包解压后的目录中将redis.conf文件复制一份，并重新命名为6379.conf，然后修改其相关配置项。下面的代码列出了配置文件6379.conf的关键配置项（未列出的配置项按安装时的默认配置）。

```
masterauth 123456                            # Master服务器口令
requirepass 123456                           # 本实例口令
port 6379                                    # 端口
pidfile /var/run/redis_6379.pid              # pid文件名
dir /var/lib/redis/
dbfilename dump-6379.rdb                     # rdb快照文件名
appendfilename "appendonly-6379.aof"         # aof持久化文件名
logfile "/var/log/redis/redis-6379.log"      # 日志文件名
```

② 创建一个新的文本文件并命名为6380.conf，然后输入配置项设置的内容（首先导入6379.conf文件，然后重新配置6380.conf文件中的部分配置项）。配置文件6380.conf的代码清单如下：

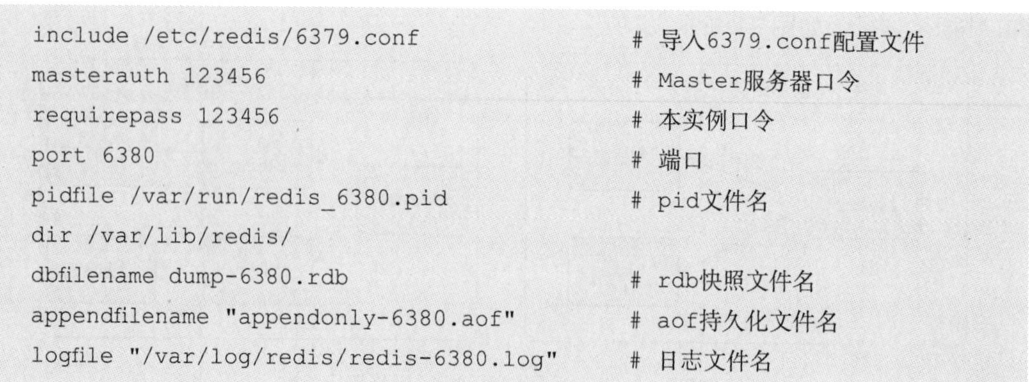

```
include /etc/redis/6379.conf                    # 导入6379.conf配置文件
masterauth 123456                               # Master服务器口令
requirepass 123456                              # 本实例口令
port 6380                                       # 端口
pidfile /var/run/redis_6380.pid                 # pid文件名
dir /var/lib/redis/
dbfilename dump-6380.rdb                        # rdb快照文件名
appendfilename "appendonly-6380.aof"            # aof持久化文件名
logfile "/var/log/redis/redis-6380.log"         # 日志文件名
```

配置文件6380.conf与6379.conf的最大区别是创建方式不同，前者是通过文本文件创建的，后者是通过复制默认的配置文件redis.conf创建出来的。二者设置内容最大的不同是代码中的第1行，6380.conf的第1行是一个include（引入）语句，表示导入配置文件6379.conf，而6379.conf文件中没有这一行。

③ 创建一个新的文本文件并命名为6381.conf，然后输入配置项设置的内容（首先导入6379.conf，并重新配置6381.conf文件中的部分配置项）。配置文件6381.conf的代码清单如下：

```
include /etc/redis/6379.conf                    # 导入6379.conf配置文件
masterauth 123456                               # Master服务器口令
requirepass 123456                              # 本实例口令
port 6381                                       # 端口
pidfile /var/run/redis_6381.pid                 # pid文件名
dir /var/lib/redis/
dbfilename dump-6381.rdb                        # rdb快照文件名
appendfilename "appendonly-6381.aof"            # aof持久化文件名
logfile "/var/log/redis/redis-6381.log"         # 日志文件名
```

第2步：启动3个Redis实例，并通过【slaveof】命令配置主从环境。

① 执行3个配置文件以启动3个Redis实例，再查看进程检查实例是否启动成功，如图7-3所示。

```
test@ubuntu-svr:/usr/local/redis$ ./bin/redis-server 6379.conf
test@ubuntu-svr:/usr/local/redis$ ./bin/redis-server 6380.conf
test@ubuntu-svr:/usr/local/redis$ ./bin/redis-server 6381.conf
test@ubuntu-svr:/usr/local/redis$ ps -aux|grep redis
test      1745  0.2  0.1  40404  4428 ?      Ssl  09:09   0:00 ./bin/redis-s
erver *:6379
test      1750  0.1  0.1  40404  4428 ?      Ssl  09:09   0:00 ./bin/redis-s
erver *:6380
test      1755  0.1  0.1  40404  4428 ?      Ssl  09:09   0:00 ./bin/redis-s
erver *:6381
test      1761  0.0  0.0  12300  2816 pts/0  S+   09:10   0:00 grep --color=
auto redis
test@ubuntu-svr:/usr/local/redis$
```


图7-3　启动3个Redis实例并查看进程

② 使用【info replication】命令查看主机运行情况，如图7-4所示。此时并未配置主从环境，因此所有实例信息是相似的。

```
test@ubuntu-svr:/usr/local/redis$ ./bin/redis-cli
127.0.0.1:6379> auth 123456
OK
127.0.0.1:6379> info replication
# Replication
role:master                    此实例角色为Master
connected_slaves:0             未配置从机
master_failover_state:no-failover
master_replid:87320c40eb979c4693e09e94fffa4b6d9cae88ae
master_replid2:0000000000000000000000000000000000000000
master_repl_offset:0
second_repl_offset:-1
repl_backlog_active:0
repl_backlog_size:1048576
repl_backlog_first_byte_offset:0
repl_backlog_histlen:0
127.0.0.1:6379>
```

图7-4　未配置主从模式的实例运行情况

③ 使用【slaveof <ip> <port>】命令配置Slave服务器。注意，配置的原则是“配从不配主”，因此6380实例和6381实例都需要配置，如图7-5所示。

```
test@ubuntu-svr:/usr/local/redis$ ./bin/redis-cli -p 6380
127.0.0.1:6380> auth 123456
OK
127.0.0.1:6380> slaveof 127.0.0.1 6379    6380实例配置Slave
OK
127.0.0.1:6380>
```

```
test@ubuntu-svr:/usr/local/redis$ ./bin/redis-cli -p 6381
127.0.0.1:6381> auth 123456
OK
127.0.0.1:6381> replicaof 127.0.0.1 6379    6381实例配置Slave
OK
127.0.0.1:6381>
```

图7-5　“一主二从”环境中Slave服务器的配置

④ 再次使用【info replication】命令查看各主机的运行情况，如图7-6所示。

```
127.0.0.1:6379> info replication
# Replication
role:master                    6379实例的角色是master    6379实例的Slave信息
connected_slaves:2
slave0:ip=127.0.0.1,port=6380,state=online,offset=966,lag=1
slave1:ip=127.0.0.1,port=6381,state=online,offset=966,lag=1
master_failover_state:no-failover
master_replid:7cd899614a387bd1dce7b39b01f03ce98456a5e7
master_replid2:0000000000000000000000000000000000000000
master_repl_offset:966
second_repl_offset:-1
repl_backlog_active:1
repl_backlog_size:1048576
repl_backlog_first_byte_offset:1
repl_backlog_histlen:966
127.0.0.1:6379>
```

```
127.0.0.1:6380> info replication
# Replication
role:slave                     6380实例的角色是slave
master_host:127.0.0.1          6380实例所属的master信息
master_port:6379
master_link_status:up
master_last_io_seconds_ago:6
master_sync_in_progress:0
slave_read_repl_offset:952
slave_repl_offset:952
slave_priority:100
slave_read_only:1
replica_announced:1
connected_slaves:0
master_failover_state:no-failover
master_replid:7cd899614a387bd1dce7b39b01f03ce98456a5e7
master_replid2:0000000000000000000000000000000000000000
master_repl_offset:952
second_repl_offset:-1
repl_backlog_active:1
repl_backlog_size:1048576
repl_backlog_first_byte_offset:1
repl_backlog_histlen:952
127.0.0.1:6380>
```

图7-6　配置主从模式后的主机运行情况

注意，图7-6中未显示6381实例的运行情况，实际上，它与6380实例类似。

至此，星形结构的“一主二从”主从复制环境搭建完成，其中，Master节点是端口为6379的实例，Slave节点是端口为6380的实例和端口为6381的实例。

使用命令配置的Slave服务器重启后，如端口为6380的实例重启，6380实例不再是6379实例的Slave，而是作为另一个新的Master；当再次使用命令把6380实例作为6379实例的Slave加入后，6380实例会把数据从头到尾从6379实例复制过来。若Master服务器停止，如6379实例停止，6380实例和6381实例仍然是6379实例的Slave节点，它们不会做任何操作；当6379实例重启后，仍然是6380实例和6381实例的Master服务器。

Slave服务器连接上Master服务器后，Slave会向Master发送一个同步请求；Master在接到Slave发送过来的同步请求后，会把Master上的数据持久化为一个RDB文件，并将此RDB文件发送到Slave；Slave收到RDB文件后开始加载恢复数据。另外，每当Master执行写操作之后，它都会与Slave进行数据同步以保证数据的一致性。

提示

如果在Slave节点的Redis配置文件中配置slaveof <ip> <port>配置项，就可以避免每次重启后都要用命令去配置Slave节点。

7.2.2 搭建“树形结构”的“一主二从”环境

在树形结构的“一主二从”(拓扑结构见图7-2) 环境中，上一个Slave节点可以是下一个Slave节点的Master节点，Slave节点同样可以接收其他Slave节点的连接和同步请求，那么该Slave节点便成为了链条中下一个节点的Master节点。这样可以有效减轻Master节点的写压力，达到去中心化的目的，降低了系统风险。

①“树形结构”的主从服务器的配置与星形结构的配置基本相似，详细步骤此处省略。二者之间主要的不同之处在于用【slaveof <ip> <port>】命令配置Slave服务器上，将Slave服务器6381的主服务器配置为6380而不是6379，如图7-7所示。

```
test@ubuntu-svr:/usr/local/redis$ ./bin/redis-cli -p 6380
127.0.0.1:6380> auth 123456
OK
127.0.0.1:6380> replicaof 127.0.0.1 6379   ← 配置6380实例为6379实例的slave
OK
127.0.0.1:6380>
```

```
test@ubuntu-svr:/usr/local/redis$ ./bin/redis-cli -p 6381
127.0.0.1:6381> auth 123456
OK
127.0.0.1:6381> replicaof 127.0.0.1 6380   ← 配置6381实例为6380实例的slave
OK
127.0.0.1:6381>
```

图7-7　树形结构的“一主二从”环境中Slave的配置

② 使用【info replication】命令查看各主机运行情况，如图7-8、图7-9、图7-10所示。

```
127.0.0.1:6379> info replication
# Replication
role:master
connected_slaves:1
slave0:ip=127.0.0.1,port=6380,state=online,offset=616,lag=0
master_failover_state:no-failover
master_replid:c32bc5720f98791d0c4b544818344c4e7992d55a
master_replid2:0000000000000000000000000000000000000000
master_repl_offset:616
second_repl_offset:-1
repl_backlog_active:1
repl_backlog_size:1048576
repl_backlog_first_byte_offset:1
repl_backlog_histlen:616
127.0.0.1:6379>
```

6379实例为master角色　6379实例有一个端口号为6380的slave

图7-8　树形结构中6379实例的运行信息

```
127.0.0.1:6380> info replication
# Replication
role:slave
master_host:127.0.0.1
master_port:6379
master_link_status:up
master_last_io_seconds_ago:3
master_sync_in_progress:0
slave_read_repl_offset:546
slave_repl_offset:546
slave_priority:100
slave_read_only:1
replica_announced:1
connected_slaves:1
slave0:ip=127.0.0.1,port=6381,state=online,offset=546,lag=0
master_failover_state:no-failover
master_replid:c32bc5720f98791d0c4b544818344c4e7992d55a
master_replid2:0000000000000000000000000000000000000000
master_repl_offset:546
second_repl_offset:-1
repl_backlog_active:1
repl_backlog_size:1048576
repl_backlog_first_byte_offset:15
repl_backlog_histlen:532
127.0.0.1:6380>
```

6380实例为6379实例的slave

6380实例有一个端口号为6381的slave

图7-9　树形结构中6380实例的运行信息

```
127.0.0.1:6381> info replication
# Replication
role:slave
master_host:127.0.0.1
master_port:6380
master_link_status:up
master_last_io_seconds_ago:6
master_sync_in_progress:0
slave_read_repl_offset:602
slave_repl_offset:602
slave_priority:100
slave_read_only:1
replica_announced:1
connected_slaves:0
master_failover_state:no-failover
master_replid:c32bc5720f98791d0c4b544818344c4e7992d55a
master_replid2:0000000000000000000000000000000000000000
master_repl_offset:602
second_repl_offset:-1
repl_backlog_active:1
repl_backlog_size:1048576
repl_backlog_first_byte_offset:57
repl_backlog_histlen:546
127.0.0.1:6381>
```

6381实例是6380实例的slave

图7-10　树形结构中6381实例的运行信息

至此，树形结构的“一主二从”主从复制环境搭建完成。Master节点是端口为6379的实例；端口为6380的实例是6379实例的Slave节点，同时又是端口为6381实例的Master节点。当端口为6379的Master节点因出现问题宕机后，端口为6380的Slave节点可以立刻升为Master节点，而其中端口为6381的Slave节点不需要做任何修改。

7.3 Redis主从复制的原理

Redis主从复制策略是一种高效的数据同步机制，其核心原则在于：在主从服务器初始建立连接时，执行一次全量同步操作，以确保从服务器获得与主服务器一致的数据集。全量同步完成后，系统将转变为增量复制模式，仅同步那些在全量同步之后发生的数据集变动，从而有效减少网络带宽的消耗和同步过程中的资源占用。

需要强调的是，从服务器（Slave）在任何时刻都具备发起全量同步的能力，即允许从服务器在遇到数据一致性问题或需要重新同步全部数据的情况下，能够主动触发全量同步过程，以恢复数据的完整性和一致性。

该策略的设计考虑到了数据同步的灵活性与效率，确保了在各种情况下（无论是在初始同步阶段还是在日常运行中），从服务器都能够快速且准确地反映主服务器的数据状态。这种策略的应用，不仅提高了系统的可用性和可靠性，也为处理大规模数据和高并发请求提供了坚实的基础，是Redis复制机制中的关键组成部分。

7.3.1 全量复制

Redis全量复制一般发生在从服务器（Slave）初始化阶段，这时从服务器（Slave）需要将主服务器（Master）上的所有数据都复制一份，全量复制的执行流程如图7-11所示。

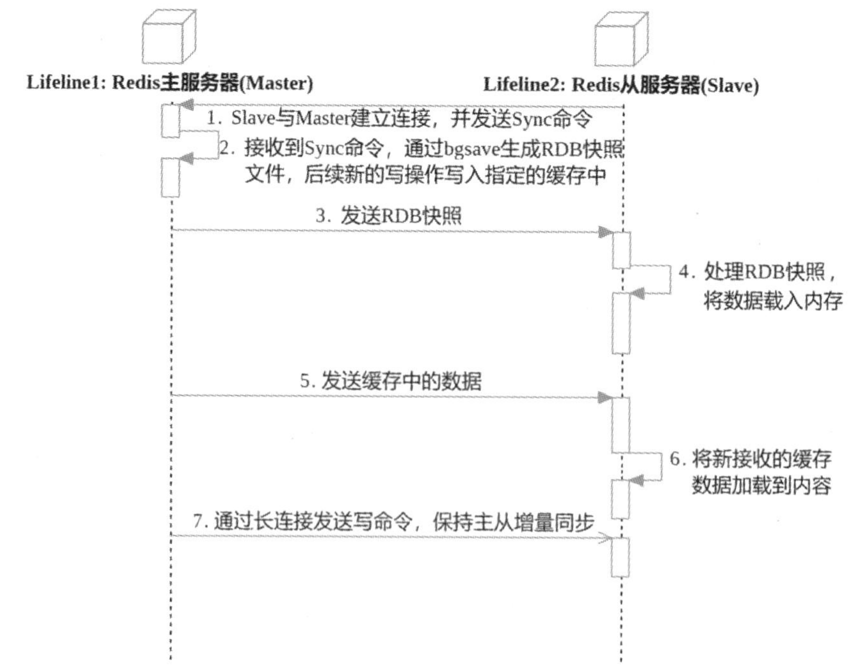

图7-11 Redis主从全量复制执行流程

具体执行流程说明如下：

第1步：Slave服务器连接到Master服务器，发送【psync】命令（Redis2.8之前是sync命令），开始进行数据同步。

第2步：Master服务器收到【psync】或【sync】命令之后，开始执行【bgsave】命令，生成RDB快照文件，并使用缓存区记录此后执行的所有写命令。

需要说明的是，如果Master同时收到了多个Slave的并发连接请求，那么它只会进行一次RDB持久化，而不是每个连接都执行一次持久化；然后Master将持久化的数据发送给多个并发连接的Slave。默认RDB复制时间（repl-timeout）若超过60 s，Slave服务器就认为复制失败，因此应调整repl-timeout配制项，适当放大这个选项的值。

```
client-output-buffer-limit slave 256MB 64MB 60
```

该配置项表示：在复制期间，对于Slave来说，如果内存缓冲区占用内存达到256 MB或者超过64 MB的时间达到60 s，那么就停止复制，复制失败。

第3步：Master服务器执行【bgsave】命令之后，就会向所有Slave服务器发送快照文件，并在发送期间继续在缓冲区内记录被执行的写命令

第4步：Slave服务器收到RDB快照文件后，会将接收到的数据写入磁盘，然后清空所有旧数据，再从本地磁盘载入收到的快照到内存中，同时基于旧的数据版本对外提供服务。

第5步：Master服务器发送完RDB快照文件之后，便开始向Slave服务器发送缓冲区中的写命令。

第6步：Slave服务器完成对快照的载入，开始接收命令请求，并执行来自主服务器缓冲区的写命令。

第7步：若从服务器节点开启了AOF，那么会立即执行【BGREWRITEAOF】命令，重写AOF。

7.3.2 增量复制

Redis的增量复制是指在初始化的全量复制完成并开始正常工作之后，Master服务器将发生的写操作同步到Slave服务器的过程。增量复制的过程主要是：当Master服务器执行一个写命令后，就会向Slave服务器发送相同的写命令，Slave服务器接收并执行收到的写命令。

在实际处理中，当有客户端的写命令请求传递到Master服务器以后，Master服务器会做两件事：一是命令传播，二是将写命令写入到复制积压缓冲区，如图7-12所示。

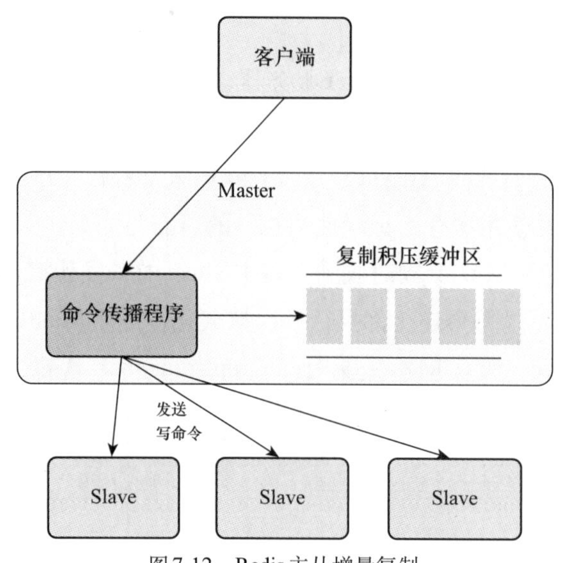

图7-12 Redis主从增量复制

- **命令传播：** 将写命令持续发送给所有从服务器，保持主从数据一致。
- **复制积压缓冲区：** 这是一个有界队列，保存着最近传播的写命令，而队列里面的每个字节都有一个偏移量标识。复制积压缓冲区的作用和原理将在7.3.3中详细讲解。

7.3.3 断点续传

当主服务器与从服务器之间的网络连接断开后，Slave重新连接Master时，会触发全量复制，但是Redis从2.8版本开始，Slave与Master能够在网络连接断开再重连后，可以从中断处继续进行复制，避免了全量复制的过高开销，继续复制数据的来源就是复制积压缓冲区中的数据，这就是断点续传。

断点续传使用【PSYNC】或者【SYNC】命令（Redis 2.8版本可以检测出它所连接的服务器是否支持PSYNC命令，不支持则使用SYNC命令）。Master收到Slave发送的【PSYNC】命令后，会根据自身的情况做出对应的处理，可能是【FULLRESYNC runid offset】触发的全量复制，也可能是“CONTINUE”响应触发的增量复制【PSYNC runid offset】。

断点续传分为以下六步，如图7-13所示。

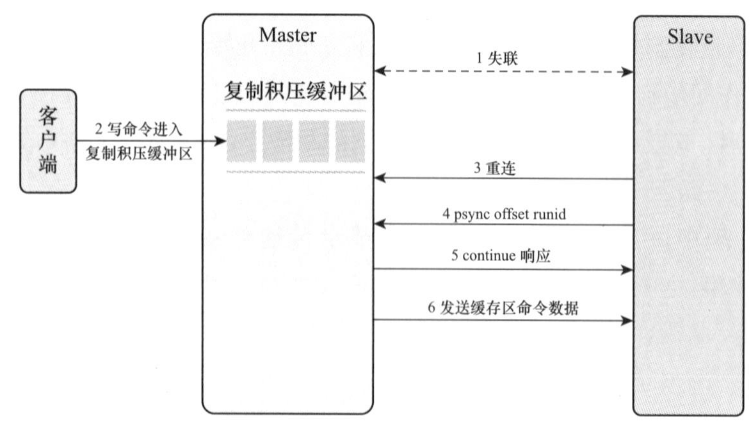

图7-13 Redis主从复制之断点续传的执行过程

第1步：当服务器Master与Slave之间失联后，如果时间超过了配置项repl-timeout设置的时间，Master就认为Slave服务器发生了故障，中断连接。

第2步：Master服务器会一直把客户端写命令放入到复制积压缓冲区，即使连接中断了，Master服务器也会保留断连期间的命令。但是因为队列是固定的，当写命令太多时，可能会导致部分命令被覆盖。

第3步：Master服务器与Slave服务器之间恢复连接。

第4步：Slave服务器发送【PSYNC】命令给Master服务器，该命令中带有"runid"和"offset"两个参数，"runid"是上一次复制时保存的Master服务器的"runid"值，"offset"是Slave服务器的复制偏移量。

第5步：Master服务器接收到Slave服务器的命令后，先判断传过来的"runid"是否与自己匹配。如果不匹配，则进行全量复制；如果匹配，则发送一个响应"CONTINUE"，该响应告诉Slave服务器，可以进行部分复制，之后进入第6步。

第6步：Master服务器根据Slave服务器发送的偏移量，将复制积压缓冲区的数据发送给Slave服务器。

7.3.4 无磁盘化复制

在全量复制的过程中，Master服务器会将RDB文件保存在磁盘中，然后发送给Slave服务器，但如果Master服务器上的磁盘空间有限或者是使用比较低速的磁盘，会给Master服务器带来较大的压力。在Redis 2.8之后，可以通过无盘复制来解决这一问题，即由Master服务器直接开启一个Socket，在内存中创建RDB文件，再将RDB文件发送给Slave服务器，不再使用磁盘作为中间存储。实现无盘复制需要在配置文件中做相应设置，与无盘复制相关的配置项有两项，如表7-1所示。

表7-1 Redis无盘复制相关的配置项

序号	命令	描述
1	repl-diskless-sync	是否开启无盘复制
2	repl-diskless-sync-delay	延时开启复制，可以等待更多Slave节点重新建立连接

提示

无盘复制一般应用在磁盘空间有限但是网络状态良好的情况下。

7.3.5 主从复制的特点

主从复制的特点如下：

（1）Redis使用异步复制，当接收到写命令之后，先在内部写入数据，然后异步发送给Slave服务器。但从Redis 2.8开始，Slave服务器会周期性地应答从复制流中处理的数据量。

（2）Redis主从复制不阻塞Master服务器。当若干个Slave服务器在进行初始同步时，Master服务器仍然可以处理外界请求。

（3）主从复制不阻塞Slave服务器。当Master服务器进行初始同步时，Slave服务器返回的是以前旧版本的数据，要避免这种情况，可以在启动Redis配置文件中进行设置，那么Slave服务器在同步过程中对来自外界的查询请求都会给客户端返回错误信息。尽管主从复制过程中对于Slave服务器是非阻塞的，它会用旧的数据集来提供服务。但是当初始同步完成后，需删除旧数据集和加载新的数据集，在这个短暂时间内，Slave服务器会阻塞连接进来的请求。对于大数据集，加载到内存的时间也是比较多的。

（4）主从复制提高了Redis服务的扩展性，避免了单个Redis服务器的读写访问压力过大的问题，同时也可以为数据备份及冗余提供一种解决方案。

（5）使用主从复制可以避免总是由Master服务器把数据写入磁盘，可以配置为让Master服务器不再将数据持久化到磁盘，而是通过连接让一个配置为Slave类型的Redis服务器及时将相关数据持久化到磁盘。不过这种方式存在一定风险，因为Master服务器一旦重启，如果Master服务器未进行持久化，若此时数据为空，通过主从同步可能导致Slave服务器上的数据也被清空，所以，这种配置要确保主服务器不会自动重启。

（6）对于Slave服务器上过期键的处理，主要是由Master服务器来负责。如果Master服务器上有一个key过期了，则由Master服务器负责过期键的删除处理，然后将相关删除命令以数据同步给Slave服务器，Slave服务器再根据删除命令删除本地的key。

7.4 Redis哨兵模式

通过主从复制，如果Master服务器因为出现故障宕机了，那么可以提升一个Slave服务器作为新的Master服务器，以实现故障的转移，从而提高系统的可用性。也就是说，当Master宕机之后，可以手动执行【SLAVEOF no one】命令，重新选择一台服务器作为Master服务器。但这一过程需要人工干预，既费时费力，还会造成一段时间内服务不可用，此时就可以使用“哨兵”(Sentinel）模式。“哨兵”模式其实就是【SLAVEOF no one】命令的自动版，它能够在后台监控Master服务器是否有故障，如果出现故障了，则根据投票机制自动将选中的Slave服务器转换为Master服务器；如果之前的Master服务器已经重启好，它会自动将其切换成Slave服务器，不会造成双Master服务器的冲突。

7.4.1 “哨兵”模式概述

“哨兵”模式是Redis高可用解决方案的核心组件，它充当着监控和管理多个Redis服务器实例的专用进程。在“哨兵”模式下，“哨兵”作为一个独立的后台服务运行，其职能是提供对Redis服务器群的实时监控和自动故障转移功能。

具体而言，“哨兵”通过执行特定的命令来检测Redis服务器的状态，如图7-14所示。这些命令包括对目标服务器的健康检查，以及对其配置的定期同步。当“哨兵”发送命令后，它会等待并接收来自Redis服务器的响应，以判定其运行状况。如果“哨兵”在预定的时间内未收到响应，或者根据其他预定义的条件判断服务器状态异常，它将会触发相应的管理操作，如启动故障转移程序等。

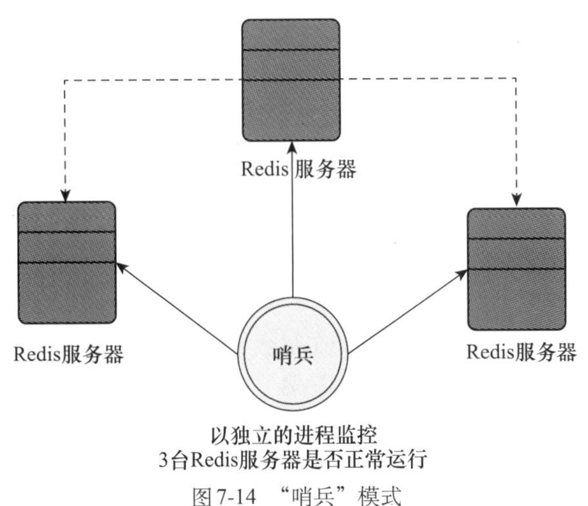

图7-14 “哨兵”模式

在图7-14中，“哨兵”有两个作用：

- 通过发送命令，让Redis服务器（包括Master服务器和Slave服务器）返回其运行状态。
- 当“哨兵”监测到Master服务器宕机，会自动将某个Slave服务器切换成Master服务器，然后通过发布订阅模式通知其他的Slave服务器，修改它们的配置文件，使它们切换到新的Master服务器。

如果现实中仅有一个“哨兵”进程对Redis服务器进行监控，此“哨兵”也可能因为出现问题而停止运行。为了解决这个问题，可以使用多个“哨兵”的监控，而各个“哨兵”之间还会相互监控，这样就变为了“多哨兵”模式，如图7-15所示。多个“哨兵”不仅监控各个Redis服务器，而且“哨兵”之间也互相监控。

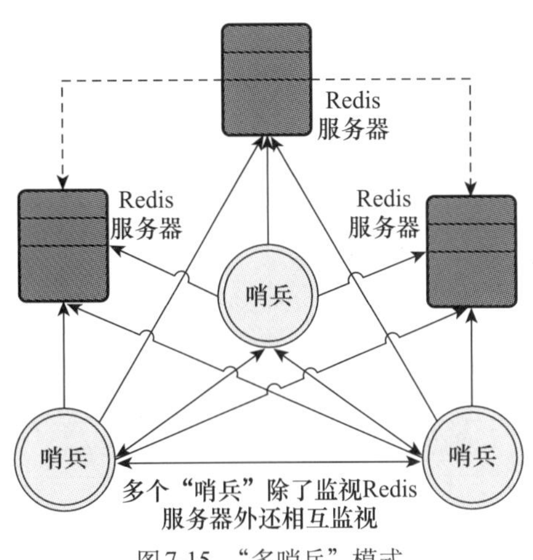

图7-15 “多哨兵”模式

“多哨兵”模式下故障切换的过程：假设Master服务器宕机，一个“哨兵”(可称其为“哨兵1”）先监测到这个结果，此时系统并不会马上进行故障切换操作，而仅仅是“哨兵1”主观地认为Master服务器已经不可用，这个现象被称为主观下线。当后面的“哨兵”

也监测到了Master服务器不可用，且有一定数量的“哨兵”认为Master服务器不可用，此时“哨兵”之间就会形成一次投票，投票的结果是由一个“哨兵”发起进行故障切换操作。在故障切换成功后，会通过发布订阅方式，让各个“哨兵”自己监控的服务器实现切换Master，这个过程被称为客观下线。这些操作对于客户端而言都是透明的。

“哨兵”模式的实施，确保了在主节点发生故障时，能够自动地在从节点中选举出一个新的主节点，继续提供服务。这一过程对于客户端来说是透明的，因为它由哨兵在后台自动处理，从而极大地提高了系统的鲁棒性和可用性。

综上所述，“哨兵”模式提供了如下功能：

- **监控（monitoring）**：监控Redis的Master和Slave进程是否正常工作。
- **通知（notification）**：若Redis实例有故障，报警并通知管理员。
- **自动故障转移（automatic failover）**：当Master节点不能正常工作时，“哨兵”会开始一次自动的故障转移操作：它会在原来“故障Master节点”的所有Slave节点中挑选一个节点，将挑选的节点升级为新的Master节点，并且将其他的Slave节点指向这个新的Master节点。
- **配置提供者（configuration provider）**：若故障迁移发生了，通知客户端新的Master节点地址。

7.4.2 “哨兵”模式的工作原理

“哨兵”模式的工作原理是：“哨兵”发送【ping】命令，并等待Redis服务器的响应；如果在指定的时间内，Master服务器无响应，则判断Master服务器宕机；之后选择一台Slave服务器上位，将其切换为Master。简言之就是Master节点出现故障时，由“哨兵”自动完成故障的发现和转移，并通知应用方，从而实现对多个Redis服务器运行的监控。“哨兵”模式的工作原理如图7-16所示。

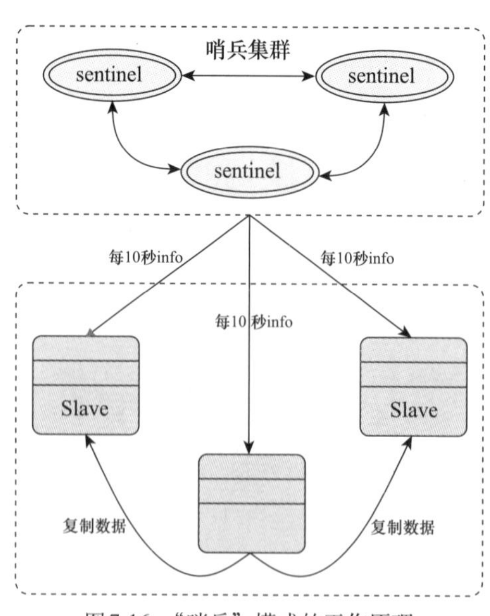

图7-16 “哨兵”模式的工作原理

“哨兵”模式的工作流程如图7-17所示，具体分为以下几步：

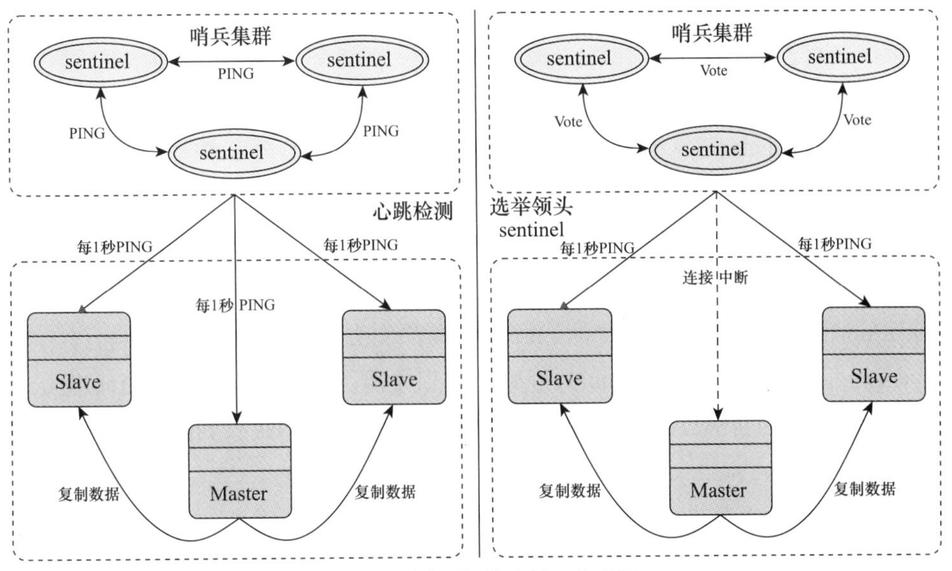

图7-17 “哨兵”模式的工作流程

第1步： 心跳机制。每个sentinel（哨兵）会以每秒一次的频率向它所知的Master服务器、Slave服务器以及其他sentinel实例发送一条【PING】命令作为心跳检测，来确认这些服务器的网络连接情况，获取其拓扑结构和状态信息。

第2步： 判断Master节点是否下线。每个sentinel节点每隔1秒向所有的节点发送一条【PING】命令，以检测主从服务器的网络连接状态。若Master节点回复【PING】命令的时间超过down-after-milliseconds配置项设定的阈值（默认设置为30 s），则这个Master会被sentinel标记为“主观下线”。

当sentinel将一个Master服务器判断为主观下线之后，为了确认这个Master服务器是否真的下线了，该sentinel会向同样监视这一Master服务器的其他sentinel进行询问，看它们是否也认为此Master服务器已经是下线状态（可以是“主观下线”或“客观下线”）。当sentinel从其他sentinel那里接收到足够数量的已下线判断之后，sentinel便将此Master服务器判定为“客观下线”，并对此Master服务器开始执行故障转移操作。

“客观下线”状态的判断条件：当认为Master服务器已经进入下线状态的sentinel的数量超过sentinel配置中配置项quorum所设置的值的时候，该sentinel就会认为Master服务器已经进入“客观下线”状态。

第3步： 选举领头sentinel。当一个Master服务器被判断为“客观下线”时，监视这个Master服务器的各个sentinel会进行协商，选举出一个领头sentinel，并由领头sentinel对Master服务器执行故障转移操作。

选举领头sentinel的规则包括：

- 所有监视同一台Master服务器的多个在线sentinel中的任意一个都有可能成为领头sentinel。

● 每次进行领头sentinel选举之后，无论选举是否成功，所有sentinel的配置纪元（configuration epoch）的值都会加1。配置纪元实际上就是一个计数器。

● 在一个配置纪元里，所有的sentinel都有一次将某个sentinel设置为局部领头sentinel的机会，并且局部领头一旦设置，在这个配置纪元里就不能再更改。

● 每个发现Master服务器进入"客观下线"的sentinel都会要求其他sentinel将自己设置为局部领头sentinel。

● 当一个源sentinel向目标sentinel发送【SENTINEL is-master-down-by-addr】命令，并且命令中的runid参数不是"*"符号而是源sentinel的运行ID的时候，表示源sentinel要求目标sentinel将源sentinel设置为目标sentinel的局部领头sentinel。

● sentinel设置局部领头sentinel的规则是先到先得，即最先向目标sentinel发送设置要求的源sentinel将成为目标sentinel的局部领头sentinel，而之后接收到的所有设置要求都会被目标sentinel拒绝。

● 目标sentinel在接收到【is-master-down-by-addr】命令后，将向源sentinel返回一条命令，包含了目标sentinel的局部领头sentinel的运行ID（leader_runid）和配置纪元。

● 源sentinel接收到目标sentinel返回的命令回复后，会检查返回的配置纪元是否与自己的配置纪元相同。如果相同，再检查leader_runid是否和自己的runid一致，如果一致就表示目标sentinel将源sentinel设置成了局部领头sentinel。

● 如果有某个sentinel被半数以上的sentinel设置成了局部领头sentinel，且达到了配置项quonum所设置的值，那么这个sentinel就成为了领头sentinel。

● 因为领头sentinel的产生需要半数以上的sentinel支持，并且每个sentinel在每个配置纪元只能设置一次局部领头sentinel，所以在一个配置纪元里只会出现一个领头sentinel。

● 如果在给定的时限内，没有一个sentinel被选举为领头sentinel，那么各个sentinel将在一段时间之后再次进行选举，直到选出领头sentinel为止。

第4步：故障转移。故障转移的一个主要问题就是要选择一个Slave服务器作为Master服务器，这和选主领头sentinel的问题差不多。

选择一个sentinel作为Master服务器的过程大致如下：

（1）选优先级最高的节点，通过sentinel配置文件中的replica-priority配置项，该选项的值越小，表示优先级越高。

（2）如果（1）中的优先级相同，选择"offset"值最大的。"offset"表示Master服务器向Slave服务器同步数据的偏移量，该值越大表示同步的数据越多。

（3）如果（2）中的"offset"也相同，选择"runid"值较小的。

通过以上四个关键步骤，利用Redis的sentinel模式实现了故障的自动检测与转移，达到自动高可用性的目的。

注意

Redis通过sentinel模式，可以监控各个节点，实现自动故障迁移，保证了一定的高可用性；然而在主从模式中，切换Master服务器需要时间，且切换期间，不能对外提供服务，同时也没有解决Master服务器的写压力的问题。

7.4.3 “哨兵”模式的搭建

本节将在7.2.1搭建星形结构的“一主二从”环境的基础上，为每一个Redis实例启动一个“哨兵”，配置为“一主二从三哨兵”环境，如图7-18所示。

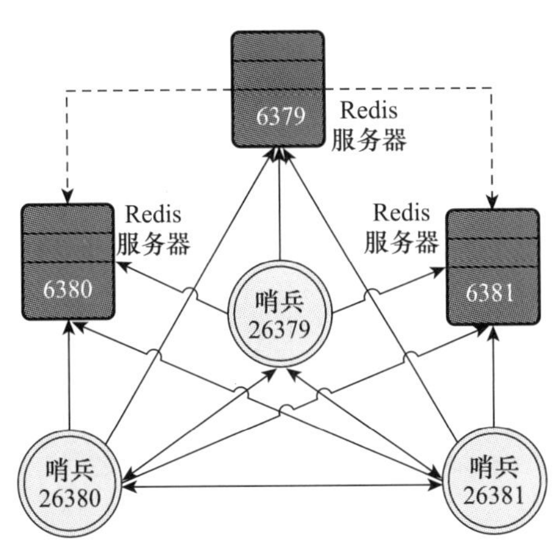

图7-18 “一主二从三哨兵”环境

提示

这里的“一主二从三哨兵”环境是一种模拟的“伪”模式，它并不是由独立的服务器组建的，而是在同一台主机上配置了6个不同端口（6379、6380、6381、26379、26380、26381）来模拟Redis实例的一种“伪”模式。在生产环境下，一般将不同的实例分别部署在不同的主机上，此时由于各主机的IP地址不同，可以使用相同端口。例如，所有的Redis服务器默认为6379端口，“哨兵”服务器默认为26379端口。

与“哨兵”模式相关的配置项如表7-2所示。

表7-2 Redis中的“哨兵”模式相关的配置项

序号	配置项	功能
1	protected-mode no	关闭保护模式
2	port 26379	sentinel实例使用的端口号
3	daemonize no	是否使用守护进程模式运行
4	pidfile /var/run/redis-sentinel.pid	配置pid文件名

续表

序号	配置项	功能
5	dir /tmp	配置工作目录
6	sentinel monitor <master-name> <ip> <redis-port> <quorum>	配置监控的主节点的名字、IP和端口，quorum表示至少有几台sentinel节点发现有问题，就会发生故障转移。一般建议将其设置为sentinel节点总数的一半加1。
7	sentinel auth-pass <master-name> <password>	配置监控的主从节点的密码
8	sentinel down-after-milliseconds <master-name> <milliseconds>	判断主节点主观离线的超时时间（单位为毫秒）
9	requirepass <password>	配置sentinel实例的密码
10	sentinel sentinel-pass <password>	配置访问监控的sentinel实例的密码
11	sentinel parallel-syncs <master-name> <numreplicas>	故障转移操作时，parallel-syncs用来限制在一次故障转移之后，每次向新的主节点发起复制操作的从节点个数。numreplicas代表每次能复制的个数。
12	sentinel failover-timeout <master-name> <milliseconds>	配置故障转移的超时时间
13	SENTINEL master-reboot-down-after-period mymaster 0	设置Master重新启动后、故障转移之前sentinel接受-LOADING响应的时间（以毫秒为单位）。设置为0时，sentinel在接收到来自Master的-LOADING响应时不会发生故障转移。

搭建“一主二从三哨兵”环境的过程如下：

第1步：在Redis的离线下载包解压后的目录中找到sentinel.conf文件，将此文件复制三份至/etc/redis/目录中，并分别命名为sentinel-26379.conf、sentinel-26380.conf和sentinel-26381.conf，然后分别修改其配置项。

① 配置文件sentinel-26379.conf的相关配置项的修改如下：

```
port 26379
daemonize yes
pidfile /var/run/redis-sentinel-26379.pid
```

```
logfile "./sentinel-26379.log"
requirepass 123456
sentinel sentinel-pass 123456
sentinel auth-pass mymaster 123456
```

② 配置文件sentinel-26380.conf的修改参考sentinel-26379.conf文件，不同之处如下：

```
port 26380
pidfile /var/run/redis-sentinel-26380.pid
logfile "./sentinel-26380.log"
```

③ 配置文件sentinel-26381.conf的修改也参考sentinel-26379.conf文件，不同之处如下：

```
port 26381
pidfile /var/run/redis-sentinel-26381.pid
logfile "./sentinel-26381.log"
```

第2步： 启动3个Redis“哨兵”实例（应在启动Redis实例之后）。

使用命令启动3个Redis“哨兵”实例，启动命令如下，再输入查看进程命令查看“哨兵”实例的启动情况，如图7-19所示。

```
redis-sentinel /etc/redis/sentinel-26379.conf
redis-sentinel /etc/redis/sentinel-26380.conf
redis-sentinel /etc/redis/sentinel-26381.conf
```

```
test@ubuntu-svr:/usr/local/redis$ ./bin/redis-sentinel sentinel-26379.conf
test@ubuntu-svr:/usr/local/redis$ ./bin/redis-sentinel sentinel-26380.conf
test@ubuntu-svr:/usr/local/redis$ ./bin/redis-sentinel sentinel-26381.conf
test@ubuntu-svr:/usr/local/redis$ ps -aux|grep sentinel
test        1651  0.3  0.1  40696  5152 ?       Ssl  10:49   0:00 ./bin/redis-s
entinel *:26379 [sentinel]
test        1656  0.3  0.1  40712  5152 ?       Ssl  10:49   0:00 ./bin/redis-s
entinel *:26380 [sentinel]
test        1661  0.3  0.1  40708  5152 ?       Ssl  10:49   0:00 ./bin/redis-s
entinel *:26381 [sentinel]
test        1667  0.0  0.0  12300  2816 pts/0   S+   10:49   0:00 grep --color=
auto sentinel
test@ubuntu-svr:/usr/local/redis$
```

图7-19 启动3个Redis“哨兵”实例并查看进程

第3步： 演示故障转移。

① 使用【info replication】命令查看各Redis主机运行情况（见图7-8和图7-9）

② 关闭端口号为6379的Redis实例，等待30秒之后再次查看各主机的运行情况，如图7-20所示。

```
test@ubuntu-svr:/usr/local/redis$ ./bin/redis-cli -p 6380
127.0.0.1:6380> auth 123456
OK
127.0.0.1:6380> info replication
# Replication
role:master
connected_slaves:1
slave0:ip=127.0.0.1,port=6381,state=online,offset=50019,lag=1
master_failover_state:no-failover
master_replid:be955111e82cb200dddaf4480a66854ab6092b8b
master_replid2:c32bc5720f98791d0c4b544818344c4e7992d55a
master_repl_offset:50019
second_repl_offset:36732
repl_backlog_active:1
repl_backlog_size:1048576
repl_backlog_first_byte_offset:15
repl_backlog_histlen:50005
127.0.0.1:6380>
```

6380实例角色变为master，并且6381实例作为slave已连接

```
127.0.0.1:6381> info replication
# Replication
role:slave
master_host:127.0.0.1
master_port:6380
master_link_status:up
master_last_io_seconds_ago:0
master_sync_in_progress:0
slave_read_repl_offset:60729
slave_repl_offset:60729
slave_priority:100
slave_read_only:1
replica_announced:1
connected_slaves:0
master_failover_state:no-failover
master_replid:be955111e82cb200dddaf4480a66854ab6092b8b
master_replid2:c32bc5720f98791d0c4b544818344c4e7992d55a
master_repl_offset:60729
second_repl_offset:36732
repl_backlog_active:1
repl_backlog_size:1048576
repl_backlog_first_byte_offset:57
repl_backlog_histlen:60673
127.0.0.1:6381>
```

6381实例的master变为6380实例

图7-20　6380实例与6381实例的运行情况

在主机中使用【kill】命令关闭端口为6379的Redis实例之后，等待大约30秒的时间，再继续使用【info replication】命令查看各实例的运行情况：6379实例已关闭；6380实例变为Master角色，并且有一个Slave为6381实例；6381实例依然是Slave角色，但其连接的Master已改为6380实例。

当6379实例关闭之后，只要其中两个“哨兵”都在30秒内连不上6379实例，就会分别认为是“主观下线”。当3个“哨兵”相互沟通后，就确定为“客观下线”。然后“哨兵”们选举出一个“哨兵”为“领头哨兵”，由“领头哨兵”按一定的策略在所有的Slave中选举出一个实例，将其升级为Master角色（本例中选举的是6380实例升级为Master，实际上6381实例也可能被选中），然后通知其他实例（本例中为6381实例）作为Slave连接新的Master（6380实例）。

本章总结

通过本章的学习，读者应熟悉Redis的主从复制、“哨兵”模式的原理、配置及执行流程，并能够结合实际应用场景熟练地应用。

拓展阅读

数据安全典型案例

2021年12月，上海某信息科技公司接受一境外公司委托，在对方规定的北京、上海等16个城市及相应高铁线路上，采集了我国铁路信号数据（包括物联网、蜂窝和高铁移动通信专网敏感信号等数据），并在数据采集设备上为该境外公司开通了远程登录端口，方便境外公司实时获取对应的测试数据。

经鉴定，上海某信息科技公司为境外公司搜集、提供的数据涉及铁路GSM-R敏感信号。GSM-R是高铁移动通信专网，直接用于高铁列车运行控制和行车调度指挥，是高铁的“千里眼、顺风耳”，承载着高铁运行管理和指挥调度等各种指令。

上海这家公司的行为是《数据安全法》《无线电管理条例》等法律法规严令禁止的非法行为，其所采集的相关数据被国家保密行政管理部门鉴定为情报。

练习与实践

【单选题】

1. Redis中配置Slave服务器的命令是（　　）。

A. redis-cli　　B. slave　　C. slaveof　　D. masterof

2. Redis的Slave服务器向Master服务器发出（　　）命令表示开始进行数据同步。

A. psync/sync　　B. bgsave　　C. save　　D. ping

【多选题】

1. 下列有关Redis“哨兵”模式所提供的功能中，说法正确的是（　　）。

A. 监控Redis服务器　　B. 自动故障转移

C. 故障通知　　D. 配置提供者

2. 下列关于Redis主从复制的描述中，正确的是（　　）。

A. 主从复制可以实现读写分离，提高性能

B. 主从复制可以完美实现高可用性

C. 在主从复制中，数据同步由Slave服务器发起

D. 在主从复制中，数据同步由Master服务器发起

【判断题】

1. Redis的在进行主从复制过程中，必须先将数据持久化为RDB文件并存盘，然后才能同步数据。

A. 对　　B. 错

2. 在Redis“哨兵”模式进行自动故障转移之前，将在“哨兵”集群中随机挑选一台

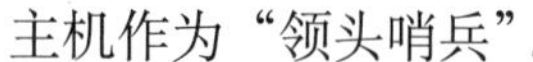

主机作为“领头哨兵”。

A. 对　　　　　　　　　　B. 错

3. 在Redis“哨兵”模式中，“哨兵”仅监控各Redis主机。

A. 对　　　　　　　　　　B. 错

【实训任务】

Redis主从复制以及“哨兵”模式的配置	
项目背景介绍	实验室有3台安装有Ubuntu系统的服务器，请在系统中部署Redis数据库，并确保Redis的高性能和高可用性。提示：配置为“一主二从三哨兵”模式
任务概述	1. 分别在服务器中安装配置Redis数据库 2. 实现“一主二从”的主从复制配置 3. 在主机间配置三个“哨兵”模式 4. 模拟主机故障，观察Redis在“哨兵”模式下的自动故障转移
实训记录	
教师考评	评语： 辅导教师签字：________

Redis的集群模式

本章导读

本章介绍了Redis 集群（cluster）的概念、简单原理，以及设置、测试和操作集群的方法。

学习目标

- 掌握Redis集群的原理、特点。
- 掌握Redis集群的配置。
- 掌握Redis集群节点的操作。

技能要点

- Redis集群的配置。
- Redis集群节点的操作。

实训任务

- Redis集群模式的配置。

8.1 Redis的集群模式概述

为了解决单点故障的问题，Redis采用了主从模式。然而，这种模式在Master节点出现故障时，存在一个显著的缺陷：服务恢复需要人工介入，即需人工手动将Slave节点切换为Maser节点。为了解决这个问题，Redis引入了“哨兵”模式。

“哨兵”模式是一种高可用性解决方案。在Master节点发生故障时，“哨兵”模式能够自动将Slave节点提升为Master节点而无须人工干预，从而确保服务的连续性和可用性。然而，无论是主从模式还是“哨兵”模式，都未能实现真正的数据分片存储。在这两种模式中，每个Redis实例中存储的都是全量数据，这在一定程度上限制了系统的水平扩展能力。

为了克服这一限制，Redis集群（cluster）应运而生。Redis集群实现了真正的数据分片存储，通过将数据分片存储在多个节点上，提高了系统的可扩展性和容错能力，从而能够满足更大规模的数据处理需求。

8.1.1 什么是Redis集群

Redis集群是一种高度可扩展和高可用的多节点数据存储解决方案，它用于在多个Redis实例之间共享数据。Redis集群与传统的Redis主从复制模式不同，后者通常只包含一个负责处理写操作的Master节点，而Redis集群架构采用了一种更为动态的多Master节点方法。在这种结构中，每个Master节点都承担着不同的数据片段，这些数据通过先进的数据分片技术被智能地分配到各个Master节点上。

为了确保集群的高可用性，Redis集群中的每个主节点均配置了主从复制功能，并且整合了“哨兵”模式。该模式允许每个主节点下至少配置一个从节点。这种配置的目的在于，如果某个主节点由于任何原因变得不可用，其下的从节点之一可以被自动提升为新的主节点，从而保证集群的连续运行和数据的一致性。

综上所述，Redis集群通过其独特的多Master节点设计，结合数据分片技术，以及主从复制和“哨兵”模式的集成，提供了一个既可靠又具有弹性的分布式数据存储方案，适用于那些对数据持久性和系统稳定性有着严苛要求的场景。

8.1.2 代理主机集群模式

在Redis 3.0版之前，Redis仅支持单实例模式，这在很多情况下限制了其存储能力的扩展。为了克服这一限制并解决存储性能的瓶颈问题，业界通常采用代理主机模式来构建和运行Redis集群。通过这种模式，可以将多个Redis实例有效地组织在一起，实现数据的水平分片，从而提高系统整体的存储容量和处理能力。

在代理主机模式集群（见图8-1）下，客户端的所有请求首先被发送到代理服务器，然后由代理服务器根据一定的算法将请求分发到后端的Redis实例。这样，不仅可以实现负载均衡，还可以通过增加更多的Redis实例来线性扩展整个系统的存储和处理能力。此外，代理主机模式集群还提供了一定程度的故障转移和高可用性，当某个Redis实例出现故障时，代理服务器可以将请求重新路由到其他正常的实例，从而保证服务的连续性。

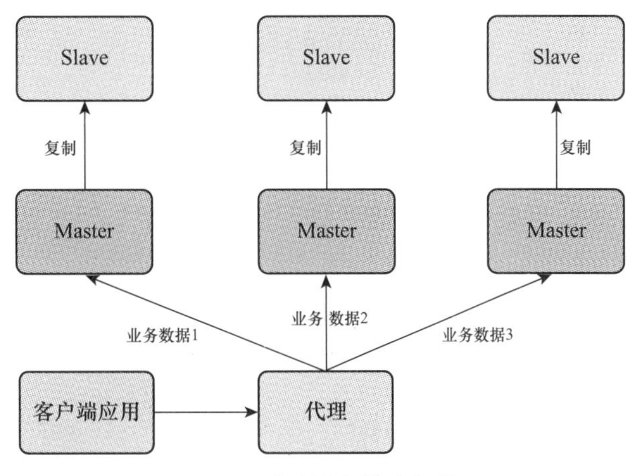

图8-1 代理主机模式集群

尽管代理主机模式为Redis集群的构建提供了一种解决方案，但在设计和维护这样的系统时，需要考虑到数据的一致性、系统的可扩展性以及网络延迟等因素，以确保系统的稳定性和性能。因此，构建Redis集群是一个需要综合考虑多种因素的复杂过程，需要专业的知识和经验。

8.1.3 无中心化集群模式

Redis自3.0版本起，引入了一项重大的功能改进：去中心化的集群模式。这一创新设计使得在构建高可用性和高性能的分布式环境时，集群能够更加灵活地扩展和维护，同时降低了对中心节点的依赖。这种无中心化架构不仅提供了更为稳健的数据管理机制，而且为系统管理员和开发人员带来了更大的便利，因为它简化了集群的管理，并且增强了系统的容错能力。

在无中心化架构的Redis集群（见图8-2）中，任一Master节点均可作为集群的入口节点，负责接收来自客户端的请求。在集群内部，各Master节点之间会相互协调，将请求转发至适当的节点，直至定位到所需的业务数据。

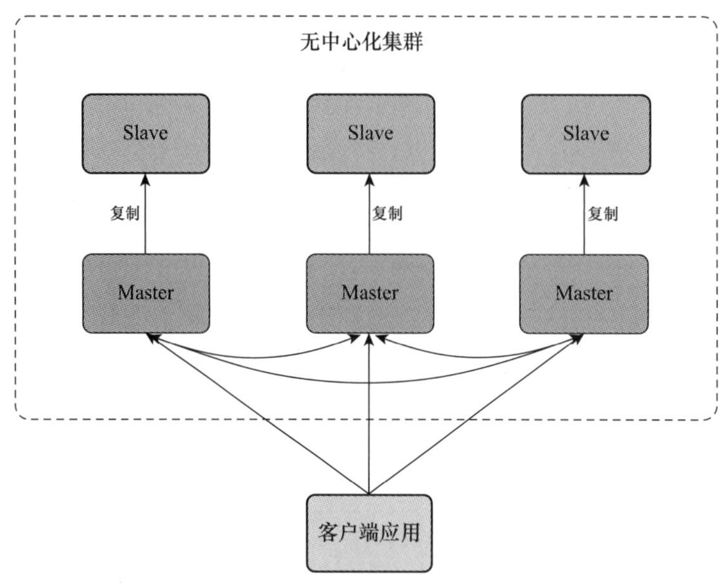

图8-2　无中心化集群

无中心化集群的优势在于，当Redis集群的拓扑结构发生改变时，客户端无须感知这些变动。客户端可以像使用单一Redis服务器一样，透明地访问和操作Redis集群，这大大简化了运维管理的复杂性。

采用无中心化集群架构能够实现高可用性、灵活的扩展性以及便捷的管理，使系统具有更高的可靠性和可维护性。

8.1.4 Redis集群中的哈希槽

Redis集群中引入了“哈希槽”的概念，Redis集群有16 384个哈希槽，进行set操作时，每个key会通过CRC16校验后再对16 384取模来决定放置在哪个槽。搭建Redis集群时会先给集群中每个Master节点分配一部分哈希槽。例如，当前集群有3个Master节点，Master1节点包含0~5 460号哈希槽，Master2节点包含5 461~10 922号哈希槽，Master3节点包含10 923~16 383号哈希槽，如图8-3所示。当执行【set key value】命令时，假如CRC16(key) % 16 384 = 1 024，那么这个key就会被分配到Master1节点上。

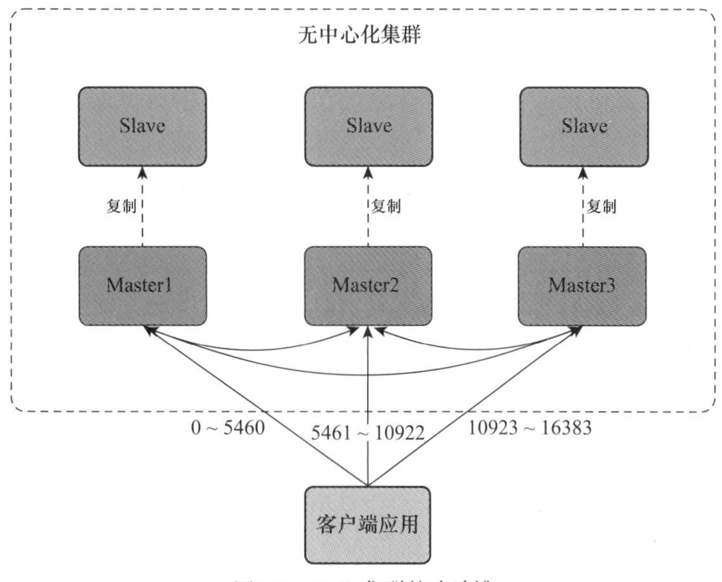

图 8-3　Redis 集群的哈希槽

8.1.5　Redis集群节点间的通信

Redis集群中的数据是通过哈希槽的方式分开存储的，因此，集群中每个节点都需要知道其他所有节点的状态信息，包括当前集群状态、集群中各节点负责的哈希槽、集群中各节点的主从状态、集群中各节点的存活状态等。Redis集群中，节点之间通过建立TCP连接，再使用gossip协议传播集群信息，如图8-4所示。

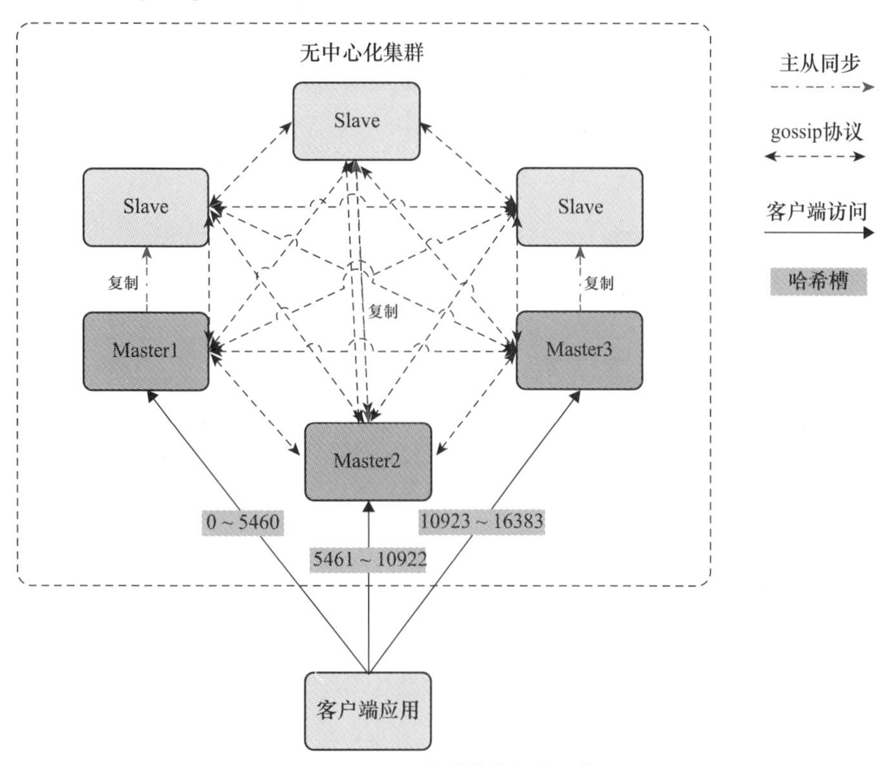

图 8-4　Redis 集群节点间的通信

gossip协议，是一种消息传播的机制，类似人们的口口相传，可以一传十，十传百，直至所有人都接收到内容。Redis集群中各节点之间传递消息就是基于gossip协议，最终达到所有节点都知道整个集群完整的信息。gossip协议有4种常用的消息类型：PING、PONG、MEET、FAIL。

- PING：集群内每个节点每秒会向其他节点发送PING消息，用来检测其他节点是否正常工作，并交换彼此的状态信息。PING消息中会包括自身节点的状态数据和其他部分节点的状态数据。
- PONG：当接收到PING消息和MEET消息时，会向发送方回复PONG消息。PONG消息中包括自身节点的状态数据。节点也可以通过广播的方式发送自身的PONG消息，以此来通知整个集群对自身状态进行更新。
- MEET：当需要向集群中加入新节点时，需要集群中的某个节点发送MEET消息到新节点，通知新节点加入集群。新节点收到MEET消息后，会回复PONG消息给发送者。
- FAIL：当一个节点判定另一个节点下线时，会向集群内广播一个FAIL消息，其他节点接收到FAIL消息之后，把对应节点更新为下线状态。

8.1.6 Redis集群的MOVED重定向

Redis客户端可以向Redis集群中的任意Master节点发送操作指令，可以向所有节点（包括Slave节点）发送查询指令。当Redis节点接收到相关指令时，会先计算key落在哪个哈希槽上（对key进行CRC16校验后再用16 384取模）。如果key计算出的哈希槽恰好在自身节点上，那么就直接处理指令并返回结果；如果key计算出的哈希槽不在自身节点上，那么当前节点就会查看它内部维护的哈希槽与节点ID之间的映射关系，然后给客户端返回一个MOVED错误：`MOVED [哈希槽] [节点IP:端口]`。这个错误包含操作的key所属的哈希槽和能处理这个请求的Redis节点的IP和端口号，例如，`MOVED 13140 192.168.197.130:6379`，客户端需要根据此信息重新发送查询指令到给定IP和端口的Redis节点。图8-5展示了Redis集群的MOVED重定向。

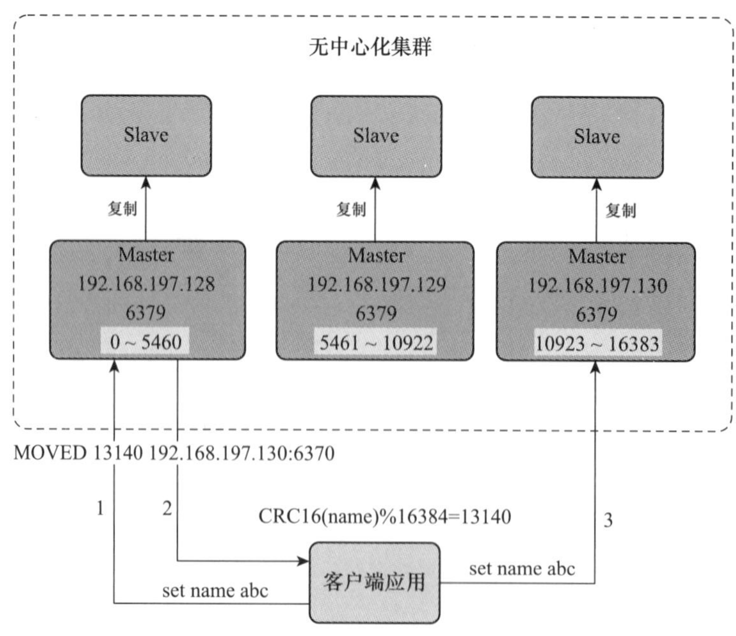

图8-5　Redis集群的MOVED重定向

8.1.7 Redis集群的特点

Redis集群通过水平扩展的方式实现了对Redis的扩容，具体而言，它启动了N个Redis节点，并将整个数据库分散存储在这些节点上，每个节点负责存储总数据的$1/N$。这种设计使得Redis集群具备相当高的可用性，即使在部分节点失效或无法进行通信的情况下，集群仍然能够继续处理命令请求。

需要强调的是，Redis集群并不支持涉及多个键的操作，例如，使用【mset】命令会导致操作失败。此外，Redis集群也不具备对多键的Redis事务的支持，同时也不支持使用Lua脚本。

8.2 Redis集群的操作

如何搭建一个稳定且高效的Redis集群环境，以及如何在现有集群中动态地添加或移除节点，只有掌握这些Redis集群管理的关键技术和操作步骤，才能确保集群的可扩展性与灵活性，为高效处理大规模的数据提供基础。

8.2.1 Redis集群环境的搭建

要让集群正常运作至少需要3个Master节点，为了实现高可用性，每个Master节点至少要有一个Slave节点。本节将以3个Master节点+3个Slave节点为例介绍搭建集群的过程。

准备三台服务器，IP地址分别为：192.168.19 7.128、192.168.197.129和192.168.197.130；在每台服务器上安装好Redis数据库，每台服务器上配置两个Redis实例。例如，端口号为6379的Redis实例为Master节点、端口号为6380的实例为其Slave节点，如图8-6所示。

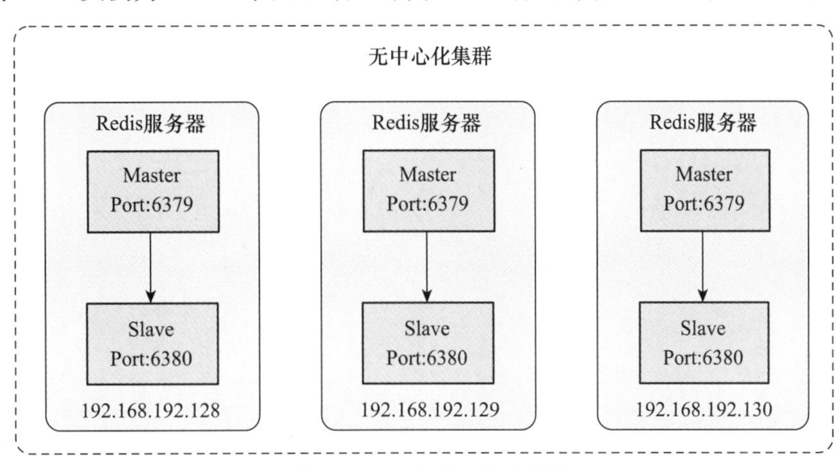

图8-6 Redis集群架构示意图

第1步：在服务器192.168.197.128的/etc/redis/目录下创建两个配置文件6379.conf和6380.conf，并分别修改其配置项。

① 配置文件6379.conf的设置。在Redis的离线下载包解压后的目录中找到redis.conf

文件，将此文件复制一份并改名为6379.conf，然后修改相关配置项。配置文件6379.conf的关键代码如下（未列出的配置项按安装时的配置）：

```
# ------- Redis基本配置 -------------
#bind 127.0.0.1 -::1
protected-mode no
port 6379
daemonize yes
requirepass 123456
pidfile /var/run/redis_6379.pid
dir /var/lib/redis/
dbfilename dump-6379.rdb
appendfilename "appendonly-6379.aof"
logfile "/var/log/redis/redis-6379.log"
masterauth 123456
# ------- 集群配置 -------------
# 开启Redis集群
cluster-enabled yes
# 保存节点配置文件的路径,默认值为nodes.conf
# 节点配置文件无须人为编辑,它由Redis集群在启动时自动创建,
# 并在有需要时自动更新,此处用端口号标识不同实例的文件
cluster-config-file nodes-6379.conf
# 集群节点超时时间
cluster-node-timeout 5000
```

② 配置文件6380.conf与6379.conf的处理方法类似，文件6380.conf的关键代码如下：

```
# ------- Redis基本配置 -------------
#bind 127.0.0.1 -::1
protected-mode no
port 6380
daemonize yes
requirepass 123456
pidfile /var/run/redis_6380.pid
dir /var/lib/redis/
dbfilename dump-6380.rdb
appendfilename "appendonly-6380.aof"
logfile "/var/log/redis/redis-6380.log"
masterauth 123456
# ------- 集群配置 -------------
# 开启Redis集群
cluster-enabled yes
# 保存节点配置文件的路径,默认值为nodes.conf
```

```
# 节点配置文件无须人为编辑，它由Redis集群在启动时自动创建，
# 并在有需要时自动更新，此处用端口号标识不同实例的文件
cluster-config-file nodes-6380.conf
# 集群节点超时时间
cluster-node-timeout 5000
```


③ 其他两台服务器上的配置文件请参考上述两个文件的修改，注意配置文件中的服务器的IP地址和端口号。

第2步：分别启动三台服务器上的所有Redis实例，如图8-7所示。

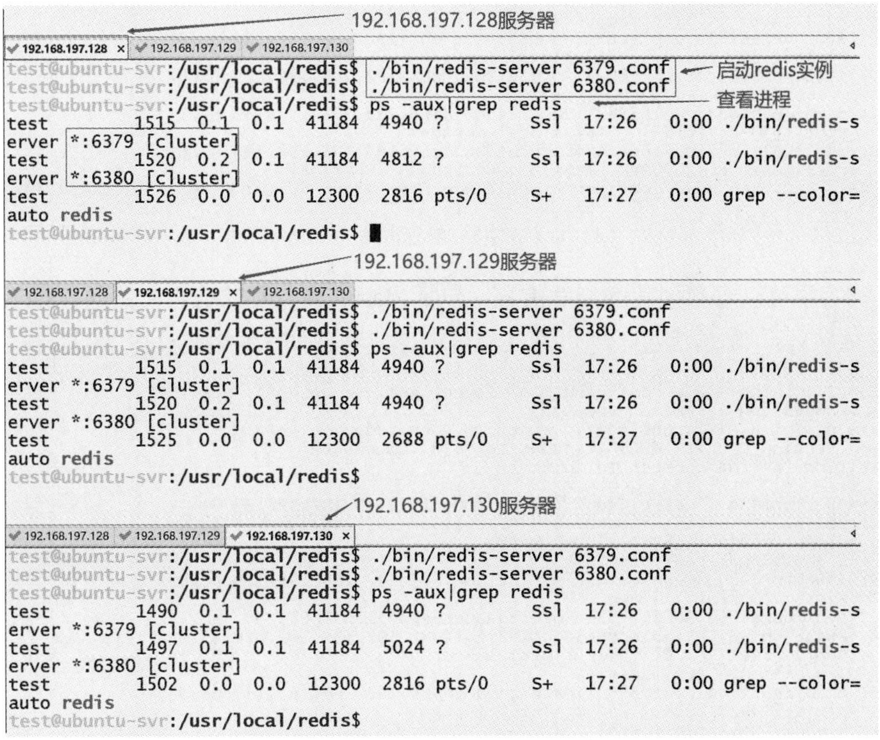
192.168.197.128服务器
192.168.197.128
192.168.197.129
192.168.197.130
test@ubuntu-svr:/usr/local/redis$ ./bin/redis-server 6379.conf
test@ubuntu-svr:/usr/local/redis$ ./bin/redis-server 6380.conf
启动redis实例
test@ubuntu-svr:/usr/local/redis$ ps -aux|grep redis
查看进程
test 1515 0.1 0.1 41184 4940 ? Ssl 17:26 0:00 ./bin/redis-s
erver *:6379 [cluster]
test 1520 0.2 0.1 41184 4812 ? Ssl 17:26 0:00 ./bin/redis-s
erver *:6380 [cluster]
test 1526 0.0 0.0 12300 2816 pts/0 S+ 17:27 0:00 grep --color=
auto redis
test@ubuntu-svr:/usr/local/redis$
192.168.197.129服务器
test@ubuntu-svr:/usr/local/redis$ ./bin/redis-server 6379.conf
test@ubuntu-svr:/usr/local/redis$ ./bin/redis-server 6380.conf
test@ubuntu-svr:/usr/local/redis$ ps -aux|grep redis
test 1515 0.1 0.1 41184 4940 ? Ssl 17:26 0:00 ./bin/redis-s
erver *:6379 [cluster]
test 1520 0.2 0.1 41184 4940 ? Ssl 17:26 0:00 ./bin/redis-s
erver *:6380 [cluster]
test 1525 0.0 0.0 12300 2688 pts/0 S+ 17:27 0:00 grep --color=
auto redis
test@ubuntu-svr:/usr/local/redis$
192.168.197.130服务器
test@ubuntu-svr:/usr/local/redis$ ./bin/redis-server 6379.conf
test@ubuntu-svr:/usr/local/redis$ ./bin/redis-server 6380.conf
test@ubuntu-svr:/usr/local/redis$ ps -aux|grep redis
test 1490 0.1 0.1 41184 4940 ? Ssl 17:26 0:00 ./bin/redis-s
erver *:6379 [cluster]
test 1497 0.1 0.1 41184 5024 ? Ssl 17:26 0:00 ./bin/redis-s
erver *:6380 [cluster]
test 1502 0.0 0.0 12300 2816 pts/0 S+ 17:27 0:00 grep --color=
auto redis
test@ubuntu-svr:/usr/local/redis$

图8-7　启动各服务器上的所有Redis实例

第3步：用【redis-cli】命令创建整个Redis集群。

Redis自4.x版本后，用【redis-cli】命令便可以创建集群，该命令还多了一个可以认证集群密码的功能。【redis-cli】命令如下：

```
redis-cli -a 123456 --cluster create --cluster-replicas 1
192.168.197.128:6379 192.168.197.128:6380 192.168.197.129:6379 192.168.197.129:6380
192.168.197.130:6379 192.168.197.130:6380
```

参数说明：

- -a <集群密码>：指定登录集群的密码。
- --cluster create：创建集群。
- --cluster-replicas <n>：指定每个Master节点的Slave节点数为n；例如：--cluster-replicas 1 表示为集群中的每个Master节点创建一个Slave节点。

- <IP地址>:<端口>：指定集群中Redis服务器的地址和端口。

在任意主机执行该命令即可创建集群，如图8-8所示。

```
test@ubuntu-svr:/usr/local/redis$ ./bin/redis-cli -a 123456 --cluster create --c
luster-replicas 1 192.168.197.128:6379 192.168.197.128:6380 192.168.197.129:6379
 192.168.197.129:6380 192.168.197.130:6379 192.168.197.130:6380
Warning: Using a password with '-a' or '-u' option on the command line interface
 may not be safe.
>>> Performing hash slots allocation on 6 nodes...
Master[0] -> Slots 0 - 5460
Master[1] -> Slots 5461 - 10922
Master[2] -> Slots 10923 - 16383
Adding replica 192.168.197.129:6380 to 192.168.197.128:6379
Adding replica 192.168.197.130:6380 to 192.168.197.129:6379
Adding replica 192.168.197.128:6380 to 192.168.197.130:6379
M: 60196673ff334e5616953aa0da5eb44512511662 192.168.197.128:6379
   slots:[0-5460] (5461 slots) master
S: 9051c8b5a2da25d04b2e97ac7562d8965e30f628 192.168.197.128:6380
   replicates 8c7d17e394d3d372b1d8962118a2d7c49d658564
M: e6426090a8371a5aab1ecd8c5edec883990f4d8f 192.168.197.129:6379
   slots:[5461-10922] (5462 slots) master
S: 1f6c2fd73400248ebb3c09d6775f9287fdb1f8b4 192.168.197.129:6380

M: 8c7d17e394d3d372b1d8962118a2d7c49d658564 192.168.197.130:6379
   slots:[10923-16383] (5461 slots) master
S: 24d0f051a58276db416dec4f454d61bfd9b11e86 192.168.197.130:6380
   replicates e6426090a8371a5aab1ecd8c5edec883990f4d8f
Can I set the above configuration? (type 'yes' to accept): yes
```

集群创建命令
哈希槽预分配方案
集群中的主从信息
确认配置方案

图8-8　创建集群

从图8-8中可以看到创建的集群信息，包括Master节点及其哈希槽信息、Slave节点信息等。输入“yes”确认信息，即可看到集群创建成功，如图8-9所示。


```
Can I set the above configuration? (type 'yes' to accept): yes
>>> Nodes configuration updated
>>> Assign a different config epoch to each node
>>> Sending CLUSTER MEET messages to join the cluster
Waiting for the cluster to join

>>> Performing Cluster Check (using node 192.168.197.128:6379)
M: 60196673ff334e5616953aa0da5eb44512511662 192.168.197.128:6379
   slots:[0-5460] (5461 slots) master
   1 additional replica(s)
S: 1f6c2fd73400248ebb3c09d6775f9287fdb1f8b4 192.168.197.129:6380
   slots: (0 slots) slave
   replicates 60196673ff334e5616953aa0da5eb44512511662
M: e6426090a8371a5aab1ecd8c5edec883990f4d8f 192.168.197.129:6379
   slots:[5461-10922] (5462 slots) master
   1 additional replica(s)
M: 8c7d17e394d3d372b1d8962118a2d7c49d658564 192.168.197.130:6379
   slots:[10923-16383] (5461 slots) master
   1 additional replica(s)
S: 9051c8b5a2da25d04b2e97ac7562d8965e30f628 192.168.197.128:6380
   slots: (0 slots) slave
   replicates 8c7d17e394d3d372b1d8962118a2d7c49d658564
S: 24d0f051a58276db416dec4f454d61bfd9b11e86 192.168.197.130:6380
   slots: (0 slots) slave
   replicates e6426090a8371a5aab1ecd8c5edec883990f4d8f
[OK] All nodes agree about slots configuration.
>>> Check for open slots...
>>> Check slots coverage...
[OK] All 16384 slots covered.
test@ubuntu-svr:/usr/local/redis$
```

集群节点信息
集群创建成功

图8-9　集群创建成功

第4步：测试Redis集群。

集群输入创建成功之后，可以测试一下集群是否正常。测试可在任意一台服务器上进行，输入命令：

```
redis-cli -c -a 123456 -h 192.168.197.130 -p 6379
```

例如，在192.168.1197.130:6379的Master节点上添加一条数据，即执行【set name zhang】命令，如图8-10所示。

```
✔ 192.168.197.128  ▲ 192.168.197.129  ✔ 192.168.197.130 ×
test@ubuntu-svr:/usr/local/redis$ ./bin/redis-cli -c -a 123456 -h 192.168.197.13
0 -p 6379
Warning: Using a password with '-a' or '-u' option on the command line interface
 may not be safe.
192.168.197.130:6379> set name zhang
-> Redirected to slot [5798] located at 192.168.197.129:6379
OK
192.168.197.129:6379> get name
"zhang"
192.168.197.129:6379>
```


图8-10　集群测试--MOVED重定向

可以看到，当执行【set name zhang】命令时，Redis先自动重定向到了服务器192.168.168.129:6379中，在这台服务器的Redis实例中执行，而且可以正常获取数据。

8.2.2　向Redis集群中添加新节点

要向运行的Redis集群中添加一个新节点，需要分两种情况：一是添加一个Master节点，二是添加一个Slave节点。这两种情况的第一步都是要启动一个新的Redis实例，启动Redis实例所使用的配置文件与上面集群中各节点的配置文件一致，只需要修改文件中port、cluster-config-file、pidfile三个选项的配置即可。

1. 添加一个Master节点

首先，在192.168.197.130服务器上启动端口号为6381的Redis实例，要将它作为一个Master节点添加到集群中，需要执行以下命令：

```
    redis-cli -a 123456 --cluster add-node 192.168.197.130:6381
192.168.197.128:6379
```

其中，第一个<ip:port>参数是指新的Redis节点的IP和端口，第二个<ip:port>参数是指任意一个已经存在的Redis节点的IP和端口，执行过程如图8-11所示。

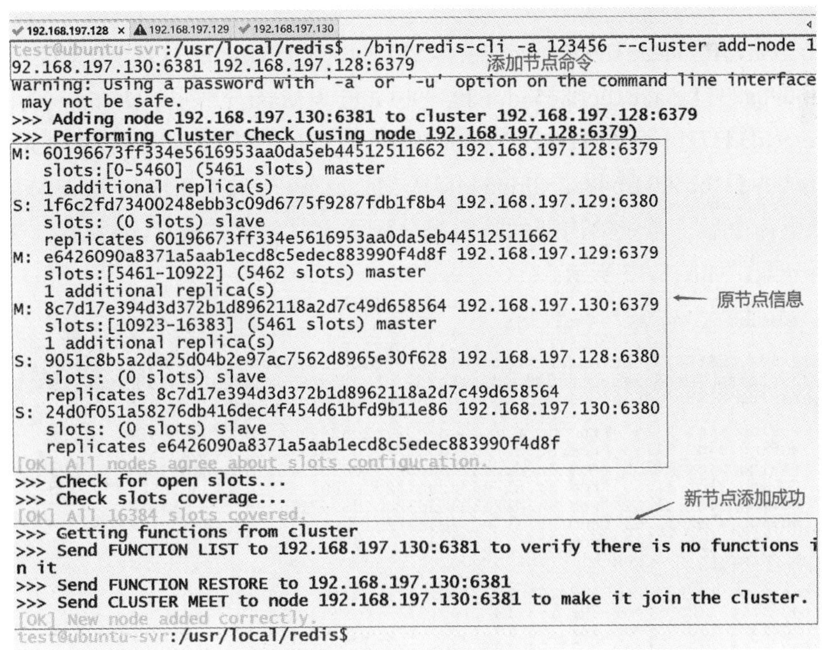

```
✔ 192.168.197.128 ×  ▲ 192.168.197.129  ✔ 192.168.197.130
test@ubuntu-svr:/usr/local/redis$ ./bin/redis-cli -a 123456 --cluster add-node 1
92.168.197.130:6381 192.168.197.128:6379
Warning: Using a password with '-a' or '-u' option on the command line interface
 may not be safe.
>>> Adding node 192.168.197.130:6381 to cluster 192.168.197.128:6379
>>> Performing Cluster Check (using node 192.168.197.128:6379)
M: 60196673ff334e5616953aa0da5eb44512511662 192.168.197.128:6379
   slots:[0-5460] (5461 slots) master
   1 additional replica(s)
S: 1f6c2fd73400248ebb3c09d6775f9287fdb1f8b4 192.168.197.129:6380
   slots: (0 slots) slave
   replicates 60196673ff334e5616953aa0da5eb44512511662
M: e6426090a8371a5aab1ecd8c5edec883990f4d8f 192.168.197.129:6379
   slots:[5461-10922] (5462 slots) master
   1 additional replica(s)
M: 8c7d17e394d3d372b1d8962118a2d7c49d658564 192.168.197.130:6379
   slots:[10923-16383] (5461 slots) master
   1 additional replica(s)
S: 9051c8b5a2da25d04b2e97ac7562d8965e30f628 192.168.197.128:6380
   slots: (0 slots) slave
   replicates 8c7d17e394d3d372b1d8962118a2d7c49d658564
S: 24d0f051a58276db416dec4f454d61bfd9b11e86 192.168.197.130:6380
   slots: (0 slots) slave
   replicates e6426090a8371a5aab1ecd8c5edec883990f4d8f
[OK] All nodes agree about slots configuration.
>>> Check for open slots...
>>> Check slots coverage...
[OK] All 16384 slots covered.
>>> Getting functions from cluster
>>> Send FUNCTION LIST to 192.168.197.130:6381 to verify there is no functions i
n it
>>> Send FUNCTION RESTORE to 192.168.197.130:6381
>>> Send CLUSTER MEET to node 192.168.197.130:6381 to make it join the cluster.
[OK] New node added correctly.
test@ubuntu-svr:/usr/local/redis$
```


图8-11　向集群中添加Master节点

命令执行成功后，新的节点就已经添加到集群中了，可以通过【cluster nodes】命令查看新添加节点的信息，如图8-12所示。

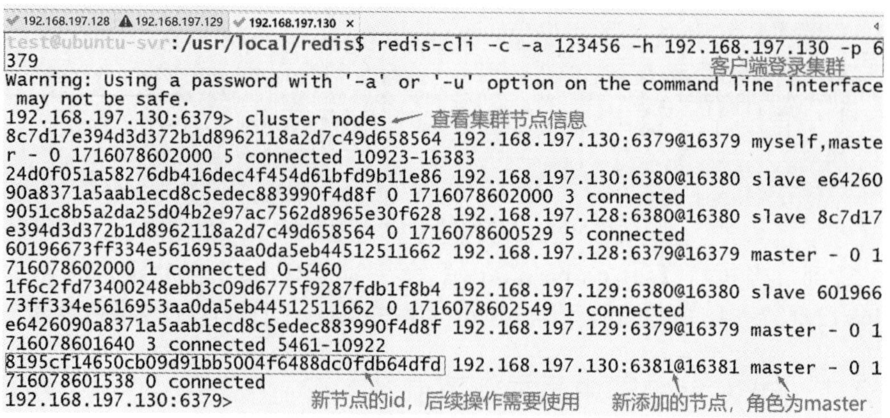

图8-12　查看集群中新添加的Master节点信息

此时，新添加的Master节点上是没有分配任何哈希槽的，需要执行如下命令为Master节点重新分配哈希槽。

```
redis-cli --cluster reshard 集群节点<ip:port> --cluster-from 已有节点id[,节点id,…] --cluster-to 新节点id --cluster-slots 新节点的哈希槽数量
```

其中，集群节点<ip:port>指集群中已有的任意有效节点；节点id可以从【cluster nodes】结果中查看（见图8-12）。本例中具体命令如下：

```
redis-cli -a 123456 --cluster reshard 192.168.197.128:6379 --cluster-from 60196673ff334e5616953aa0da5eb44512511662,e6426090a8371a5aab1ecd8c5edec883990f4d8f,8c7d17e394d3d372b1d8962118a2d7c49d658564 --cluster-to 8195cf14650cb09d91bb5004f6488dc0fdb64dfd --cluster-slots 1024
```

其中60196673ff334e5616953aa0da5eb44512511662为Master节点192.168.197.128:6379的id；e6426090a8371a5aab1ecd8c5edec883990f4d8f为Master节点192.168.197.129:6379的id；8c7d17e394d3d372b1d8962118a2d7c49d658564为Master节点192.168.197.130:6379的id；8195cf14650cb09d91bb5004f6488dc0fdb64dfd为Master节点192.168.197.130:6381的id。

执行以上命令后，系统给出新的哈希槽分配方案，输入“yes”确认后，系统完成哈希槽的重新分配，如图8-13所示。

```
192.168.197.128 × 192.168.197.129 192.168.197.130
test@ubuntu-svr:/usr/local/redis$ ./bin/redis-cli -a 123456 --cluster reshard 192.168.197.128:6379 --cluster-from 60196673ff334e5616953aa0da5eb44512511662,e6426090a8371a5aab1ecd8c5edec883990f4d8f,8c7d17e394d3d372b1d8962118a2d7c49d658564 --cluster-to 8195cf14650cb09d91bb5004f6488dc0fdb64dfd --cluster-slots 1024

    Moving slot 11257 from 8c7d17e394d3d372b1d8962118a2d7c49d658564
    Moving slot 11258 from 8c7d17e394d3d372b1d8962118a2d7c49d658564
    Moving slot 11259 from 8c7d17e394d3d372b1d8962118a2d7c49d658564
    Moving slot 11260 from 8c7d17e394d3d372b1d8962118a2d7c49d658564   ← 哈希槽分配方案
    Moving slot 11261 from 8c7d17e394d3d372b1d8962118a2d7c49d658564
    Moving slot 11262 from 8c7d17e394d3d372b1d8962118a2d7c49d658564
    Moving slot 11263 from 8c7d17e394d3d372b1d8962118a2d7c49d658564
Do you want to proceed with the proposed reshard plan (yes/no)? yes ← 确认方案

Moving slot 11258 from 192.168.197.130:6379 to 192.168.197.130:6381:
Moving slot 11259 from 192.168.197.130:6379 to 192.168.197.130:6381:
Moving slot 11260 from 192.168.197.130:6379 to 192.168.197.130:6381:
Moving slot 11261 from 192.168.197.130:6379 to 192.168.197.130:6381:
Moving slot 11262 from 192.168.197.130:6379 to 192.168.197.130:6381:
Moving slot 11263 from 192.168.197.130:6379 to 192.168.197.130:6381:
test@ubuntu-svr:/usr/local/redis$
                                                      哈希槽分配完成
```

图8-13　重新分配哈希槽

此时，就可以用该节点操作数据了，如图8-14所示。

```
192.168.197.128 × 192.168.197.129 192.168.197.130
test@ubuntu-svr:/usr/local/redis$ ./bin/redis-cli -c -a 123456 -h 192.168.197.13
0 -p 6381
Warning: Using a password with '-a' or '-u' option on the command line interface
 may not be safe.
192.168.197.130:6381> set name lisi
OK
192.168.197.130:6381> get name
"lisi"
192.168.197.130:6381>
```

在集群新节点中操作数据

图8-14　在集群新节点中操作数据

2. 添加一个Slave节点

添加Slave节点与添加Master节点的操作差不多，首先在192.168.197.130服务器上启动一个端口号为6382的Redis实例，然后执行以下命令将该Redis实例添加到集群中：

```
redis-cli -a 123456 --cluster add-node 192.168.197.130:6382 192.168.197.128:6379 --cluster-slave --cluster-master-id 8195cf14650cb09d91bb5004f6488dc0fdb64dfd
```

其中，--slave表示添加的是Slave节点，192.168.197.130:6382是指要添加的新节点的IP地址和端口，192.168.197.128:6379是集群中任意一个节点，--cluster-master-id后面跟的是新的Slave节点要添加到的Master节点的id。此命令表示要将新的Slave节点（192.168.197.130：6382）添加到192.168.197.130:6381这个Master节点下，执行结果如图8-15所示。

```
192.168.197.128 × 192.168.197.129 192.168.197.130
test@ubuntu-svr:/usr/local/redis$ ./bin/redis-cli -a 123456 --cluster add-node 1
92.168.197.130:6382 192.168.197.128:6379 --cluster-slave --cluster-master-id 819
5cf14650cb09d91bb5004f6488dc0fdb64dfd
Warning: Using a password with '-a' or '-u' option on the command line interface
 may not be safe.
>>> Adding node 192.168.197.130:6382 to cluster 192.168.197.128:6379
>>> Performing Cluster Check (using node 192.168.197.128:6379)
M: 60196673ff334e5616953aa0da5eb44512511662 192.168.197.128:6379
   slots:[341-5460] (5120 slots) master
   1 additional replica(s)
S: 1f6c2fd73400248ebb3c09d6775f9287fdb1f8b4 192.168.197.129:6380
   slots: (0 slots) slave
   replicates 60196673ff334e5616953aa0da5eb44512511662
M: e6426090a8371a5aab1ecd8c5edec883990f4d8f 192.168.197.129:6379
   slots:[5803-10922] (5120 slots) master
   1 additional replica(s)
M: 8c7d17e394d3d372b1d8962118a2d7c49d658564 192.168.197.130:6379
   slots:[11264-16383] (5120 slots) master
   1 additional replica(s)
S: 9051c8b5a2da25d04b2e97ac7562d8965e30f628 192.168.197.128:6380
   slots: (0 slots) slave
   replicates 8c7d17e394d3d372b1d8962118a2d7c49d658564
M: 8195cf14650cb09d91bb5004f6488dc0fdb64dfd 192.168.197.130:6381
   slots:[0-340],[5461-5802],[10923-11263] (1024 slots) master
S: 24d0f051a58276db416dec4f454d61bfd9b11e86 192.168.197.130:6380
   slots: (0 slots) slave
   replicates e6426090a8371a5aab1ecd8c5edec883990f4d8f
[OK] All nodes agree about slots configuration.
>>> Check for open slots...
>>> Check slots coverage...
[OK] All 16384 slots covered.
>>> Send CLUSTER MEET to node 192.168.197.130:6382 to make it join the cluster.
Waiting for the cluster to join

>>> Configure node as replica of 192.168.197.130:6381.
[OK] New node added correctly.
test@ubuntu-svr:/usr/local/redis$
```

向集群中添加slave节点

slave节点添加成功

图8-15　在集群中添加Slave节点

此时，执行命令【cluster nodes】，从其结果中可以看到新的节点已经被加入到集群中，如图8-16所示。

```
192.168.197.128  192.168.197.129  192.168.197.130 ×
test@ubuntu-svr:/usr/local/redis$ ./bin/redis-cli -c -a 123456 -h 192.168.197.13
0 -p 6379
Warning: Using a password with '-a' or '-u' option on the command line interface
 may not be safe.
192.168.197.130:6379> cluster nodes
60196673ff334e5616953aa0da5eb44512511662 192.168.197.128:6379@16379 master - 0 1
716082603539 1 connected 341-5460
1f6c2fd73400248ebb3c09d6775f9287fdb1f8b4 192.168.197.129:6380@16380 slave 601966
73ff334e5616953aa0da5eb44512511662 0 1716082603539 1 connected
c6751a1837730d82656e3c64169e536e7a1c5944 192.168.197.130:6382@16382 slave 8195cf
14650cb09d91bb5004f6488dc0fdb64dfd 0 1716082604043 7 connected
24d0f051a58276db416dec4f454d61bfd9b11e86 192.168.197.130:6380@16380 slave e64260
90a8371a5aab1ecd8c5edec883990f4d8f 0 1716082602527 3 connected
8c7d17e394d3d372b1d8962118a2d7c49d658564 192.168.197.130:6379@16379 myself,maste
r - 0 1716082603000 5 connected 11264-16383
9051c8b5a2da25d04b2e97ac7562d8965e30f628 192.168.197.128:6380@16380 slave 8c7d17
e394d3d372b1d8962118a2d7c49d658564 0 1716082602729 5 connected
e6426090a8371a5aab1ecd8c5edec883990f4d8f 192.168.197.129:6379@16379 master - 0 1
716082603742 3 connected 5803-10922
159b887d1520deae012c5889274f62d0e30801ec :0@0 master,fail,noaddr - 1716081593381
 1716081590859 0 disconnected
8195cf14650cb09d91bb5004f6488dc0fdb64dfd 192.168.197.130:6381@16381 master - 0 1
716082604000 7 connected 0-340 5461-5802 10923-11263
192.168.197.130:6379>
```

图8-16 集群中的节点情况

使用新的节点也可以正常登录集群并查询集群中的数据，如图8-17所示。

```
192.168.197.128  192.168.197.129  192.168.197.130 ×
test@ubuntu-svr:/usr/local/redis$ ./bin/redis-cli -c -a 123456 -h 192.168.197.13
0 -p 6382                                                         登录新节点
Warning: Using a password with '-a' or '-u' option on the command line interface
 may not be safe.
192.168.197.130:6382> get name   ←— 查询数据
-> Redirected to slot [5798] located at 192.168.197.130:6381
"lisi"
192.168.197.130:6381>
```

图8-17 使用新节点登录集群

8.2.3 收缩集群

收缩集群即从集群中移除节点。要从运行的Redis集群中移除一个节点，需分两种情况：一是移除一个Master节点，二是移除一个Slave节点。移除Slave节点较简单，直接使用命令移除即可；移除Master节点需要按顺序先下线该Master节点的Slave节点，清空其哈希槽，再下线此Master节点。

下面以在集群中移除192.168.197.130:6381节点为例，介绍移除一个Master节点的操作过程。

第1步：移除Master节点对应的Slave节点。

移除Slave节点比较简单，直接执行移除命令即可，移除命令为：

```
redis-cli -a 123456 --cluster del-node 192.168.197.130:6379 c6751a1837730
d82656e3c64169e536e7a1c5944
```

其中，192.168.197.130:6379表示集群中任意节点的IP地址和端口，c6751a1837730d82656e3c64169e536e7a1c5944表示要删除的Slave节点的id。执行结果如图8-18所示。

```
192.168.197.128  192.168.197.129  192.168.197.130 ×
test@ubuntu-svr:/usr/local/redis$ ./bin/redis-cli -a 123456 --cluster del-node 1
92.168.197.130:6379 c6751a1837730d82656e3c64169e536e7a1c5944
Warning: Using a password with '-a' or '-u' option on the command line interface
 may not be safe.
>>> Removing node c6751a1837730d82656e3c64169e536e7a1c5944 from cluster 192.168.
197.130:6379
>>> Sending CLUSTER FORGET messages to the cluster...
>>> Sending CLUSTER RESET SOFT to the deleted node.  ←—— slave节点删除成功
test@ubuntu-svr:/usr/local/redis$
```

图8-18　在集群中删除Slave节点

第2步：清空Master节点的哈希槽。

由于Master节点上分配有哈希槽，当移除某个Master节点之前，需要先将该节点上的哈希槽分配到其他节点上，然后才能移除该节点。重新分配哈希槽的命令如下：

```
redis-cli -a 123456 --cluster reshard 192.168.197.128:6379
```

其中，192.168.197.128:6379表示集群中的任意节点的IP地址和端口。

命令执行及其结果如图8-19所示。

```
192.168.197.128  192.168.197.129  192.168.197.130 ×
test@ubuntu-svr:/usr/local/redis$ redis-cli -a 123456 --cluster reshard 192.168.
197.128:6379                                               迁移哈希槽命令
Warning: Using a password with '-a' or '-u' option on the command line interface
 may not be safe.
>>> Performing Cluster Check (using node 192.168.197.128:6379)
M: 60196673ff334e5616953aa0da5eb44512511662 192.168.197.128:6379
   slots:[341-5460] (5120 slots) master
   1 additional replica(s)
M: e6426090a8371a5aab1ecd8c5edec883990f4d8f 192.168.197.129:6379
   slots:[5803-10922] (5120 slots) master
   1 additional replica(s)
S: 24d0f051a58276db416dec4f454d61bfd9b11e86 192.168.197.130:6380
   slots: (0 slots) slave
   replicates e6426090a8371a5aab1ecd8c5edec883990f4d8f
S: 1f6c2fd73400248ebb3c09d6775f9287fdb1f8b4 192.168.197.129:6380
   slots: (0 slots) slave
   replicates 60196673ff334e5616953aa0da5eb44512511662
M: 8c7d17e394d3d372b1d8962118a2d7c49d658564 192.168.197.130:6379
   slots:[11264-16383] (5120 slots) master
   1 additional replica(s)
S: 9051c8b5a2da25d04b2e97ac7562d8965e30f628 192.168.197.128:6380
   slots: (0 slots) slave                       即将删除的节点的ID，哈希槽数量
   replicates 8c7d17e394d3d372b1d8962118a2d7c49d658564
M: 8195cf14650cb09d91bb5004f6488dc0fdb64dfd 192.168.197.130:6381
   slots:[0-340],[5461-5802],[10923-11263] (1024 slots) master
[OK] All nodes agree about slots configuration.
>>> Check for open slots...
>>> Check slots coverage...                          即将迁移的哈希槽数量
[OK] All 16384 slots covered.
How many slots do you want to move (from 1 to 16384)? 1024
```

图8-19　在集群中清空Master节点的哈希槽

在执行命令后出现的提示中，输入迁移的哈希槽数量（要与准备删除的节点已分配的哈希槽数量相同，全部迁移）；输入迁移出的哈希槽所在的节点id（要与准备删除的节点的id相同）；输入接收哈希槽的节点的id（可以输入“all”，表示其他所有Master节点均接收，或者指定接收节点），如图8-20所示。

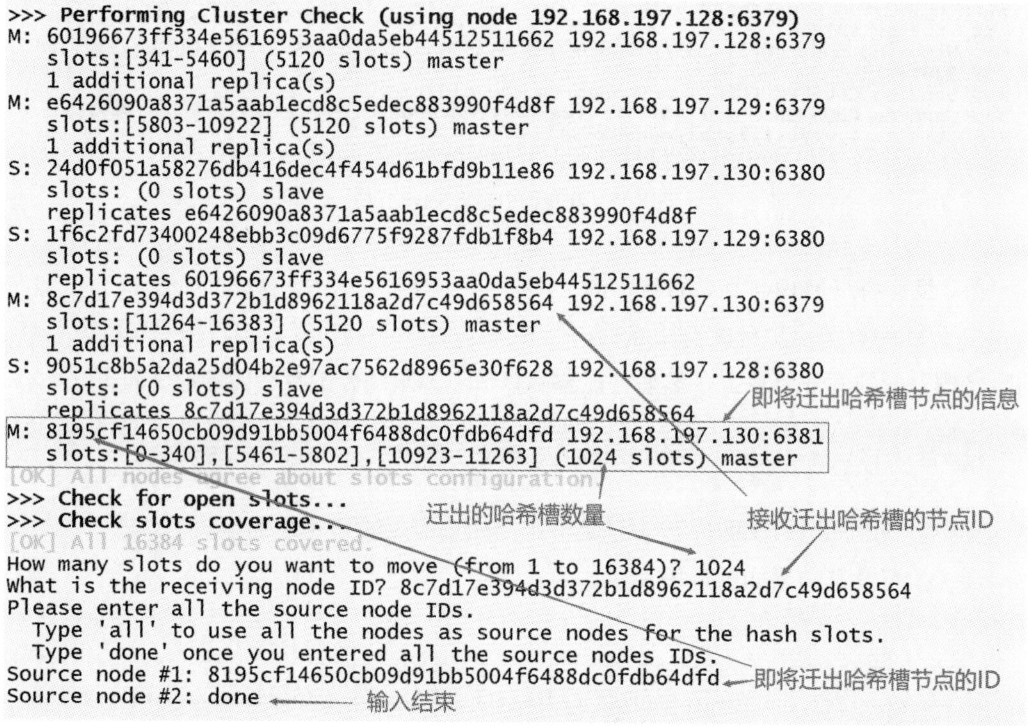

```
>>> Performing Cluster Check (using node 192.168.197.128:6379)
M: 60196673ff334e5616953aa0da5eb44512511662 192.168.197.128:6379
   slots:[341-5460] (5120 slots) master
   1 additional replica(s)
M: e6426090a8371a5aab1ecd8c5edec883990f4d8f 192.168.197.129:6379
   slots:[5803-10922] (5120 slots) master
   1 additional replica(s)
S: 24d0f051a58276db416dec4f454d61bfd9b11e86 192.168.197.130:6380
   slots: (0 slots) slave
   replicates e6426090a8371a5aab1ecd8c5edec883990f4d8f
S: 1f6c2fd73400248ebb3c09d6775f9287fdb1f8b4 192.168.197.129:6380
   slots: (0 slots) slave
   replicates 60196673ff334e5616953aa0da5eb44512511662
M: 8c7d17e394d3d372b1d8962118a2d7c49d658564 192.168.197.130:6379
   slots:[11264-16383] (5120 slots) master
   1 additional replica(s)
S: 9051c8b5a2da25d04b2e97ac7562d8965e30f628 192.168.197.128:6380
   slots: (0 slots) slave
   replicates 8c7d17e394d3d372b1d8962118a2d7c49d658564
M: 8195cf14650cb09d91bb5004f6488dc0fdb64dfd 192.168.197.130:6381
   slots:[0-340],[5461-5802],[10923-11263] (1024 slots) master
[OK] All nodes agree about slots configuration.
>>> Check for open slots...
>>> Check slots coverage...
[OK] All 16384 slots covered.
How many slots do you want to move (from 1 to 16384)? 1024
What is the receiving node ID? 8c7d17e394d3d372b1d8962118a2d7c49d658564
Please enter all the source node IDs.
  Type 'all' to use all the nodes as source nodes for the hash slots.
  Type 'done' once you entered all the source nodes IDs.
Source node #1: 8195cf14650cb09d91bb5004f6488dc0fdb64dfd
Source node #2: done
```


图8-20　在集群中输入迁移哈希槽的参数

信息输入完毕，系统输出推荐的迁移方案，输入“yes”接受方案后，系统完成哈希槽的迁移，如图8-21所示。

```
    Moving slot 11259 from 8195cf14650cb09d91bb5004f6488dc0fdb64dfd
    Moving slot 11260 from 8195cf14650cb09d91bb5004f6488dc0fdb64dfd
    Moving slot 11261 from 8195cf14650cb09d91bb5004f6488dc0fdb64dfd
    Moving slot 11262 from 8195cf14650cb09d91bb5004f6488dc0fdb64dfd
    Moving slot 11263 from 8195cf14650cb09d91bb5004f6488dc0fdb64dfd
Do you want to proceed with the proposed reshard plan (yes/no)? yes
```


图8-21　在集群中确认迁移哈希槽

迁移完成之后，可以使用命令【cluster nodes】查看节点信息，如图8-22所示。

由图8-22可以看到，当Master节点的所有哈希槽迁移之后，再无哈希槽分配，并且其角色变为Slave。

第3步：从集群中删除该节点。

此时节点192.168.197.130:6381已经从Master节点变为Slave节点，输入第1步的移除节点命令即可删除此节点。

至此，完成了从集群中删除Master节点的操作。

```
192.168.197.128  192.168.197.129  192.168.197.130 ×
test@ubuntu-svr:/usr/local/redis$ redis-cli -c -a 123456 -h 192.168.197.130 -p 6
379
Warning: Using a password with '-a' or '-u' option on the command line interface
 may not be safe.
192.168.197.130:6379> cluster nodes  ← 哈希槽迁移成功后查看集群节点信息
60196673ff334e5616953aa0da5eb44512511662 192.168.197.128:6379@16379 master - 0 1
716086727553 1 connected 341-5460
1f6c2fd73400248ebb3c09d6775f9287fdb1f8b4 192.168.197.129:6380@16380 slave 601966
73ff334e5616953aa0da5eb44512511662 0 1716086727000 1 connected
24d0f051a58276db416dec4f454d61bfd9b11e86 192.168.197.130:6380@16380 slave e64260
90a8371a5aab1ecd8c5edec883990f4d8f 0 1716086725929 3 connected
8c7d17e394d3d372b1d8962118a2d7c49d658564 192.168.197.130:6379@16379 myself,maste
r - 0 1716086727000 8 connected 0-340 5461-5802 10923-16383
9051c8b5a2da25d04b2e97ac7562d8965e30f628 192.168.197.128:6380@16380 slave 8c7d17
e394d3d372b1d8962118a2d7c49d658564 0 1716086727447 8 connected
e6426090a8371a5aab1ecd8c5edec883990f4d8f 192.168.197.129:6379@16379 master - 0 1
716086727952 3 connected 5803-10922
159b887d1520deae012c5889274f62d0e30801ec :0@0 master,fail,noaddr - 1716081593381
 1716081590859 0 disconnected
8195cf14650cb09d91bb5004f6488dc0fdb64dfd 192.168.197.130:6381@16381 slave 8c7d17
e394d3d372b1d8962118a2d7c49d658564 0 1716086726000 8 connected
192.168.197.130:6379>
                         节点角色由master变为slave，无哈希槽分配
```

图8-22　查看哈希槽迁移完成之后集群中的节点信息

注意 在Redis的早期版本中，使用【redis-trib.rb】命令操作集群，命令参数与【redis-cli –cluster】命令的参数相同，但【redis-trib.rb】不支持密码登录集群。

8.3 Redis集群的故障恢复

Redis集群中节点包括Master节点和Slave节点，因而节点故障也包括Master节点故障和Slave节点故障。Slave节点故障对集群无影响，故障恢复之后自动加入其Master节点之下；而Master节点故障需要分情况处理：若故障Master节点有Slave节点，将自动升级其一个Slave节点为Master节点，集群继续提供完整服务；若故障Master节点及其所有Slave节点都故障下线，集群能否提供服务由相关配置项决定。

8.3.1 有Slave节点的Master节点的故障恢复

在8.2小节中搭建的集群由三组"一主一从"节点组成，查看集群节点的信息如图8-23所示。

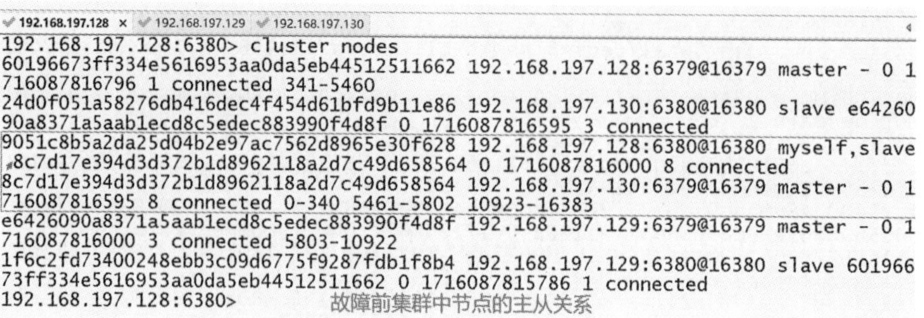

```
192.168.197.128 × 192.168.197.129 192.168.197.130
192.168.197.128:6380> cluster nodes
60196673ff334e5616953aa0da5eb44512511662 192.168.197.128:6379@16379 master - 0 1
716087816796 1 connected 341-5460
24d0f051a58276db416dec4f454d61bfd9b11e86 192.168.197.130:6380@16380 slave e64260
90a8371a5aab1ecd8c5edec883990f4d8f 0 1716087816595 3 connected
9051c8b5a2da25d04b2e97ac7562d8965e30f628 192.168.197.128:6380@16380 myself,slave
 8c7d17e394d3d372b1d8962118a2d7c49d658564 0 1716087816000 8 connected
8c7d17e394d3d372b1d8962118a2d7c49d658564 192.168.197.130:6379@16379 master - 0 1
716087816595 8 connected 0-340 5461-5802 10923-16383
e6426090a8371a5aab1ecd8c5edec883990f4d8f 192.168.197.129:6379@16379 master - 0 1
716087816000 3 connected 5803-10922
1f6c2fd73400248ebb3c09d6775f9287fdb1f8b4 192.168.197.129:6380@16380 slave 601966
73ff334e5616953aa0da5eb44512511662 0 1716087815786 1 connected
192.168.197.128:6380>
```


图8-23　集群中节点信息

集群中各节点信息如表8-1所示。

表8-1　集群中节点信息

序号	Master节点	Slave节点
1	192.168.197.128:6379	192.168.197.129:6380
2	192.168.197.129:6379	192.168.197.130:6380
3	192.168.197.130:6379	192.168.197.128:6380

若192.168.197.130:6379节点发生故障，则其Slave节点192.168.197.128:6380自动升级为Master节点，集群继续提供完整服务，如图8-24所示。

```
192.168.197.128 × 192.168.197.129 192.168.197.130
192.168.197.128:6380> cluster nodes
60196673ff334e5616953aa0da5eb44512511662 192.168.197.128:6379@16379 master - 0 1
716088235943 1 connected 341-5460
24d0f051a58276db416dec4f454d61bfd9b11e86 192.168.197.130:6380@16380 slave e64260
90a8371a5aab1ecd8c5edec883990f4d8f 0 1716088234926 3 connected
9051c8b5a2da25d04b2e97ac7562d8965e30f628 192.168.197.128:6380@16380 myself,maste
r - 0 1716088234000 9 connected 0-340 5461-5802 10923-16383
8c7d17e394d3d372b1d8962118a2d7c49d658564 192.168.197.130:6379@16379 master,fail
- 1716088190198 1716088188575 8 disconnected
e6426090a8371a5aab1ecd8c5edec883990f4d8f 192.168.197.129:6379@16379 master - 0 1
716088235538 3 connected 5803-10922
1f6c2fd73400248ebb3c09d6775f9287fdb1f8b4 192.168.197.129:6380@16380 slave 601966
73ff334e5616953aa0da5eb44512511662 0 1716088235000 1 connected
192.168.197.128:6380>
```
自动升级为master节点
节点故障
master节点故障，其slave节点自动升级为master节点

图8-24　集群中的故障恢复1

此时若192.168.197.130:6379节点重新上线，它将成为192.168.197.128:6380节点的Slave节点，如图8-25所示。

```
192.168.197.128 × 192.168.197.129 192.168.197.130
192.168.197.128:6380> cluster nodes
60196673ff334e5616953aa0da5eb44512511662 192.168.197.128:6379@16379 master - 0 1
716088479000 1 connected 341-5460
24d0f051a58276db416dec4f454d61bfd9b11e86 192.168.197.130:6380@16380 slave e64260
90a8371a5aab1ecd8c5edec883990f4d8f 0 1716088478695 3 connected
9051c8b5a2da25d04b2e97ac7562d8965e30f628 192.168.197.128:6380@16380 myself,maste
r - 0 1716088479000 9 connected 0-340 5461-5802 10923-16383
8c7d17e394d3d372b1d8962118a2d7c49d658564 192.168.197.130:6379@16379 slave 9051c8
b5a2da25d04b2e97ac7562d8965e30f628 0 1716088479506 9 connected
e6426090a8371a5aab1ecd8c5edec883990f4d8f 192.168.197.129:6379@16379 master - 0 1
716088479203 3 connected 5803-10922
1f6c2fd73400248ebb3c09d6775f9287fdb1f8b4 192.168.197.129:6380@16380 slave 601966
73ff334e5616953aa0da5eb44512511662 0 1716088479709 1 connected
192.168.197.128:6380>
```
故障节点重新上线，自动变为slave节点

图8-25　集群中的故障恢复2

8.3.2 Master节点及其所有Slave节点的故障恢复

若192.168.197.130:6379节点及其Slave节点192.168.197.128:6380节点都因故障下线，即某一段哈希槽的主从节点都故障下线时，集群能否提供服务主要取决于配置项cluster-require-full-coverage的设置。配置项cluster-require-full-coverage的值为：

- yes：当某一段哈希槽的主从节点都故障下线时，整个集群不可用。
- no：当某一段哈希槽的主从节点都故障下线时，只有该段哈希槽无法使用（存取），其他段哈希槽依旧正常提供服务。

本章总结

通过本章的学习，读者应掌握Redis集群模式的原理、配置和执行流程，并能够结合实际应用场景熟练地应用。

拓展阅读

中国云计算平台

阿里云

作为中国最大的云计算服务商，阿里云也是全球最大的云计算平台之一。阿里云提供了全面的云计算基础设施和解决方案，支持企业、政府和组织的数字化转型和业务创新，服务覆盖了全球220多个国家和地区。

腾讯云

腾讯云是中国领先的云计算服务商之一，拥有亚洲最大的数据中心和全球覆盖很广的云计算基础设施。腾讯云的产品和服务覆盖了计算、存储、数据库、人工智能、物联网等多个领域，可满足不同行业和业务的需求。

华为云

华为云是全球领先的云计算服务商之一，也是中国本土的最大云计算服务商之一。华为云提供了全面的云计算基础设施和解决方案，包括基础设施、平台服务、行业解决方案等，其服务覆盖了全球170多个国家和地区。

中国移动云

中国移动云是中国电信运营商中的一员，拥有庞大的用户群体和优质的网络资源。中国移动云提供的云计算产品和服务以企业和政府为主要客户，其主要业务包括云计算平台服务、云存储、云安全等。

百度云

百度云是中国领先的云计算服务商之一，其产品和服务主要包括云计算基础设施、大数据、人工智能、物联网等。百度云以技术先进、性价比高的特点吸引了众多用户，服务的覆盖面也在不断拓展。

京东云

京东云是京东集团旗下的云计算服务商，它以全栈式的服务优势和物流配送、金融科技等行业经验作为背景，积极拓宽云计算各领域的新业务。京东云主要面向企业和政府客户，以数字化转型为核心，打造全栈式一体化管理服务。

青云 QingCloud

青云QingCloud是中国领先的公有云提供商之一，提供云计算基础设施的建设和服务，旨在为企业、政府和个人提供简单、可靠、高效、安全的云计算服务。青云QingCloud的技术先进性和创新性得到了市场的认可和赞赏。

金山云

金山云是金山软件公司推出的云计算服务品牌，其云服务器产品具有高性能、高可靠性、高安全性等特点，适用于各类企业和个人用户。

UCloud

UCloud是国内领先的云计算服务商之一，其云服务器产品具有高性能、高可靠、高安全等特点，深受用户的喜爱。

华三云

华三云是华三通信公司推出的云计算服务品牌，其云服务器产品具有高性能、高可靠性、高安全性等特点，适用于各类企业和个人用户。

世纪互联

世纪互联是国内领先的互联网基础服务提供商之一，其云服务器产品具有高性能、高可靠性、高安全性等特点，能满足不同规模的企业和个人用户的需求。

练习与实践

【单选题】

1. Redis中启动集群的命令是（　　）。

A. redis-cli　　B. slave

C. slaveof　　D. masterof

2. Redis集群采用的数据存储技术为（　　）。

A. 随机存储　　B. appendonly 文件

C. 哈希槽　　　　D. RDB文件

【多选题】

1. 下列有关Redis集群模式提供的功能的说法中正确的是（　　）。

A. 分布式数据存储　　　　B. 自动故障恢复

C. 故障通知　　　　D. 负载均衡

2. 下列有关Redis集群的说法中正确的是（　　）。

A. 客户端登录集群中任意节点即可访问整个集群

B. 客户端只有登录集群中的Master节点才可以访问集群

C. 可以指定数据存储的目标节点

D. 集群中哈希槽总数量为16 384

【判断题】

1. Redis集群中节点故障均可自动恢复。

A. 对　　　　B. 错

2. 在Redis集群模式下，当某一哈希槽段的节点均因故障下线，集群中的其他节点仍能提供服务。

A. 对　　　　B. 错

3. Redis的集群模式与“哨兵”模式相同，主要提供高可用性和负载均衡。

A. 对　　　　B. 错

【实训任务】

Redis集群模式的配置	
项目背景介绍	实验室有3台安装有Ubuntu系统的服务器，在系统中部署Redis数据库，并确保Redis的高性能、高可用性和负载均衡 要求：配置为三组“一主一从”的集群模式
任务概述	1. 分别在服务器中安装配置Redis数据库 2. 实现三组“一主一从”的集群配置 3. 启动集群，测试数据的存储与读取 4. 模拟集群的自动故障恢复
实训记录	

续表

Redis 集群模式的配置	
教师考评	评语： 辅导教师签字：________

使用程序语言操作Redis

本章导读

本章介绍了使用主流程序语言（如Java、Python、C#等）操作Redis（单机、主从复制、集群）的配置和方法。

学习目标

- 学习主流编程语言连接Redis单机模式、“哨兵”模式和集群模式的方法。
- 学习主流编程语言操作Redis数据的方法。

技能要点

- 主流编程语言连接Redis单机模式、“哨兵”模式和集群模式的方法。
- 主流编程语言操作Redis数据的方法。

实训任务

- 编程实现——使用Redis实现社区宠物信息发布系统的设计。

9.1 使用Java操作Redis

Java语言是当前主流的开发语言之一，用Java语言操作Redis数据库是从事Java程序开发的人员需要掌握的一项技能。

本节中将详细介绍如何在Windows平台上的Java开发环境中操作Redis数据库，使读者能掌握在Java环境中高效使用和操作Redis数据库的技巧和方法。

9.1.1 Jedis的获取

在Java中操作Redis数据库，通常需要使用第三方jar包——Jedis。使用Jedis又分为两种情况，一是在Maven项目中使用Jedis，二是在普通项目中使用Jedis。

1. 在Maven项目中使用Jedis

在Java的Maven项目中，要引入Jedis的依赖库，可以将以下内容添加到Maven的pom.xml文件中。

```
<dependency>
    <groupId>redis.clients</groupId>
    <artifactId>jedis</artifactId>
    <version>4.4.3</version>
</dependency>
```

2.在普通（未使用Maven）项目中使用Jedis

在普通Java项目中，可以先下载Jedis的jar包，下载链接为https://repo1.maven.org/maven2/redis/clients/jedis/4.4.3/jedis-4.4.3.jar，然后引入到项目的依赖库中。

Jedis的使用需要依赖四个jar包，这四个jar包需要全部下载，并引入到项目依赖库中。四个jar包的下载链接分别为：

- gson：https://repo1.maven.org/maven2/com/google/code/gson/gson/2.10.1/gson-2.10.1.ja。
- commons-pool2：https://repo1.maven.org/maven2/org/apache/commons/commons-pool2/2.11.1/commons-pool2-2.11.1.jar。
- json：https://repo1.maven.org/maven2/org/json/json/20230227/json-20230227.jar。
- slf4j-api：https://repo1.maven.org/maven2/org/slf4j/slf4j-api/1.7.36/slf4j-api-1.7.36.jar。

9.1.2 使用Jedis操作单机模式Redis数据库

Jedis包通过其核心类Jedis，提供了丰富的对象和方法，使得操作Redis数据库变得简洁而高效。通过这些方法和对象的使用，开发者能够轻松地执行各种对Redis数据库的操作，包括数据的存储、检索、删除等。

在Jedis中，核心类是Jedis，它扮演了与Redis数据库进行交互的关键角色。通过创建一个Jedis对象，开发者可以建立与Redis数据库的连接，并执行各种操作。

（1）Jedis连接Redis单机模式

使用Jedis类的构造方法，提供必要的参数，即可连接Redis数据库。Jedis类的构造方法如下：

```
Jedis(Reids服务器ip,Redis实例端口)
```

Jedis类的构造方法提供了多种重载，可根据需要选取必要的连接参数。

（2）提供Redis数据库的连接口令

若Redis数据库设置有访问口令，可以调用Jedis对象的auth()方法。调用格式如下：

```
Jedis对象.auth(Redis数据库的口令)
```

（3）测试连接是否成功

调用Jedis对象的ping()方法，若方法返回字符串“PONG”，则表示连接成功。

```
Jedis对象.ping()
```

若Redis数据的连接信息有误，调用Jedis构造方法或调用auth()方法时都将抛出异常，因此，在这两个步骤中若无异常，也可以判定连接创建成功。

（4）关闭连接

若Redis数据的连接使用完毕，需要调用Jedis对象的close()方法关闭连接。调用格式如下：

```
Jedis对象.close()
```

（5）Jedis操作Redis的数据

Jedis提供了丰富的方法操作Redis的数据，其方法名与Redis命令一一对应，常用的主要方法如下：

- 设置或修改字符串值：Jedis对象.set(键,值)。
- 判断键是否存在：Jedis对象.exists(键)。
- 获取字符串值：Jedis对象.get(键)。
- 删除键：Jedis对象.del(键)。
- 给键值对设置过期时间：Jedis对象.setex(键,过期时间,值)。
- 获取键的剩余存活时间：Jedis对象.ttl(键)。
- 将field-value设置在哈希表key中：Jedis对象.hset(键,字段,值)。
- 获取hash键的所有字段和值（返回值为Map）：Jedis对象.hgetAll(键)。
- 删除hash键的指定字段：Jedis对象.hdel(键,字段)。
- 判断hash键中的指定字段是否存在：Jedis对象.hexists(键,字段)。
- 获取hash键中的字段数：Jedis对象.hlen(键)。
- 将一个或多个值插入到列表头部：Jedis对象.lpush(键,值,…)。
- 根据索引获取列表中的元素：Jedis对象.lindex(键,索引)。
- 获取列表的长度：Jedis对象.llen(键)。
- 获取列表中指定范围内的元素：Jedis对象.lrange(键,开始索引,结束索引)。
- 向集合添加一个或多个元素：Jedis对象.sadd(键,值,…)。
- 获取集合中的元素数量：Jedis对象.scard(键)。

例如，用Jedis操作单机模式Redis数据库的操作代码清单如下：

```
import redis.clients.jedis.Jedis;
public void eg_single(){
      //1.建立数据库连接
      Jedis jedis=new Jedis("192.168.197.128",6379);
      //2.认证
      jedis.auth("123456");
      //3.测试连接
      System.out.println(jedis.ping());
      //4.Jedis操作字符串
      //设置字符串值
      jedis.set("name","王小虎");
      jedis.set("sex","男");
      jedis.set("age","16");
      //获取值
      String name=jedis.get("name");
      String sex=jedis.get("sex");
      String age=jedis.get("age");
```

```
System.out.println(String.format("%s,%s,%s", name,sex,age));
//删除键
long lr=jedis.del("age");
//判断键是否存在
boolean br=jedis.exists("age");
System.out.println(String.format("%d,%b", lr,br));
//给键值对设置过期时间
jedis.setex("token",5,"token value");
//获取键的剩余存活时间
lr=jedis.ttl("token");
System.out.println(String.format("token剩余时间:%ds", lr));
//5.Hash操作
//将field-value设置在哈希表key中
jedis.hset("S001","name","王华");
jedis.hset("S001","sex","男");
jedis.hset("S001","age","16");
//获取hash键的所有字段和值
Map<String,String> student=jedis.hgetAll("S001");
System.out.println(student);
//删除hash键的指定字段
lr=jedis.hdel("S001","age");
//判断hash键中的指定字段是否存在
br=jedis.hexists("S001","age");
System.out.println(String.format("%d,%b", lr,br));
//获取hash键中的字段数
lr=jedis.hlen("S001");
System.out.println(String.format("S001中字段数:%d", lr));
//6.列表操作
//将一个或多个值插入到列表头部
jedis.lpush("hobby","篮球","足球","羽毛球");
//根据索引获取列表中的元素
String value=jedis.lindex("hobby",0);
//获取列表的长度
lr=jedis.llen("hobby");
System.out.println(String.format("%s,%d", value,lr));
//获取列表中指定范围内的元素
List<String> list=jedis.lrange("hobby",0,1);
System.out.println(list);
//7.集合操作
//向集合添加一个或多个元素
jedis.sadd("fruit","西瓜","苹果","蜜桃");
```

```
        //获取集合中的元素数量
        lr=jedis.scard("fruit");
        //获取集合的成员
        Set<String> set=jedis.smembers("fruit");
        System.out.println(String.format("%d,%s", lr,set));
        //关闭连接
        jedis.close();
    }
```

9.1.3 使用Jedis操作“哨兵”模式Redis数据库

在“哨兵”模式下，Jedis包通过JedisSentinelPool对象连接Redis数据库，连接方法如下：

```
JedisSentinelPool(哨兵服务器地址和端口,数据库密码,哨兵服务器密码)
```

JedisSentinelPool类的构造方法提供了多种重载，可根据需要选取必要的连接参数。多个哨兵服务器地址端口可以使用Set集合传递。

JedisSentinelPool对象的getResource()方法可返回客户端当前的Master节点的地址，语句格式如下：

```
Jedis对象=JedisSentinelPool对象.getResource()
```

获取Master节点的Jedis对象之后即可按9.1.2小节中所述的方法操作Redis数据了。

遗憾的是，Jedis在“哨兵”模式下不会自动实现读写分离。若要实现读写分离，Slave服务器需要从执行命令【info replication】的结果中分析出所有Slave服务器（详见本节源代码）。

若主从复制模式未配置“哨兵”模式，可以分别使用Jedis连接Master服务器和Slave服务器，通过不同的Jedis实例分别处理读操作和写操作，以此实现读写分离。

例如，用Jedis操作“哨兵”模式Redis数据库的代码清单如下：

```
public void eg_sentinel(){
        Jedis jedisMaster=null;                              //Master节点
        List<Jedis> jedisSlaves=new ArrayList<>();           //Slave节点
        String masterName = "mymaster";                      //哨兵集群名称
        Set<String> sentinels = new HashSet<>();   //哨兵集群地址和端口
        sentinels.add("192.168.197.128:26379");
        sentinels.add("192.168.197.128:26380");
        sentinels.add("192.168.197.128:26381");
        JedisSentinelPool pool = new JedisSentinelPool(
                "mymaster",                                  //哨兵集群名
                sentinels,                                   //集群地址和端口
                "123456",                                    //数据库口令
                "123456"                                     //集群口令
        );
```

```
        jedisMaster = pool.getResource();                    //获取jedis对象
        //获取 Master 的地址信息
        HostAndPort hostAndPort = pool.getCurrentHostMaster();
        System.out.println("master = " + hostAndPort.getHost() + ":"+
                hostAndPort.getPort());
        // 解析主从信息,提取从节点信息
        Pattern pattern = Pattern.compile("^slave\\d+:ip=(.+),port=
(\\d+),state=.+$");
        //执行info replication命令
        String[] infos = jedisMaster.info("replication").split("(\\r
\\n)|(\\n)");
        for(String info : infos) {
            Matcher matcher = pattern.matcher(info);
            if(matcher.find()) {            //解析Slave节点信息
                Jedis slave = new Jedis(
                        matcher.group(1),
                        Integer.valueOf(matcher.group(2))
                );
                slave.auth("123456");
                jedisSlaves.add(slave);
          }
        }

        jedisMaster.set("name","张小明");   //Master节点写信息
        //随机选择一个从节点读
        Random random=new Random();
        Jedis jedisSlave=jedisSlaves.get(random.nextInt
(jedisSlaves.size()));
        String name=jedisSlave.get("name");
        System.out.println(name);
        pool.close();                          //关闭,释放资源
    }
```

9.1.4 使用Jedis操作集群模式Redis数据库

在集群模式下，Jedis包通过JedisCluster对象连接Redis数据库，连接方法如下：

```
JedisCluster(集群节点信息,用户名,口令)
```

获取JedisCluster对象之后即可调用其相应方法（与Jedis对象的方法相似）操作数据，对于不适合集群操作的Redis命令，如keys命令，JedisCluster对象同样也不支持。

例如，用Jedis操作集群模式Redis数据库的代码清单如下：

```
    public void eg_cluster(){
        //创建Set<HashAndPort> node
        //1.先创建一个集合,用来装集群的节点,包含ip+端口
        //尽可能多写几个,以防有机器宕机受影响
        Set<HostAndPort> nodes = new HashSet<>();
        nodes.add(new HostAndPort("192.168.197.128",6379));
        nodes.add(new HostAndPort("192.168.197.128",6380));
        nodes.add(new HostAndPort("192.168.197.129",6379));
        nodes.add(new HostAndPort("192.168.197.129",6380));
        nodes.add(new HostAndPort("192.168.197.130",6379));
        nodes.add(new HostAndPort("192.168.197.130",6380));
        //创建JedisCluster对象
        JedisCluster jedisCluster = new JedisCluster(nodes,null,
"123456");
        //常规的指令都有,但是跨节点的操作就没有,如没有 keys *
        jedisCluster.set("name","李小明");
        jedisCluster.set("gender","男");
        jedisCluster.set("age","15");

        String name=jedisCluster.get("name");
        String gender=jedisCluster.get("gender");
        String age=jedisCluster.get("age");

        System.out.println(String.format("%s,%s,%s", name,gender,age));
        //关闭对象,释放资源
        jedisCluster.close();
    }
```

9.1.5 在Spring Boot中整合Redis

Spring Boot是一种基于Spring框架的创新型开发框架，其核心设计理念是简化Spring应用的初始配置和开发流程。该框架采用了一系列特定的配置方法，极大地减少了开发人员在编写配置文件时的重复性工作。

Spring Boot框架深度集成了当前众多流行的开发框架，为开发者提供了快速搭建和开发Spring项目的能力。这一特性不仅提高了开发效率，还有助于保持项目的整洁和可维护性。

在涉及数据存储方面，Spring Boot支持与多种数据库进行集成，其中包括Redis。Redis是一种高性能的键值对数据库，常用于缓存和实时数据处理场景。在Spring Boot项目中整合Redis数据库，可以进一步提升应用的性能和响应速度。

以Maven项目为例，Spring Boot为开发者提供了一种简洁而高效的方式来管理项目

依赖和构建过程。通过使用Spring Boot的Starter依赖，开发者可以轻松地引入所需的组件，无需手动下载和管理大量的库文件。

Spring Boot框架以其简洁的配置、广泛的集成能力和高效的开发流程，为Spring应用的开发带来了极大的便利。无论是对于初学者还是经验丰富的开发者，Spring Boot都是一种值得考虑的优选框架，能够提升开发效率并降低项目的复杂性。

首先，在创建好的Maven项目的pom.xml文件中添加对Spring Boot的引用，并引入spring-boot-starter-data-redis。

以下是Spring Boot项目中配置文件pom.xml中的部分代码，代码清单如下：

```
<!-- 引用Spring Boot父项目pom -->
<parent>
      <groupId>org.springframework.boot</groupId>
      <artifactId>spring-boot-starter-parent</artifactId>
      <version>3.2.0-M1</version>
      <relativePath/>
</parent>
<dependencies>
      <!-- 使用starter整合Redis -->
      <dependency>
            <groupId>org.springframework.boot</groupId>
            <artifactId>spring-boot-starter-data-redis</artifactId>
      </dependency>
</dependencies>
```

其次，在项目配置文件application.properties中配置Redis数据库的连接信息。

配置文件application.properties中的部分配置清单如下：

```
spring.data.redis.host=192.168.197.128             # Redis数据库地址
spring.data.redis.port=6379                        # Redis实例端口
spring.data.redis.password=123456                  # 数据库口令
```

最后，通过spring-data-redis提供的一个高度封装的RedisTemplate类来操作Redis数据库。这个类可以直接通过Spring容器注入，并根据Redis的不同数据类型和操作提供了相应的方法调用。一些主要的方法调用如下：

- opsForValue()：操作字符串。
- opsForList()：操作List。
- opsForSet()：操作Set。
- opsForZSet()：操作ZSet。
- opsForHash()：操作Hash。
- opsForGeo()：操作Geo。
- opsForHyperLogLog()：操作HyperLogLog。

Spring Boot整合Redis的代码清单如下：

```
    @Autowired
    private RedisTemplate<String,String> redisTemplate;
    public void eg_single(){
        //五大数据类型
        //opsForValue() 操作字符串,类似String
        //opsForList() 操作List,类似List
        //opsForSet()  操作Set,类似Set
        //opsForZSet() 操作ZSet,类似ZSet
        //opsForHash() 操作Hash,类似Hash

        //特殊数据类型
        //opsForGeo()
        //opsForHyperLogLog()

        //常用的方法都可以通过redisTemplate操作,如事务和基本的CRUD
        redisTemplate.opsForValue().set("name", "张小明");
        String name=redisTemplate.opsForValue().get("name");
        System.out.println(name);
    }
```

默认的RedisTemplate对象没有过多的设置，而Redis键值对对象都需要序列化。Redis默认序列化时会使用JDK序列化器。在企业开发中，使用JSON序列化更普遍，因此就要自定义配置RedisTemplate。

自定义RedisTemplate的代码清单如下：

```
@Configuration
public class RedisConfig {
    // 自定义RedisTemplate
    @Bean
    public RedisTemplate<String, Object> redisTemplate(
        RedisConnectionFactory factory) {
        // 为了开发方便,一般直接使用 <String, Object>
        RedisTemplate<String, Object> template =
                new RedisTemplate<String, Object>();
        template.setConnectionFactory(factory);
        // JSON序列化配置
        ObjectMapper mapper = new ObjectMapper();
        mapper.setVisibility(PropertyAccessor.ALL,
                                        JsonAutoDetect.Visibility.ANY);
        mapper.enableDefaultTyping(ObjectMapper.DefaultTyping.
NON_FINAL);
        Jackson2JsonRedisSerializer jackson2JsonRedisSerializer =
```

```
                    new Jackson2JsonRedisSerializer(mapper,Obje
ct.class);
        // string的序列化
        StringRedisSerializer stringRedisSerializer =
            new StringRedisSerializer();
        // key采用String的序列化方式
        template.setKeySerializer(stringRedisSerializer);
        // hash的key也采用String的序列化方式
        template.setHashKeySerializer(stringRedisSerializer);
        // value序列化方式采用jackson
        template.setValueSerializer(jackson2JsonRedisSerializer);
        // hash的value序列化方式采用jackson
        template.setHashValueSerializer(jackson2JsonRedisSerializer);
        template.afterPropertiesSet();
        return template;
    }
}
```

上述代码中，JSON序列化使用的是第三方jar包——Jackson，因此，在项目的配置文件pom.xml中需要加入对Jackson的引入，代码如下：

```
<dependency>
      <groupId>com.fasterxml.jackson.core</groupId>
      <artifactId>jackson-databind</artifactId>
      <version>2.15.2</version>
</dependency>
```

若操作的是Redis集群，仅需修改配置文件application.properties即可，对application.properties所做的修改如下：

```
# 配置集群的节点
spring.data.redis.cluster.nodes=192.168.197.128:6379,192.168.197.128:6380
spring.data.redis.password=123456
```

9.2 使用Python操作Redis

Python与Redis的集成为数据存储和检索提供了一种高效和易于编程的解决方案。本节将详细介绍在Python开发环境中如何操作Redis数据库。通过学习和掌握在Python环境中操作Redis数据库的技术和策略，Python开发人员可以在项目开发中更加高效地利用Redis数据库的优势，提升编程效率和项目质量。

9.2.1 Python redis模块的使用

Python在与Redis的交互方面表现出了显著的简便性，这得益于其专门针对Redis操作的第三方模块——redis模块。该模块的设计和实现，使得Python开发者可以便捷地通过包管理工具pip进行安装和集成，从而在Python编程环境中高效地利用Redis的功能。

为了确保系统的专业性和严谨性，使用Python的redis模块时应遵循以下准则：

- **安装一致性**：通过使用pip工具，可以保证在redis模块的安装过程中，依赖关系的解析和处理是自动化和标准化的，这有助于维护系统的一致性和稳定性。
- **代码的可维护性**：由于redis模块是专为Python设计的，它提供了与Python语言风格一致的API接口，这使得代码更易于阅读和维护，同时也降低了学习成本。
- **性能优化**：redis模块经过优化，以确保在执行Redis操作时，能够提供高效的性能表现，这对于需要处理大量数据和高并发场景的应用程序至关重要。
- **安全性**：在使用redis模块时，应当考虑到安全性因素。例如，通过配置适当的认证机制来保护对Redis数据的访问。
- **文档支持**：鉴于Python的redis模块拥有详尽的文档和社区支持，开发者可以方便地获取到模块的使用指南、最佳实践和问题解决方案。

1. redis模块的安装

在Windows系统中，使用包管理工具pip安装redis模块，命令如下：

```
python -m pip install redis
```

如果操作系统是Linux系统，需要执行的安装命令为：

```
pip3 install redis
```

2. 连接Redis数据库

redis模块采用了两种连接模式：直接模式和连接池模式。这两种连接模式都可以操作Redis。

① 直连模式。

直连模式的连接对象的创建格式如下：

```
连接对象=redis.Redis(
      host=服务器ip地址,
      port=redis实例端口,
      db=数据库编号,
      password=数据库口令
)
```

② 连接池模式。redis模块使用connection pool（连接池）来管理Redis服务器的所有连接，每个Redis实例都会维护一个属于自己的连接池，目的是为了减少每次连接或断开在性能方面的开销。

连接池模式的连接对象的创建格式如下：

```
连接池对象=redis.ConnectionPool(
      host=服务器ip地址,
      port=Redis实例端口,
      max_connections=最大连接数
)
连接对象=redis.Redis(connection_pool=连接池对象)
```

3. 操作Redis数据库

获得连接对象之后，可以调用连接对象的方法操作Redis数据库，方法名与Redis数据库的命令名一一对应，详情见代码清单。

Python中使用redis模块操作Redis数据库的代码清单如下：

```
import redis
# 本地连接,创建数据库连接对象
'''
client = redis.Redis(
      host='192.168.197.128',
      port=6379,db=0,
      password='123456'
)
'''
#创建连接池并连接到redis,并设置最大连接数量
conn_pool = redis.ConnectionPool(
       host='192.168.197.128',
       port=6379,
       max_connections=10
)
# 获取客户端访问
client = redis.Redis(connection_pool=conn_pool)
client.auth('123456')

# === Python操作Redis数据库的通用命令 ===
print(client.keys('*'))
key_list = client.keys('*')
#转换为字符串
for key in key_list:
   print(key.decode())
#查看key类型
print(client.type('name'))
# 返回值: 0 或者 1
print(client.exists('username'))
# 删除key
```

```
client.delete('age')
print("删除失败" if "age" in key_list else "删除成功")

# === Python操作Redis的字符串 ===
# #key为database
client.set('name','李明')
print(client.get('name'))
#mset参数为字典
client.mset({'username':'admin','password':'123'})
print(client.mget('username','password'))
#查看value长度
print(client.strlen('username'))
#数值操作
client.set('count','15')
client.incrby('count',5)
client.incr('count')
client.incrbyfloat('count',5.2)
print(client.get('count'))
#删除key
client.delete('username')

# === Python操作Redis的列表 ===
client.lpush('database','mssql','mysql','redis')
client.linsert('database','before','mysql','mongodb')
print(client.llen('database'))
print(client.lrange('database',0,-1))
print(client.rpop('database'))
#保留指定区间内元素,返回True
print(client.ltrim('database',0,1))

# === Python操作Redis的哈希表 ===
# 设置一条数据
client.hset('student:s01','name','王小华')
# 更新数据
client.hset('student:s02','name','张华')
# 获取数据
print(client.hget('student:s01','name'))
# 一次性设置多个field和value
student_dict = {'gender':'M','height':'175cm'}
# client.hmset('student:s01',student_dict)
client.hset('student:s01',mapping=student_dict)
```

```
# 获取所有数据,字典类型
print(client.hgetall('student:s01'))
# 获取所有fields字段和所有values值
print(client.hkeys('student:s01'))
print(client.hvals('student:s01'))

# === Python操作Redis的集合 ===
#fruit对应的集合中添加元素
client.sadd("fruit","apple")
client.sadd("fruit","apple","pear")
#获取fruit对应的集合的所有成员
client.smembers('fruit')
#获取fruit对应的集合中的元素个数
client.scard("fruit")
#检查value是否是fruit对应的集合内的元素
client.sismember('fruit','pear')
#随机删除并返回指定集合的一个元素
member = client.spop('fruit')
#删除集合中的某个元素
client.srem("fruit", "apple")
#获取多个字母对应集合的交集
client.sadd("c1","a","b")
client.sadd("c2","b","c")
client.sadd("c3","b","c","d")
print(client.sinter("c1","c2","c3"))
#获取多个name对应的集合的并集
client.sunion("c1","c2","c3")
```

9.2.2 Python redis-py-cluster模块的使用

Python专门提供了操作Redis集群的第三方模块，即redis-py-cluster模块，该模块可以直接使用Python包管理工具pip来安装。

1. redis-py-cluster模块的安装

在Windows系统中，使用包管理工具pip安装redis模块，命令如下：

```
python -m pip install redis-py-cluster
```

如果操作系统是Linux系统，需要执行的安装命令为：

```
pip3 install redis-py-cluster
```

2. 连接Redis集群

可以使用模块中的RedisCluster类来连接Redis集群。连接对象的创建格式如下：

```
    startup_nodes = [
        {"host": 集群节点ip地址, "port": 节点端口},
        ......
    ]
    集群连接对象 = RedisCluster(startup_nodes=startup_nodes, decode_
responses=True)
```

获取集群连接对象之后，可以调用集群连接对象的方法操作Redis集群，方法名与Redis数据库的命令名一一对应，详情可参考代码清单。

Python使用redis-py-cluster模块连接Redis集群的代码清单如下：

```
from rediscluster import RedisCluster
#构建集群连接的节点
startup_nodes = [
    {"host": "192.168.197.128", "port": 6379},
    {"host": "192.168.197.128", "port": 6380},
    {"host": "192.168.197.129", "port": 6379},
    {"host": "192.168.197.129", "port": 6380},
    {"host": "192.168.197.130", "port": 6379},
    {"host": "192.168.197.130", "port": 6380}
]
#构建StrictRedisCluster对象
redis_cluster = RedisCluster(
    startup_nodes=startup_nodes,
    decode_responses=True,
    password='123456'
)
redis_cluster.set("name", "李小明")
print("我的姓名：", redis_cluster.get('name'))
```

注意

redis-py-cluster模块依赖于redis模块，但前者更新较慢，使用时要注意版本匹配。以本书案例为例，redis-py-cluster模块版本为2.1.3，最高仅能匹配redis模块的版本为3.5.6。

9.3 使用C# 操作Redis

本节将详细探讨如何在C#开发环境中操作Redis数据库。尽管.NET平台官方推荐使用ServiceStack.Redis库进行Redis操作，但是，该库在处理集群支持时，其操作过程相对复杂，而StackExchange.Redis库在.NET社区中的应用更为广泛。这主要得益于它对Redis

的全面支持，包括对集群的支持，使得开发者在处理复杂的Redis操作时能够更加得心应手。因此，接下来重点介绍的是如何用StackExchange.Redis库在C#开发环境中操作Redis数据库。

无论是选择ServiceStack.Redis库还是StackExchange.Redis库，目标都是提供一个稳定、高效、易于使用的Redis操作环境，帮助C#开发人员更好地利用Redis数据库，提升开发效率和项目质量。

9.3.1 ServiceStack.Redis库的使用

1. ServiceStack.Redis库的安装

ServiceStack.Redis库是微软提供的已经封装好的对Redis的操作类，可以在Visual Studio开发工具中利用NuGet安装，如图9-1所示。

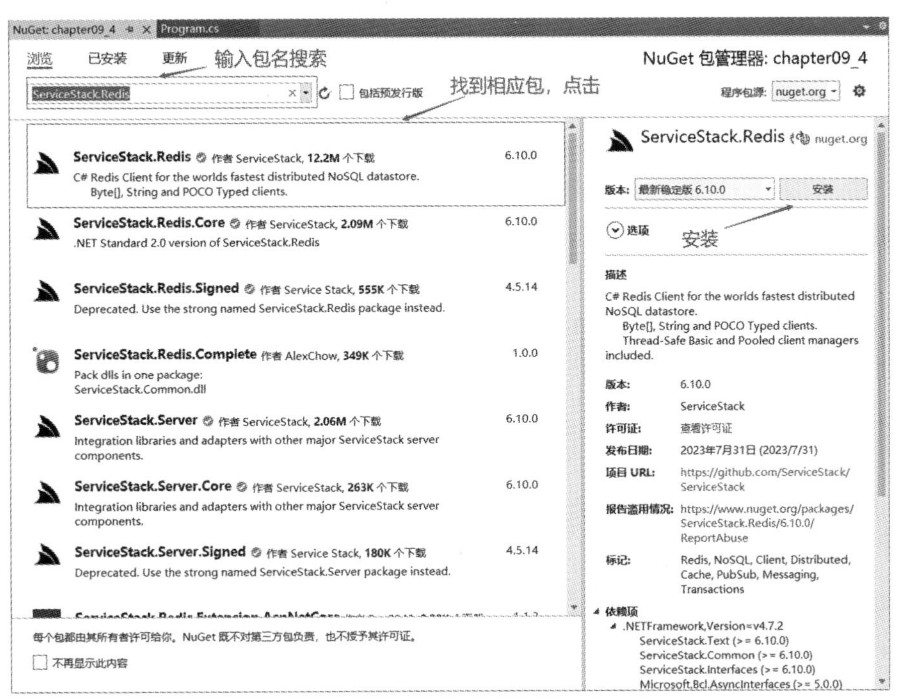

图9-1　Visual Studio中使用NuGet安装ServiceStack.Redis包

2. ServiceStack.Redis库的使用

ServiceStack.Redis库中IRedisClient实例表示Redis数据的客户端，可通过该实例的方法操作Redis数据库，方法名称和参数与Redis命令一一对应，使用较为简单。

C# 使用ServiceStack.Redis库操作Redis数据库的代码清单如下：

```
//using ServiceStack.Redis;
//单机模式
//RedisClient(Redis数据库ip,端口号,密码)
RedisClient client = new RedisClient("192.168.197.128", 6379,
"123456");
```

```
//字符串操作
client.Set<String>("name", "王小虎");
String name = client.Get<String>("name");
Console.WriteLine("我的姓名  " + name);
```

在ServiceStack.Redis库中，可以使用RedisSentinel类连接“哨兵”模式；而通过PooledRedisClientManager类可以连接集群模式，相关源代码可参考本书提供的代码资源“chapter09_4”，此处略。

9.3.2 StackExchange.Redis库的使用

1. StackExchange.Redis库的安装

StackExchange.Redis库是更受欢迎的Redis操作库，同样可以在Visual Studio开发工具中利用NuGet安装（具体安装请参考9.3.1，此处略）。

2. StackExchange.Redis库的使用

StackExchange.Redis库中使用ConnectionMultiplexer.Connect()方法创建连接，然后调用连接对象的GetDatabase()方法获取操作的IDatabase对象，再调用IDatabase对象中的方法操作Redis库中的数据。IDatabase对象的方法名是在Redis命令名前加上所操作的数据类型前缀。例如，Redis中的set命令是操作字符串数据的，在IDatabase对象中对应的方法命名为StringSet；Redis中的hlen命令，在IDatabase对象中对应的方法名为HashLength。

C# 使用StackExchange.Redis库操作Redis数据库的代码清单如下：

```
//引用命名空间
//using StackExchange.Redis;

//单机
ConnectionMultiplexer connection =
    ConnectionMultiplexer.Connect(
        "192.168.197.128:6379,allowadmin=true,password=123456"
        );
var db = connection.GetDatabase();
db.StringSet("name", "张小花");
var value = db.StringGet("name");
Console.WriteLine($"我的姓名是  {value}");

//操作哨兵
ConfigurationOptions sentinelOptions = new ConfigurationOptions();
sentinelOptions.EndPoints.Add("192.168.197.128", 26379);
sentinelOptions.EndPoints.Add("192.168.197.128", 26380);
sentinelOptions.EndPoints.Add("192.168.197.128", 26381);
```

```
    sentinelOptions.TieBreaker = "";
    sentinelOptions.CommandMap = CommandMap.Sentinel;
    sentinelOptions.AbortOnConnectFail = false;
    sentinelOptions.Password = "123456"; //哨兵密码
    // 建立连接
    ConnectionMultiplexer sentinelConnection =
            ConnectionMultiplexer.Connect(sentinelOptions);
    // 获取Master节点
    ConfigurationOptions redisServiceOptions = new ConfigurationOptions();
    redisServiceOptions.ServiceName = "mymaster";   //Master的名称
    redisServiceOptions.Password = "123456";      //Master的访问密码
    redisServiceOptions.AbortOnConnectFail = true;
    ConnectionMultiplexer masterConnection =
        sentinelConnection.GetSentinelMasterConnection(redisServiceOptions);
    var db = masterConnection.GetDatabase();
    db.StringSet("name", "张小花");
    var value = db.StringGet("name");
    Console.WriteLine($"我的姓名是 {value}");

    //操作集群
    ConfigurationOptions option = new ConfigurationOptions();
    option.Password = "123456"; //集群密码
    //集群节点
    option.EndPoints.Add("192.168.197.128", 6379);
    option.EndPoints.Add("192.168.197.128", 6380);
    option.EndPoints.Add("192.168.197.129", 6379);
    option.EndPoints.Add("192.168.197.129", 6380);
    option.EndPoints.Add("192.168.197.130", 6379);
    option.EndPoints.Add("192.168.197.130", 6380);
    //创建连接
    ConnectionMultiplexer _redis = ConnectionMultiplexer.
Connect(option);
    IDatabase db = _redis.GetDatabase();
    //操作数据
    db.StringSet("name", "李小明");
    string message = "我的名字是: " + db.StringGet("name");
    Console.WriteLine(message);
```

本章总结

本章主要讲解了三种编程语言操作Redis数据库的方法。通过本章的学习，学习者应掌握一种或者多种主流编程语言操作Redis的技巧，并能够结合实际应用场景熟练地应用。

拓展阅读

国产编程语言

八卦编程语言

八卦编程语言是一种不依赖特定自然语言的通用的可视化编程语言。英文名称是Baguic，以GUI（图形用户界面）替换Basic中的符号指令（symbolic instruction）。八卦编程语言的目标就是以图形界面化的方法完成Basic语言的基本功能。八卦编程语言是一种图标语言，用它编制程序的过程实际上是对图标的操作过程。

CSM语言

CSM脚本语言是中国自主研发的，也是世界上第一款嵌入型的、高性能的、工业强度级的、基于对象的、完全强类型的、基于寄存器虚拟机实现的静态编译型脚本语言。它是主流编译型宿主语言（如C/C++/ C#/Java等）在脚本领域的自然延伸，代表着在这一领域的顶尖设计水平。CSM是C Sharp Minus的简称，其语法形式大部分取自于C#语言，但也有许多不同，而在语义上基本与C/C++相同。CSM脚本语言有许多独特的特性，这些特性使其成为最优秀的静态脚本语言之一。

道语言

道语言是一种面向对象的脚本语言，支持动态变量声明与复杂的数据类型，拥有自动内存管理功能，支持基于正则表达式的字符串模式匹配，拥有内置的数值类型（复数与不同精度的数值数组）以及相应于这些数值类型的基本运算的语法支持。

易语言

易语言（EPL）是一门以中文作为程序代码的编程语言，它以“易”著称，创始人为吴涛。易语言早期版本的名字为“E语言”，也通常代指与之对应的集成开发环境。易语言最早版本的发布可追溯至2000年9月11日。创造易语言的初衷是进行用中文编写程序的实践，目的是方便中国人以中国人的思维方式编写程序，不用再去学习西方思维。易语言的诞生极大地降低了编程的门槛和学习编程的难度。从2000年以来，易语言已经发展到一定的规模，在功能上、用户数量上都已十分可观。

Koodoo语言

Koodoo语言是一种简单高效的脚本语言，具备现代脚本语言拥用动态变量、动态数组等容易上手的特点，同时又能适应电信行业高性能的要求。它主要应用在语音系统相关的开发，即CTI（计算机电话集成）领域，如IVR（交互式语音应答，即电话自动语音应答，如电话银行、证券电话委托等），CallCenter（呼叫中心、客服中心）等。对于语音系统来说，通常存在多通道并发的问题，传统的解决方法就是状态机，这种方法对语音系统的开发人员来说，实在是太麻烦了。摒弃状态机，创造一种运行在单独通道上的高级脚本语言，将在开发效率上给语音系统的开发带来质的飞跃。

Lava语言

Lava语言是一个实验性质的、面向对象的、基于编译程序的程序设计语言，它带有一个相关的程序设计环境（LavaPE）。LavaPE是一个基于结构编辑器的环境，仅注释、常数和新标识符需要作为文本输入。Lava主要面向的是手持计算设备的应用开发。

鲁班语言

鲁班语言是一个面向部件的整合语言(component oriented scripting language)。鲁班语言将部件定义为属性构成的物件，和Java Bean相似。用户可读写部件的属性来调用部件，而属性的变化可引发部件内部的计算过程，从而使部件的属性保持相互一致。鲁班语言的部件模型比现行的对象模型要简单得多，更适合用于整合语言的应用环境。部件的定义、存储、归类和连接是鲁班语言最重要的特色。另外，鲁班语言是一种自由的、源码公开的语言。

LAScript脚本语言

LAScript是一种基于Lua的子语言，它兼容Lua的基本语法。作为一种准开发工具，模拟精灵有着非常广泛的应用，特别在初学者中十分流行。模拟精灵所携带的LAScript语言也随着模拟精灵的广泛传播而逐渐流行。LAScript作为一个基于Lua语言的子语言，已经可以称得上是一个真正的现代编程语言，它具备了结构化编程和面向对象编程的诸多特性。

Nuva语言

Nuva来源于汉语的“女娲”一词。Nuva语言是一种面向对象的动态脚本语言，用于基于模板的代码生成。除了代码生成，Nuva语言还可以用于开发应用程序，如文本和数据处理程序、GUI应用程序等。

太极语言

太极语言是一个开源的计算机图形学编程语言，旨在以原生编程语言的方式，为开发者提供低成本的图形学开发能力。太极编程语言提供丰富的三维物体模拟和物理学仿真能力，其核心计算图形学引擎由C/C++开发，以获得更高的运算效率，而界面语言则采用Python，以获得更好的易用性。

【实训任务】

编程实现——使用 Redis 实现社区宠物信息发布系统的设计	
项目背景介绍	随着越来越多的人们将自己的情感需求寄托在家养的宠物（如小猫、小狗等）身上，小猫、小狗们不断“被拟人化”的特殊需求意味着“宠物友好社区”已逐渐成为当下很多都市人的“刚需”。某团队借鉴社区社交平台模式，筹划设计一个社区宠物信息发布平台
任务概述	1. 平台提供三级主题，如一级主题“宠物交易”下有“卖家市场”“买家市场”等二级主题；“卖家市场”下又可以按宠物类型分为“猫猫”“狗狗”等主题 2. 用户可以针对具体的主题（第三级主题）发布消息 3. 用户可以按兴趣订阅消息，如用户想浏览宠物信息，或者购买小狗，或者仅仅是对小猫的信息感兴趣等 4. 使用编程语言编程实现上述应用场景
实训记录	
教师考评	评语： 辅导教师签字：________

Redis常见面试题汇编

本章导读◢

本章选编了部分Redis技术面试中的典型面试题，并附有参考答案。

Redis常见面试题及其参考解答

1. 简述Redis的概念和特性。

Redis是一个使用C语言编写的开源、高性能、支持多种数据结构的NoSQL数据库，是完全开源免费的，其发布遵守BSD协议，是一个高性能的key-value数据库。

Redis与其他key-value缓存产品相比，有以下三个特点：

- Redis支持数据的持久化，可以将内存中的数据保存到磁盘中，重启的时候可以再次加载进行使用。
- Redis不仅仅支持简单的key-value类型的数据，同时还提供list、set、zset、hash等数据结构的存储。
- Redis支持数据的备份，即master-slave模式的数据备份。

Redis的优势主要有：

- 性能极高：Redis读的速度可达110 000次/秒，写的速度可达81 000次/秒 。
- 丰富的数据类型：Redis支持二进制安全的string、list、hashe、set及ordered set等数据类型的操作。
- 原子性：Redis的所有操作都是原子性的，即要么成功执行，要么失败完全不执行。单个操作是原子性的，多个操作也支持事务，即多个操作通过【MULTI】和【EXEC】命令包起来实现事务的原子性。
- 丰富的特性：Redis还支持publish/subscribe、通知、key过期等特性。

2. Redis支持的数据类型有哪些?

Redis支持的数据类型包括string、hash、list、set、zset、Geo、GyperLogLog等类型。

string（字符串）：string类型是二进制安全的。Redis的string类型可以包含任何数据，如jpg图片或者序列化的对象。string类型是Redis最基本的数据类型，一个键最大能存储512 MB字符串类型的数据。

hash（哈希）：hash是一个键值对（key-value）集合，是一个string类型的field和value的映射表。hash类型特别适合用于存储对象。

list（列表）：Redis的列表是简单的字符串列表，按照插入顺序排序，可以添加一个元素到列表的头部（左边）或者尾部（右边）。

set（集合）：Redis的set是string类型的无序集合。集合是通过哈希表实现的，所以添加、删除、查找的复杂度都是$O(1)$。

zset(sorted set，有序集合)：Redis的zset类型和set类型一样，也是string类型元素的集合，且不允许重复的成员。不同的是每个元素都会关联一个double类型的分数，Redis正是通过此分数来为集合中的成员进行从小到大的排序。zset的成员是唯一的，但分数（score）却可以重复。

Geo（地理位置信息）：Redis的Geo用作存储地理位置信息，并对存储的信息进行操作。通过Geo相关的命令，很容易在Redis中存储和使用经度和纬度的坐标信息。

HyperLogLog（基数统计）：HyperLogLog其实是一种基数计数概率算法，它并不是Redis特有的。Redis基于C语言实现了HyperLogLog，并且提供了相关命令的API入口。

3. Redis是单线程的吗？

Redis的单线程指的是"接收客户端请求→解析请求→进行数据读写等操作→产生数据给客户端"，这个过程是由一个线程（主线程）来完成的，这便是说Redis是单线程的原因。

Redis是单线程的，但Redis程序并不是单线程的，Redis 在启动的时候，会启动后台线程（BIO）。Redis 2.6版本会启动2个后台线程，分别处理关闭文件和AOF写盘这两个任务；Redis 4.0版本之后，又新增了一个后台线程——lazyfree线程，用于异步释放Redis内存。

例如，执行【unlink key】或【flushdb async】或【flushall async】命令时，会把这些删除操作交给后台线程来执行，其好处是不会导致Redis主线程卡顿。因此，当要删除一个大的key时，不要使用【del】命令直接删除，因为【del】命令的执行是在主线程处理的，这样可能会导致Redis主线程卡顿，所以通常使用【unlink】命令来异步删除大的key。

之所以Redis为关闭文件、AOF写盘、释放内存等任务创建单独的线程来处理，是因为这些任务的操作都是很耗时的。如果把这些任务都放在主线程中处理，那么Redis主线程就很容易发生阻塞，这样就无法处理后续的请求了。

后台线程相当于一个消费者，生产者把相对耗时的任务丢到任务队列中，消费者（BIO）不停轮询这个队列，从队列中取出任务去执行对应的方法即可。

关闭文件、AOF写盘、释放内存这三个任务都有各自的任务队列，分别为：

- BIO_CLOSE_FILE：关闭文件任务队列。当此队列中有任务后，后台线程会调用close(fd)方法将文件关闭。
- BIO_AOF_FSYNC：AOF写盘任务队列。当AOF日志配置成everysec后，主线程会把AOF写日志操作封装成一个任务，也放到此队列中。当后台线程发现此队列有任务后，就会调用fsync(fd)方法将AOF文件写盘。
- BIO_LAZY_FREE：lazy free任务队列。当此队列有任务后，后台线程会调用free(obj)方法释放对象，调用free(dict)方法删除数据库的所有对象，调用free(skiplist)方法释放跳表对象。

4. Redis字符串类型的值能存储的最大容量是多少？

Redis的字符串类型支持的最大长度为536 870 912字节，即512 MB。

5. 阐述Redis的持久化机制以及各自的优缺点。

（1）Redis的持久化机制

Redis持久化有两种方式：RDB和AOF。

① RDB（快照机制）。

RDB机制是将内存中的数据以快照的方式写入到二进制文件中，默认文件名为dump.rdb。这是Redis默认的持久化机制，用于对Redis中的数据执行周期性的持久化。

RDB文件的保存过程：Redis调用fork方法复制一个与当前进程一样的新进程。新进程的所有数据数值都和原进程一致，但是新进程是原进程的子进程。父进程继续处理客户端的请求，子进程负责将内存内容写入到临时文件。由于os的写时复制机制（copy on write），父子进程会共享相同的物理页面，当父进程处理写请求时，os会为父进程要修改的页面创建副本，而不是写共享的页面。因此，子进程的地址空间内的数据是fork子进程时刻整个数据库的一个快照。当子进程将快照写入临时文件完毕后，用临时文件替换原来的快照文件，然后子进程退出。

客户端也可以使用【save】或者【bgsave】命令通知Redis做一次快照持久化。执行【save】命令是在主线程中保存快照的，由于Redis是用一个主线程来处理所有客户端的请求，这种方式会导致阻塞现象发生。因此不推荐使用。

每次快照持久化都是将内存数据完整写入到磁盘一次，并不是增量的只同步“脏”数据。如果数据量大的话，而且写操作比较多，必然会引起大量的磁盘I/O操作，可能会严重影响性能。

② AOF。

AOF机制是将每条写入命令写入日志，以append-only的模式写入一个日志文件（appendonly.aof）中，在Redis重启的时候，可以通过回放AOF日志中的写入指令来重新构建整个数据集。

需要注意的是，重写aof文件的操作，并没有读取旧的aof文件，而是将整个内存中的数据库内容用命令的方式重写了一个新的aof文件,这点和快照有点类似（AOFREWRITE）。

（2）RDB和AOF的优缺点

① RDB的优缺点。

RDB的优点如下：

- 高性能。

RDB持久化通过定期将Redis内存中的数据快照写入磁盘来实现，这种方式非常高效，因为它不需要持续地将每个写操作同步到磁盘，避免了频繁的磁盘写入操作，从而提高了性能。

RDB持久化通常是通过fork子进程来完成的，主进程可以继续处理其他任务，不需要等待数据持久化完成，这进一步提高了Redis的吞吐量。

- 紧凑的数据文件。

RDB文件采用二进制格式，文件相对较小，通常占用的磁盘空间比AOF文件要少。这对于备份和迁移数据非常有用，可以减小数据传输的成本。

- 适用于备份和迁移。

RDB持久化非常适用于创建备份、迁移Redis数据到其他服务器或云服务器。Redis可以轻松地生成RDB文件，并将其复制到目标服务器，然后加载它，从而实现数据的迁移和复制。

RDB的缺点如下：

- 数据丢失风险。

RDB持久化是定期快照，由于数据只在快照时才会持久化，因此在两次快照之间的数据可能会丢失。如果Redis在快照之间崩溃，可能会丢失最后一次快照之后的所有写操作。在发生故障进行数据恢复时，只能恢复到最后一次快照的时间点，因此可能会导致数据丢失。

- 备份和恢复时间长。

当数据量很大时，生成RDB文件的时间可能会很长，这会影响Redis的性能。同时，在恢复数据时，如果RDB文件很大，加载数据到内存的时间也会很长。

- fork阻塞。

在创建RDB快照时，Redis需要fork一个子进程来执行持久化操作。这个fork操作在大数据集的情况下可能会消耗较多的时间，并导致Redis在fork期间阻塞，无法处理其他命令。

- 不保证完全持久化。

由于Redis在持久化过程中使用了写时复制（Copy-On-Write）机制，如果在快照过程中Redis崩溃，可能会丢失快照开始之后到崩溃时的数据。

总之，Redis的RDB持久化方式既有优点，也有缺点。一般来说，RDB持久化不适用于需要高可用性的应用程序。在选择是否使用RDB持久化时，需要根据具体的应用场景和需求进行权衡。

② AOF的优缺点。

AOF的优点如下：

- 高可靠性。

AOF持久化记录了每个写操作的日志，因此在Redis服务器崩溃后，可以通过重新执行AOF日志中的命令来完全恢复数据。这种方式确保了数据的高可靠性，减少了数据丢失的风险。

- 实时追加。

AOF持久化是实时追加的，每个写操作都会追加到AOF文件的末尾。

- 可读性强。

AOF文件采用文本格式，易于阅读和理解。这对于手动检查和修复AOF文件中的问题非常有帮助。

- 配置灵活。

AOF持久化提供了多种配置选项，可以根据不同的应用场景和需求进行灵活配置。例如，可以选择每秒持久化一次，也可以选择每个命令执行完就持久化一次。

AOF的缺点如下：

- 性能有损失。

相对于RDB持久化，AOF持久化会有一些性能损失。因为每个写操作都必须同步到磁盘，这会增加I/O操作的频率和磁盘的负载。

- 文件大。

AOF文件比RDB文件要大，尤其是当写入操作非常频繁时，AOF文件可能会变得很大。这会占用更多的磁盘空间，并且会增加备份和传输的成本。

- 恢复速度慢。

在Redis服务器崩溃后，通过AOF文件恢复数据可能会比RDB慢。因为AOF文件需要逐个执行其中的命令来恢复数据，这可能需要更长的时间。

- 重写开销。

为了减小AOF文件的大小，Redis提供了AOF重写的功能。但AOF重写会遍历整个内存中的数据集，并创建一个新的AOF文件，这可能会消耗大量的CPU和内存资源，并且可能会导致短暂的性能下降。

总之，Redis的AOF持久化方式也有其优势和劣势。AOF持久化适用于高可靠性和实时性的应用。如果对数据可靠性有很高的要求，并且可以接受一定的性能损失和文件大小的增长，那么AOF可能是一个不错的选择。是否选择使用AOF持久化方式，需要根据具体的应用场景和需求而定。

6. Redis过期键的删除策略是什么？

Redis过期键的删除策略主要有两种：定期删除和惰性删除。

- **定期删除（基于时间）**：是指Redis通过设置一个定时器定期检查所有设置过期时间的键，如果过期就将其删除。默认情况下，Redis每秒执行10次检查key是否到期的操作（即Redis默认配置的hz选项的值为10），如果找到一个已经过期的键则将其从数据库中删除。这种方式适用于大多数应用场景，对CPU和内存的消耗比较均衡，但是这样周期性的删除可能会造成短暂的内存波动，因此需要谨慎设置过期时间。
- **惰性删除（基于访问）**：是指当Redis客户端进行读写操作时，先检查键是否过期，如果过期就立刻将其删除，并且不再提供值返回给客户端。也就是说，Redis不会在特定的时间点主动删除过期键，而是等到客户端尝试访问它的时候再判断是否过期。只有当键失效而又没有被占用太长时间时，Redis的惰性删除才能体现出它的优越性。这种方式在不产生内存波动和CPU开销的情况下实现了精确控制，相比定期删除更加灵活高效，但惰性删除可能会导致多个过期键长时间得不到清理，增加了内存空间的开销。

需要注意的是，在Redis主从架构中，如果一个Slave节点因网络问题，断线过久而没有及时与Master同步数据，此时Master上的过期键已经被及时删除了，但由于Slave还未同步删除操作，这时过期键仍存在于Slave节点，这样会带来一些隐患：一旦要进行横向扩展或者迁移，就可能涉及到脏数据的传递，因此需要注意处理这种情况。

两种删除策略各有优缺点，需要根据具体应用场景的需求给出合理的配置方案。采用定期删除，可根据内存使用状况来设置对应的删除频率，在降低垃圾回收造成影响的同时也保证了内存的持续高效使用。采用惰性删除时，可以通过设置监控机制来保证及时发现延迟清理的情况，以避免过期键的积压带来的负面影响。

7. 解释Redis需要把所有数据放到内存的原因。

Redis是一种内存数据库，它的数据存储完全基于内存。Redis将所有数据放在内存中的主要原因如下：

① 快速读写。

首先，内存是计算机系统中最快的存储器之一，数据在内存中的读写速度要比磁盘或网络块的速度快很多。这意味着 Redis可以提供非常快的读写性能，因为它的数据存储和检索都在内存中完成。

② 简单而高效的数据结构。

Redis的数据结构非常简单而高效。第一次启动时，它会为数据分配一段连续的内存，然后在运行过程中不断地自动扩展。每个数据都将保存在一个结构体中，只需几条指令就可以访问任何一条数据。这使得Redis能够高效地使用内存并提供快速的数据访问。

③ 持久化数据。

尽管Redis将数据存储在内存中，但它也提供了持久性选项，以便在重启后从硬盘上重新加载数据。Redis提供两种不同的引擎来实现持久性，它们都使用一种与磁盘交换数据的机制，可以保存Redis中所有内容的快照。如果需要更完整地保证数据安全，还可以设置每个操作类型的检查点（checkpoint）。这些可靠而高效的方法可以避免内存数据的丢失。

④ 更低的延迟。

Redis 最大的优势之一是其延迟非常低。在内存中放置所有数据可以降低许多读取和写入操作顺序执行对硬盘的需求，避免了磁盘访问带来的时延，使 Redis 成为处理实时应用程序的有力工具。因此，内存存储是实现高速缓存、消息队列和会话管理等任务的理想方式。

⑤ 性能易于调优。

Redis的存储模式使得调优极为容易。由于所有的数据都在内存中，管理员可以专注于优化内存到达最佳的使用率和减少网络负载，以此获得性能的最大化。

综上所述，Redis把所有的数据放到内存中主要是为了实现超高速的数据读写服务，以及显著提升Redis数据库的性能表现。它通过简单而有效的数据结构，将数据储存在内存中，提供了超高速的访问速度和性能易于调优的解决方案。需要注意的是，这也意味着Redis不太适用于大规模数据的处理，因为它受限于可用内存的大小。

8. Redis的主从复制是什么，如何配置？

Redis的主从复制是一种数据复制机制，其中一个Redis实例（称为主节点）将其数据复制到其他Redis实例（称为从节点）中。主节点负责处理写操作，并将写操作的日志传播给从节点，从节点则负责接收并执行这些写操作，以保持数据的一致性。

配置Redis的主从复制需要以下步骤：

① 启动主节点：在主节点的配置文件中，设置slaveof选项的值为空，或者注释掉该

行，然后启动主节点的Redis实例。

② 启动从节点：在从节点的配置文件中，将选项slaveof的值指定为主节点的IP地址和端口号（例如，slaveof 192.168.179.128:6379），然后启动从节点的Redis实例。

③ 连接和同步：从节点会自动连接到主节点，并开始进行数据同步。从节点会发送【SYNC】命令给主节点，主节点会将数据发送给从节点进行同步。

④ 验证复制状态：可以通过【INFO replication】命令查看主从复制的状态。在从节点上执行该命令，可以查看主节点的信息，包括主节点的IP地址、端口号、复制连接状态等。

需要注意的是，主从复制是一种异步的复制机制，从节点的数据复制可能会有一定的延迟。同时，主节点宕机后，从节点可以自动选举出新的主节点继续提供服务。

此外，Redis还支持多级主从复制，即从节点可以成为其他从节点的主节点，形成主从链条，这样可以进一步提高系统的可伸缩性和容错性。

9. 简述Redis的命令行模式。

Redis命令用于在Redis服务器上执行一些操作，而命令运行的方式是通过客户端命令行来执行的，这种方式被称为“命令行模式”。因此，想要在Redis服务器上运行命令，首先需要开启一个Redis客户端。

（1）本地服务器运行命令

本地服务器指的是Redis服务器和客户端安装在同一台计算机上，打开命令行窗口输入【redis-cli】命令，可以连接本地服务器，通过执行命令【PING】，可以检查服务器是否正在运行，如果返回字符串“PONG”，说明已经成功连接了本地Redis服务器。

（2）远程服务器运行命令

顾名思义，远程服务器指的是服务器安装在另外一台计算机上，而非本地客户端机器。这台远程计算机可以是局域网中的一台，也可以是因特网上的远程计算机，Redis提供了连接远程服务器的命令。

远程连接命令：`redis-cli -h host -p port -a password`

参数说明：

- -h：用于指定远程 Redis 服务器的 IP 地址。
- -p：用于指定 Redis 远程服务器的端口号。
- -a：可选参数，若远程服务器设置了密码，则需要输入密码。

无论是远程服务器还是本地服务器，Redis命令行都拥有强大的命令行提示功能，支持【Tab】键自动补全，还可以通过【HELP】命令查看帮助信息。

10. 简述Redis中key的命名规范。

（1）命名规则

Redis中的key可以是任何字符串，但是为了在命名上保持一致性，并避免出现冲突，建议遵循以下几个规则：

- key应该尽量短，并具有可读性，避免使用过于复杂的字符串。
- key应该含义清晰明确，建议使用有意义的前缀或后缀来标识key的作用。
- key应该避免包含特殊字符，如空格、引号等。
- key应该使用统一的命名风格，建议使用小写字母，多个单词之间用下划线分隔。

（2）命名方法

下面是一些实用的key的命名方法：

- 使用前缀来标识key的作用，如cache:、user:、order:等。
- 使用时间戳作为key的一部分，可以避免key的重复和过期问题。
- 使用随机数作为key的一部分，可以确保key的唯一性。
- 使用MD5等哈希算法对key进行加密，可以保证key的安全性。

在使用Redis的过程中，规范化的key的命名有助于提高系统的可读性和可维护性。

11. 简述Redis中INCR数值操作命令。

【INCR】命令仅对value数值做加 1 操作，其数值范围是64位的有符号整型（-9 223 372 036 854 775 808至9 223 372 036 854 775 807）。如果key不存在，那么Redis将自动创建key，并将value初始化为1。

12. 如何利用Redis实现栈和队列？

（1）栈

栈有以下特性：

- 后进先出（LIFO）。
- 支持PUSH/POP，从尾端追加/弹出元素。
- 容量不受限制。

在Redis中，用【LPUSH】创建类型为“stack”的key并放入元素，用【LRANGE】命令查看放入的元素，用【LPOP】读取放入的元素，以这三个主要命令实现对栈的操作。

（2）队列

普通队列有以下几个特性：

- 先进先出（FIFO）。
- 支持PUSH/POP，PUSH从尾端增加元素，POP从前端弹出元素。
- 容量不受限制。

在Redis中，用【LPUSH】命令创建类型为“queue”的key并放入元素，用【LRANGE】命令查看放入的元素，用【RPOP】命令取出放入的元素，以这三个主要命令来实现队列操作。

13. 详细介绍Redis hash哈希散列。

Redis hash是一个键值对集合，是一个string类型的field和value的映射表。它的每个hash可以存储43亿个键值对。

为了提供高效的数据存储和查询能力，Redis采用了特殊的数据结构进行数据的存储，具体来说，Redis中hash的实现采用了两种策略：ziplist（压缩列表）和hashtable（哈希表）。具体采用哪一种策略，由配置项hash_max_ziplist_entries和hash_max_ziplist_value共同决定。

（1）压缩列表（ziplist）

当hash类型的元素数量较少且单个元素的大小较小的时候，Redis会选择ziplist作为存储结构。ziplist是一个特殊的线性表，它能够在空间效率和查询效率之间取得良好的平衡。

（2）哈希表（hashtable）

当hash类型的元素数量较多，或者单个元素的大小较大的时候，Redis会使用hashtable作为存储结构。hashtable的查询效率非常高，但是空间效率较低。

由于Redis hash提供了高效的数据存储和查询能力，它在很多场景下都非常有用，例如：

➢ **存储对象**：可以将对象的各个字段存储到hash中，然后通过一个键来查询或者修改这个对象。这种用法类似于传统的关系数据库。

➢ **缓存**：由于Redis提供了高效的查询能力，因此可以将热点数据存储在Redis中用作缓存。

总的来说，Redis的hash结构是一种灵活而强大的数据结构，它在Redis的众多数据结构中占有重要的地位。

14. 简述Redis的列表list。

Redis的列表是一个双向链表数据结构，支持前后顺序遍历。链表结构的插入和删除操作快，时间复杂度为$O(1)$，但查询慢，查询的时间复杂度为$O(n)$。

在Redis的底层，存储list（列表）不是用简单的链表（linkedlist），而是用quicklist——快速列表。quicklist是多个ziplist（压缩列表）组成的双向列表，ziplist指的是一块连续的内存存储空间。Redis底层对于list（列表）的存储，当元素个数少的时候，它会使用一块连续的内存空间来存储，这样可以减少为每个元素增加prev和next指针带来的内存开销，最重要的是可以减少内存的碎片化。

15. 简述Redis的集合set。

集合类型 (set) 是一个无序并唯一的键值集合。它的存储顺序不会按照插入的先后顺序进行存储。集合类型和列表类型的区别如下：

- 列表可以存储重复元素，集合只能存储非重复元素。
- 列表是按照元素的先后顺序存储元素的，而集合则是以无序方式存储元素的。

一个集合最多可以存储2^{32}-1个元素。Redis除了支持集合内的增、删、改、查操作，同时还支持多个集合取交集、并集、差集的操作，合理地使用好集合类型，能在实际开发中解决很多实际问题。

集合类型的内部编码有两种：

- intset（整数集合）：当集合中的元素都是整数且元素个数小于配置项set-maxintset-entries设置的值（默认为512个）时，Redis会选用intset编码作为集合的内部实现，从而减少内存的使用。

- hashtable（哈希表）：当集合类型无法满足intset的条件时，Redis会使用hashtable作为集合的内部实现。

16. 简述Redis的有序集合sorted set。

有序集合由成员和与成员相关联的分数值组成，其中成员以字符串方式存储，而分数值则以64位双精度浮点数格式存储。与集合一样，有序集合中的每个元素都是不重复的。有序集合的分数值除了可以是数字之外，还可以是字符串“+inf”或者“-inf”，inf是infinite（无限）的缩写，因此这两个特殊的分数值分别表示无穷大和无穷小。当多个成员的分数值相同时，Redis将按照这些成员在词典序中的大小对其进行排列。

17. 如何理解Redis的事务？

不同于传统的关系数据库，Redis作为内存数据库，为了提供更高的性能、更快的写入速度，在设计和实现层面做了一些平衡，并不能完全支持事务的ACID特性。

Redis 的事务具备如下特点：

- 保证隔离性。
- 无法保证持久性。
- 具备了一定的原子性，但不支持回滚。
- 一致性的概念有分歧，假设在一致性的核心是约束的语意下，Redis 的事务可以保证一致性。

从应用角度来看，假设事务操作中每个步骤都需要依赖上一个步骤返回的结果，则需要通过【watch】命令实现乐观锁的机制来实现事务。

18. 列举Redis中与事务相关的命令。

Redis中与事务相关的命令有以下几个：

- DISCARD：取消事务，放弃执行事务块内的所有命令。
- EXEC：执行所有事务块内的命令。
- MULTI：标记一个事务块的开始。
- UNWATCH：取消WATCH命令对所有key的监视。
- WATCH key [key...]：监视一个（或多个）key，如果在事务执行之前这个（或这些）key被其他命令所改动，那么事务将被打断。

19. Redis是如何做内存优化的？

Redis身提供了一系列配置、算法和工具来实现内存优化。下面从几个方面对其进行说明。

（1）Redis的内存模型

Redis的内存处理方式基于“in-memory data structures”，即将所有的数据都存放在内存中。如果达到了内存上限，则会发生OOM错误。Redis会进行周期性的内存回收，包括但不限于以下几个方面：删除过期键值，根据LRU（least recently used，最近最少使用）算法淘汰长时间未使用的键值对；数据库压缩。

（2）开启内存压缩

在Redis默认的内存回收机制中，虽然会清除过期的键值对，但是只有在访问键值对时才会真正删除。如果存储的是大量短生命期的数据（如计数器等），就容易出现内存占满的情况。为了防止这种情况发生，可以开启Redis的内存压缩功能，使所有键值对占用的内存更加紧凑。通过Redis提供的ziplist和intset等编码来压缩字符串和整数类型的数据，这些措施可以有效地减少Redis服务器上的内存使用。

（3）压缩字符串类型值

字符串是Redis最基础的数据类型之一，在Redis中，一个字符串是一个二进制安全的序列。当需要存储大量字符串类型的数据时，通常可以使用一些技巧：对于一些小的字符串类型值，可以使用Redis中的短字符串（short string）作为其数据结构；对于大字符串类型值，可以使用Redis的sds、zmalloc_malloc()、jemalloc等工具实现内存分配；此外，还可以设置maxmemory配置项，以限定一个Redis实例所消耗的最大内存。

（4）选择合适的数据结构

在Redis中有多种类型的数据结构可供选择。不同的数据结构之间，虽然贮存相同的数据，但它们所需的内存量可能会存在显著差异。因此，选择最小化所需内存的数据结构非常重要。例如：在将许多非常小的hash数据结构存储在Redis中时，如果要从这些数据中去除必要的分隔符，就可以使用zipmap格式而非hashtable格式；当元素数量非常稀疏时，可以选择使用稀疏矩阵来存储数据；在需要进行2D和3D索引，以及地理数据查询时，可以使用Geohash数据类型。

（5）优化写入性能

数据的读取和写入操作是Redis中的两个最基本操作。系统的写入性能往往直接决定着其实际的处理能力。在常规的运行中，写入操作会因为数据的“吸盘”而慢慢变慢。但是，一般可以通过以下几个措施来最大程度地优化Redis的写入性能：使用管道（pipeline）批量提交命令，缩短网络传输的时间和延迟，提升吞吐量；在尽量避免调用带阻塞功能的一类命令（如BLPOP、BRPOP等）时，可以考虑使用RedisStream类型，这样会更加高效。

内存管理是构建Redis应用程序时的关键，也是难点，合理的内存回收机制可以确保Redis的适当使用。合理的配置和人工干预可以在很大程度上增加Redis集群的稳定性和可伸缩性。

20. Redis的内存回收机制是什么？它的回收进程是如何工作的？

（1）Redis的内存回收机制

Redis使用了内存池（memory pool）来分配空间，并且针对不同对象的大小，提供了不同的内存分配策略。

Redis中所有的键值都保存在内存中，如果内存占满，Redis服务器就会停止工作，此时遇到读写请求将返回错误信息OOM（Out of Memory）。为了预防这种情况，Redis采用了内存回收机制。Redis的内存回收机制包括：

- 基于过期时间取消 key。
- 基于 LRU算法淘汰长时间未使用的键值对。
- 数据库压缩。

（2）Redis的内存回收进程及其工作流程

Redis的内存回收处理会单独形成一个线程或者进程，在Redis中被称为“内存回收进程”。Redis首先从时间上对键进行判断，对那些已经过期但是尚未被删除的key进行标记，这样它们就可以在之后被立即删除并回收其所占用的内存。

Redis内存回收进程的工作原理是：周期性地扫描存储数据库中的所有键，并一步一步对所有键进行检测，检测的步骤依次为：

① 判断键是否已经过期。

② 是否使用了LRU算法，以及它最后一次被访问的时间。

③ 是否被删除了但仍然留在内存中（当多个客户端同时访问同一个key-value时，如果没有正确处理引用计数，就可能会发生这种情况）。

首先检查是否存在需要根据过期时间自动删除的键（expired key），每次检查只对一小部分键进行处理。如果有符合条件的 key，内存回收线程就把它们标记为过期，在之后立即删除并释放其所占的内存。过期键删除完毕之后，当Redis的内存使用达到一定阈值时，会根据配置的淘汰策略（如LRU、LFU等）选择一部分没有被标记为过期、但仍然占用大量内存的键（key）删除，以释放内存空间。此外，Redis 还支持手动方法释放键值对（key-value）所占用的内存，即用户可以通过DEL、UNLINK等命令来手动删除key，或者使用FLUSHALL和FLUSHDB命令来清空整个数据库或某个数据库的所有key。

Redis的内存回收进程对Redis的性能以及数据安全都有很大的影响，必须谨慎编写和使用回收进程。对内存进行适度分配，才能充分利用Redis的高效性能，并确保数据不会被意外损坏或删除。在实际使用过程中，开发人员应该结合业务特点选择合适的手段进行规划和调整，以优化内存的性能。

21. 简述Redis最适合的应用场景。

Redis数据库拥有丰富的应用场景，常见的应用场景如下：

（1）缓存存储

Redis最常用的场景之一就是缓存存储，因为Redis是一种内存数据库，它的读写速度非常快，能够快速存取数据。在Web应用中，如果使用MySQL等传统的关系型数据库进行数据读取，会导致响应时间变慢，影响用户体验。而使用Redis可以将热点数据存储在内存中，快速响应用户请求，从而提升系统的性能。

（2）分布式锁

在分布式系统中，为了避免多个客户端同时修改同一个资源而导致的数据不一致问题，需要使用分布式锁来保证一次只有一个客户端能够访问共享资源。Redis提供了分布式锁的实现方案，可以使用Redis的【SETNX】命令实现一个分布式锁。当一个客户端想

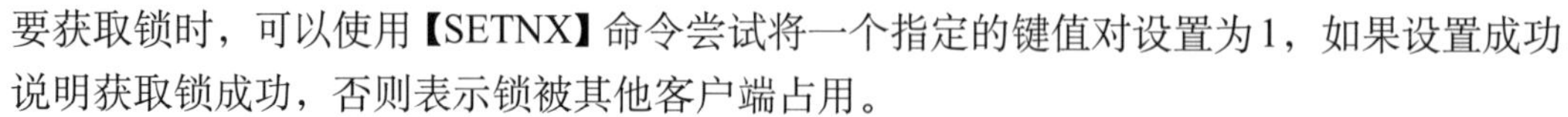

要获取锁时，可以使用【SETNX】命令尝试将一个指定的键值对设置为1，如果设置成功，说明获取锁成功，否则表示锁被其他客户端占用。

（3）计数器

Redis还可以用作计数器。例如，网站的访问量统计，每次有用户访问时，需要将访问量加1，通过Redis的【INCR】命令可以快速实现计数器的功能。Redis还提供了【EXPIRE】命令，可以设置键值对的过期时间，可用于设置访问量在一定时间内生效。

（4）消息队列

Redis的发布/订阅功能可以用作消息队列，发布者将消息发布到指定的频道，订阅者可以订阅该频道，从而接收到消息。这种方式非常适用于异步任务的处理，例如，用户上传头像后，需要对图片进行压缩和裁剪，这些操作可能需要较长时间，可以将任务发布到Redis的消息队列中，由订阅者异步处理。

（5）地理位置

Redis还支持地理位置的存储和检索，可以存储位置信息的经度和纬度，通过GeoHash算法对地理位置进行编码，实现快速的距离计算和位置检索。这种方式非常适合于LBS应用的实现，如“查找附近的人”这一功能的实现。

（6）实时排行榜

Redis提供了对有序集合的支持，可以将数据按照指定的顺序存储，如按照分数从高到低排列。可以使用Redis的【ZADD】命令将数据添加到有序集合中，使用【ZREVRANGE】命令可以获取按照指定顺序排列的前*N*个元素。这种方式非常适合实现实时排行榜，例如，游戏中的积分排名，可以将每个玩家的积分存储在Redis的有序集合中，按照积分从高到低排列，从而实现实时排行榜的功能。

22. 简述Redis提供的6种数据淘汰策略。

Redis提供了6种数据淘汰策略，分别为：

- noeviction（**默认策略**）：当内存不足以容纳新写入的数据时，它不会淘汰任何数据，而是直接返回错误信息给客户端。这意味着Redis不会主动删除任何键值对，而是拒绝写入操作。
- allkeys-lru：尝试回收最少使用的键（LRU），使得新添加的数据有空间可以存放。
- volatile-lru：尝试回收最少使用的键（LRU），但仅限于在过期集合的键，使得新添加的数据有空间可以存放。
- allkeys-random：回收随机选择的键，使得新添加的数据有空间可以存放。
- volatile-random：回收随机选择的键，但仅限于在过期集合的键中选择，使得新添加的数据有空间可以存放。
- volatile-ttl：回收在过期集合的键，并且优先回收存活时间（TTL）较短的键，使得新添加的数据有空间可以存放。

23. 简述Redis集群的原理。

Redis 3.0加入了Redis集群模式，对数据进行分片，将不同的数据存储在不同的Master节点上面，实现了数据的分布式存储，从而解决了海量数据的存储问题。

Redis集群采用去中心化的思想，没有中心节点。对于客户端来说，整个集群可以看成一个整体，可以连接任意一个节点进行操作，就像操作单一Redis实例一样，不需要任何代理中间件。当客户端操作的key没有分配到该节点上时，Redis会返回转向指令，指向正确的节点。

Redis集群通过分布式存储的方式解决了单节点的海量数据存储的问题，对于分布式存储，需要考虑的重点是如何将数据拆分到不同的Redis服务器上。Redis集群采用的算法是哈希槽分区算法。Redis集群中有16 384个哈希槽（哈希槽的范围是0 ~ 16 383），不同的哈希槽分布在不同的Redis节点上，也就是说，每个Redis节点只负责一部分的哈希槽。在对数据进行操作时，集群会使用CRC16算法对key进行计算，计算结果再对16 384取模（slot = CRC16(key)%16384），得到的结果就是键值对(key-value)所放入的槽。通过这个值，找到对应的槽所对应的Redis节点，然后直接到这个对应的节点上进行存取操作。

Redis也内置了高可用机制，支持多个Master节点，每个Master节点都可以挂载多个Slave节点，当一个Master节点宕机时，集群会提升它的某个Slave节点作为新的Master节点。

默认情况下，Redis集群的读和写都是在Master节点上执行的，不支持在Slave节点上读和写，这一点与Redis主从复制模式下读写分离不一样。因为Redis集群的核心理念主要是使用Slave节点做数据的热备份，以及当Master节点发生故障时的主备切换，以实现高可用性的目标。而Redis的读写分离是为了横向任意扩展Slave节点去支撑更大的读吞吐量。在Redis集群架构下，Master节点本身就是可以任意扩展的，如果想要支撑更大的读或写的吞吐量，都可以直接对Master节点进行横向扩展。

24. Redis支持的Java客户端都有哪些？

Redis支持的Java客户端有很多，以下是一些常用的Java客户端库：

- **Jedis**：Jedis是Redis官方推荐的Java客户端之一，提供了完整的Redis命令操作和功能支持。它是一个轻量级、易于使用的库，具有良好的性能和稳定性。
- **Lettuce**：Lettuce是另一个流行的Redis Java客户端，与Jedis相比，它基于Netty框架实现，提供了异步和响应式的编程模型。Lettuce支持Redis的高级功能，如集群、“哨兵”模式和Redis Stream。
- **Redisson**：Redisson是一个功能丰富的Redis Java客户端和分布式对象框架。除了基本的Redis操作外，Redisson还提供了分布式锁、分布式集合、分布式对象等功能，使得在Java应用中使用Redis更加方便。
- **Jedisson**：Jedisson是另一个基于Jedis开发的Redis Java客户端，提供了对Redis的基本操作以及一些额外的功能，如连接池管理、对象映射等。
- RedisTemplate：RedisTemplate是Spring Framework提供的一个Redis客户端，封装了对Redis的常见操作和功能。它与Spring集成紧密，可以与Spring的事务管理和缓存机制无缝配合使用。

除了以上列举的客户端库，还有其他一些Redis的Java客户端可供选择，如JedisCluster、JRediSearch、Redis-Java-Client等。每个客户端库都有其特点和使用方式，可以根据具体的需求和偏好选择适合的客户端。

25. 简述Redis stream的原理。

Redis stream是Redis 5.0版本引入的一种数据结构，用于高效处理持续产生的事件流。它提供了一种可持久化的、有序的、可扩展的日志数据结构，适用于实时数据处理、消息队列和发布/订阅等场景。Redis stream的原理如下：

Redis stream是基于日志追加（append-only log）的数据结构。它以一个有序的、不断增长的日志序列来存储事件流数据。每个事件都是一个包含多个字段的消息，它们被追加到stream的末尾。

stream使用了一种特殊的ID来标识每个消息，称为Entry ID。Entry ID是一个递增的唯一标识符，用于按照时间顺序对消息进行排序。每个消息都有一个唯一的Entry ID，并且新消息的Entry ID总是比旧消息的Entry ID大。

stream中的消息可以被消费者按照不同的消费者组进行消费。每个消费者组都有一个消费者组名和一个偏移量，用于记录消费者组在stream中读取消息的位置。消费者可以以阻塞或非阻塞的方式读取stream中的消息，并且可以确认已经消费的消息。

26. Redis集群会有写操作丢失吗？

Redis集群不能保证强一致性。一些已经向客户端确认写成功的操作，可能会在某些不确定的情况下丢失。产生写操作丢失的第一位的原因是因为主从节点之间使用了异步的方式来同步数据。除此之外，以下情况也可能导致写操作丢失：

- 过期key被清理。
- 最大内存不足，导致Redis自动清理部分key以节省空间。
- 主库故障后自动重启，从库自动同步。
- 单独的主备方案，由于网络不稳定触发“哨兵”自动切换主从节点，切换期间可能会有数据丢失。

27. Redis集群的最大节点个数是多少？

每个Redis哈希槽都要有一个节点相对应，哈希槽的数量是16 384个，因此，极限情况是每个哈希槽对应的节点都不同，此时Redis集群最多有16 384个节点。

28. Redis集群如何选择数据库？

Redis集群目前无法做数据库选择，默认数据库的编号为0。

Redis集群默认只有一个数据库，数据库编号为 0。如果需要使用多个数据库，则需要在Redis配置文件中设置databases选项，用来指定要使用的数据库数量。例如，配置项databases 16表示会使用16个数据库，编号为0到15。

在Redis集群中，每个节点都拥有相同的数据库个数和编号。当客户端连接到集群中的任意一个节点时，可以通过【SELECT】命令切换到不同的数据库中进行操作。例如，执行 SELECT 1切换到编号为1的数据库，并执行相关的Redis命令。

需要注意的是，由于Redis集群采用的是分片机制，不同的节点可能存储了相同的数据库数据，因此在Redis集群中选择数据库时需要保证所有节点上的数据是一致的。否则可能会出现数据不一致的情况。因此，通常情况下，建议只使用默认的数据库编号0。如果需要使用多个数据库，可以使用Lua脚本等机制来保证数据的一致性。

29. 什么是缓存穿透？如何解决缓存穿透？

缓存穿透是指查询一个缓存中和数据库中都不存在的数据，导致每次查询这条数据都会透过缓存，直接查数据库，最后返回空。当用户频繁查询不存在的数据时，会给数据库带来巨大的压力，甚至可能导致数据库崩溃。

解决缓存穿透的方法一般有两种：第一种是缓存空对象，第二种是使用布隆过滤器。

第一种方法比较容易理解，当数据库中查不到数据的时候，缓存一个空对象，然后给这个空对象的缓存设置一个过期时间，这样下次再查询该数据的时候，就可以直接从缓存中读到，从而达到了减小数据库压力的目的。但这种解决方式有两个缺点：一是需要缓存层提供更多的内存空间来缓存这些空对象，当这种空对象很多的时候，就会浪费更多的内存；二是会导致缓存层和存储层的数据不一致，即使在缓存空对象时给它设置了一个很短的过期时间，那也可能会导致在这一段时间内的数据不一致问题。

第二种方案是使用布隆过滤器，这是比较推荐的方法。所谓布隆过滤器，就是一种数据结构，它是由一个长度为m的位数组与n个hash函数组成的数据结构，位数组中每个元素的初始值都是0。在初始化布隆过滤器时，会先将所有key进行n次hash运算，这样就可以得到n个位置，然后将这n个位置上的元素改为1。这样，就相当于把所有的key保存到了布隆过滤器中了。

30. 什么是缓存击穿？如何解决缓存击穿？

缓存击穿是指当缓存中某个热点数据过期了，在该热点数据重新载入缓存之前，有大量的查询请求穿过缓存，直接查询数据库。这种情况会导致数据库压力瞬间骤增，造成大量请求阻塞，甚至直接崩溃。

解决缓存击穿的方法也有两种：第一种是设置key永不过期，第二种是使用分布式锁，保证同一时刻只能有一个查询请求重新加载热点数据到缓存中。这样，其他线程只需等待该线程运行完毕，即可重新从Redis中获取数据。

第一种方式比较简单，在设置热点key的时候，不设置key的过期时间即可。还有另外一种方式也可以达到使key永不过期的目的，就是正常设置key的过期时间，但在后台同时启动一个定时任务，定时地更新这个缓存。

第二种方式使用了加锁的方式，锁的对象是key。当大量查询同一个key的请求并发进来时，只能有一个请求获取到锁，然后获取到锁的线程查询数据库，将结果放入到缓存中，最后释放锁。此时，其他处于锁等待的请求即可继续执行，因为此时缓存中已经有了数据，所以这些请求可直接从缓存中获取到数据返回，而不需要去查询数据库。

31. 什么是缓存雪崩？如何解决缓存雪崩？

缓存雪崩是指当缓存中有大量的key在同一时刻过期，或者Redis直接宕机，导致大量的查询请求全部涌向数据库，造成数据库查询压力骤增，甚至可能导致数据库崩溃。

针对大量key同时过期的情况，解决起来比较简单，只需要将每个key的过期时间打散，使它们的失效点尽可能均匀分布。针对Redis发生故障的情况，部署Redis时可以使用Redis的几种高可用方案部署，如主从复制模式（master-slave）、哨兵模式（sentinel）、Redis集群（Redis cluster）等。除了上面两种解决方式，还可以使用其他策略，如设置key永不过期、加分布式锁等方法。

32. 怎样保证Redis缓存和数据库数据的一致性？

要确保缓存与数据库的双向一致性，共有4种方法：

- 先更新缓存，再更新数据库。
- 先更新数据库，再更新缓存。
- 先删除缓存，再更新数据库。
- 先更新数据库，再删除缓存。

如下表所示，应根据不同场景采用适当的方法来解决数据的一致性问题。

操作顺序	是否并发	潜在问题	现象	应对方案
先删除缓存值，再更新数据库	无	缓存删除成功，但数据库更新失败	应用从数据库中读到旧数据	重试数据库更新
	有	缓存删除后，尚未更新数据库时有并发读请求	并发请求从数据库中读到旧值，并且更新到缓存，导致后续请求都读取的是旧值	延迟双删
先更新数据库，再删除缓存值	无	数据库更新成功，但缓存删除失败	应用从缓存中读到旧数据	重试缓存删除
	有	数据库更新成功后，尚未删除缓存时有并发读请求	并发请求从缓存中读到旧值	等待缓存删除完成，期间会有不一致数据短暂存在

33. 导致Redis性能变慢的原因有哪些？

导致Redis性能变慢的原因如下：

- 使用复杂度过高的命令或一次查询全量数据。
- 操作bigkey。
- 大量key集中过期。
- 内存使用达到maxmemory配置项设定的最大值。
- 客户端使用短连接接和Redis相连。

- 当Redis实例的数据量庞大时，无论是生成RDB还是进行AOF重写，都会导致 fork 操作耗时明显增加。
- AOF的写回策略为always，导致每个操作都需要同步写回磁盘。
- 当Redis实例所在的机器内存不足时，会触发swap操作，此时Redis需要到swap分区中读取数据。
- 进程绑定 CPU 不合理。
- Redis实例所在的机器上开启了透明内存大页机制。
- 网络压力过大。

34. 简述Redis慢查询的排查流程。

Redis慢查询是指命令执行时间超过一定阈值的查询。慢查询通常是由于命令本身的复杂度高、数据量大、CPU负载高等原因引起的。处理Redis慢查询的具体步骤有以下几个：

① 开启慢查询日志：通过配置slowlog-log-slower-than和slowlog-max-len选项，可以使Redis记录超过指定时间的慢查询命令和数量。

② 分析慢查询日志：通过执行【slowlog get】命令，可以查看Redis记录的慢查询日志，包括命令、执行时间、调用时间等信息。也可以使用一些工具来分析慢查询日志，如redis-slowlog-analyzer工具。

③ 优化慢查询命令：根据分析结果，找出执行最频繁或最耗时的慢查询命令，并尝试优化它们。优化方法包括使用更合适的数据结构、减少数据量、避免使用阻塞或扫描类命令等。

④ 监控Redis的性能：通过使用一些监控工具，如redis-cli info或redis-stat等，可以实时查看Redis的性能指标，如QPS、内存占用、CPU负载等，并及时发现和解决性能问题。

其中，配置slowlog-log-slower-than和slowlog-max-len选项的方法有以下几种：

① 直接修改redis.conf文件。在配置文件redis.conf中找到slowlog-log-slower-than和slowlog-max-len这两个选项，按照注释说明设置合适的值，然后重启Redis服务器。

② 通过执行【CONFIG SET】命令，动态地修改Redis服务器的配置项。例如，执行命令【CONFIG SET slowlog-log-slower-than 10000】，可以将慢查询阈值设置为10 ms。

③ 通过执行【SLOWLOG RESET】命令，清空Redis服务器的慢查询日志。这样可以避免旧的慢查询日志占用过多的内存，从而影响分析结果。

35. Redis中如何实现消息队列?

消息队列是一种应用间的异步协作机制，同时消息队列中间件又是分布式系统中重要的组件，主要解决应用耦合、异步消息、流量削峰等问题，从而实现具有高性能、高可用性、可伸缩性和最终一致性的架构。Redis中实现消息队列的常用方式有：

- **list结构**：基于List结构模拟消息队列。
- **PubSub**：基本的点对点消息模型。
- **Stream**：比较完善的消息队列模型。

36. 为什么Redis需要把所有数据放到内存中？

为了达到最快的读写速度，Redis将数据都读到内存中，并通过异步的方式将数据写入磁盘。因此，Redis具有快速和数据持久化的特征。如果不将数据放在内存中，磁盘I/O速度会严重影响Redis的性能。在内存越来越便宜的今天，Redis 将会越来越受欢迎。

拓展阅读

面试注意事项

面试前的准备

在面试前，你应该预先思考主考官可能会提出的问题，并准备出谨慎而有条理的回答。面试时最好提前10分钟到达面试地点，这样你可以先放松一下情绪，整理一下思路，还可以最后检查一下自己的仪容，如整理因挤公车而弄乱的发型，女士还可利用这个时间补妆。

面试时的礼仪

面试时务必要准时，进入公司后就是面试的开始，对所有人都要客气有礼，因为秘书或接待人员都可能影响到你是否能得到这份工作。

面试前应关闭手机，若在主考官的面前关闭，更可显出你的诚恳。面试时注意自己的坐姿，避免不必要的小动作。与主考官保持视线接触，但不要紧盯着对方的眼睛看，眼神切勿飘忽不定。

面试时的应对

仔细聆听对方的问题，审慎回答，不要太简略，切忌只回答“是的”“好”“对的”“没问题”等无法使内容更生动的字句，要完整并举实例说明，但要避免冗长。

若对应征公司不了解，不妨坦诚相告，以免说错而得不偿失。当对方问能为公司做什么时，若无法马上回答，可先请问对方这份工作最重要的内容是什么，可就这部分内容来回答。

当对方问及专长时，别忘了针对专业特性来回答。对自己的能力和专长不需刻意强调，但也不必太过谦让。

主考官提及是否有问题时，一定要把握机会发问，以表现自己对这份工作的强烈兴趣，但要就工作内容、人事规章等范围发问，不要离题太远。

面试结束后

面试结束告辞时，无论你说些什么，都要表现出坚定的信心，给主试者留下深刻的印象。在离开前，别忘了感谢主试者给予你这次面试的机会。

参考答案

第1章

【单选题】

1. C　2. B

【多选题】

1. ABC　2. BCD

【判断题】

1. B　2. B　3. B

第2章

【单选题】

1. C　2. C

【多选题】

1. AB　2. ABCD

【判断题】

1. B　2. A　3. B

第3章

【单选题】

1. C　2. B

【多选题】

1. ABCD　2. ABC

【判断题】

1. A　2. B　3. A

第4章

【单选题】

1. C　2. C

【多选题】

1. AD　2. AB

【判断题】

1. B　2. B　3. B

第5章

【单选题】

1. C　2. D

【多选题】

1. D　2. ABC

【判断题】

1. B　2. B　3. A

第6章

【单选题】

1. D　2. B

【多选题】

1. A　2. BCD

【判断题】

1. B　2. B　3. B

第7章

【单选题】

1. C　2. A

【多选题】

1. ABCD　2. AC

【判断题】

1. A　2. B　3. B

第8章

【单选题】

1. A　2. C

【多选题】

1. ABD　2. AB

【判断题】

1. B　2. A　3. B

参考文献

[1] 梁国斌. Redis核心原理与实践[M]. 北京: 电子工业出版社, 2021.

[2] 李子骅. Redis入门指南[M]. 3版. 北京: 人民邮电出版社, 2021.

[3] 陈逸怀, 刘勇, 刘瑜, 等. Redis数据库从入门到实践[M]. 北京: 中国水利水电出版社, 2023.

[4] 张云河, 王硕. Redis 6开发与实战[M]. 北京: 人民邮电出版社, 2021.

[5] [美]Josiah L. Carlson. Redis实战[M]. 黄健宏, 译. 北京: 人民邮电出版社, 2015.

[6] 陈雷, 等. Redis 5设计与源码分析[M]. 北京: 机械工业出版社, 2019.